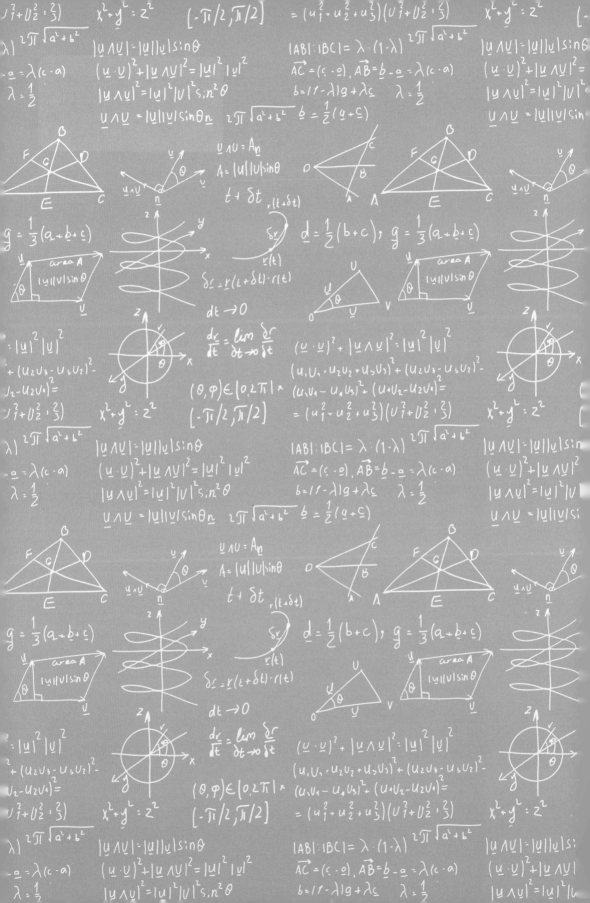

Illuminating the Ideas That Shape Our Reality

Math with Bad Drawings

Ben Orlin

一本充满
"烂插画"的
快乐数学启蒙书

[美]本·奥尔林 著

唐燕池 译

天津出版传媒集团

天津科学技术出版社

著作权合同登记号：图字 02-2020-381

Math with Bad Drawings: Illuminating the Ideas That Shape Our Reality

Copyright © 2018 by Ben Orlin

This edition published by arrangement with Black Dog & Leventhal, New York, New York, USA. All rights reserved.

Simplified Chinese edition copyright © 2021 by United Sky (Beijing) New Media Co., Ltd. All rights reserved.

图书在版编目（CIP）数据

欢乐数学：一本充满"烂插画"的快乐数学启蒙书 / (美) 本·奥尔林著；唐燕池译. -- 天津：天津科学技术出版社, 2021.5（2024.11重印）

书名原文：Math with bad drawings

ISBN 978-7-5576-9024-3

Ⅰ. ①欢… Ⅱ. ①本… ②唐… Ⅲ. ①数学 – 普及读物 Ⅳ. ①O1-49

中国版本图书馆CIP数据核字(2021)第063498号

欢乐数学：一本充满"烂插画"的快乐数学启蒙书

HUANLE SHUXUE: YI BEN CHONGMAN "LAN CHAHUA" DE KUAILE SHUXUE QIMENG SHU

选题策划：联合天际·边建强

责任编辑：布亚楠

出 版：	天津出版传媒集团 天津科学技术出版社
地 址：	天津市西康路35号
邮 编：	300051
电 话：	（022）23332695
网 址：	www.tjkjcbs.com.cn
发 行：	未读（天津）文化传媒有限公司
印 刷：	北京雅图新世纪印刷科技有限公司

关注未读好书

客服咨询

开本 710 × 1000   1/16   印张 25.25   字数 366 000

2024年11月第1版第15次印刷

定价：88.00元

献给泰伦

前言

这是一本关于数学的书。至少在动笔之前，我真是这么想的。

但在写的过程中，我感觉自己像在地下隧道中穿行，因为失去了信号和导航，全书的故事线就没能完全遵照原本的计划展开，这反倒让我发现了一些意外的风景。走出隧道，重见天日以后，我发现这本书里除了数学，还聊了许多其他的问题：为什么人们要买彩票？一位儿童图书作家是如何改变瑞典选举的？"哥特式"小说又是怎样定义的？电影《星球大战》（*Star Wars*）中，对于达斯·维德（Darth Vader）和他的银河帝国来说，建造一个巨型的球形空间站真的是明智之举吗？

这就是数学。它连接着生活中看似风马牛不相及的事物，就像超级马里奥四通八达的秘密管道。

如果你觉得数学不可能这么神奇，那也许是因为你在一个叫"学校"的地方学过数学了。如果是这样，我觉得这挺悲哀的。

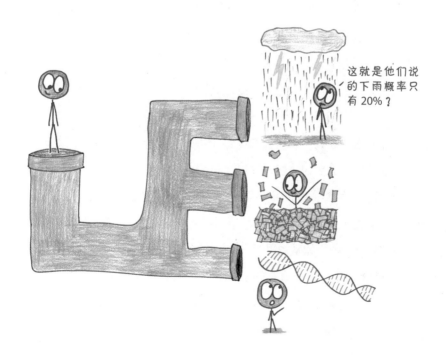

这就是他们说的下雨概率只有 20%？

2009 年，我大学毕业，我想我知道为什么数学不受欢迎了 ：大多数学校都把这门课教得糟透了。数学是一门瑰丽的、充满想象力和逻辑的艺术。而学校里的数学课把这门艺术撕成一大碗碎纸屑，然后给学生布置了一项几乎不可能完成又乏味十足的任务——把这碗碎纸屑拼回去。既然教学方式如此，那就怪不得学生在数学面前一边哀号，一边屡战屡败，也怪不得成年人在回想自己学数学的经历时，会不寒而栗，会恶心作呕。在我看来，解决这个问题的方法显而易见 ：数学这门艺术，需要更好的解说和更好的解说员。

就这样，我成了一名教师。然而，自负的我并没有接受过系统的师范培训。在讲台上的第一年让我明白了一个残酷的事实 ：我会数学，但这不代表我会教数学，更不代表我知道这门学科对我的学生来说意味着什么。

那年 9 月的一天，我发起了一场令人尴尬的即兴讨论，讨论的主题是"我们为什么要学习几何"。讨论中，这些九年级的学生提出了一连串问题 ：成年人会分两栏写几何证明吗？工程师会在没有计算器的环境中工作吗？大人们理财的时候会经常使用菱形吗？这些问题的答案当然都是否定的。最后，我的学生们得出了结论 ："我们之所以要学习数学，就是为了在考大学和找工作的时候证明自己既聪明又勤奋。"但是，在这个证明的过程中，数学本身并不重要，掌握数学和掌握举重特技没什么两样。数学不过是一种毫无意义的智力展示，是为了美化个人简历而进行的长期练习罢了。这个结论使我大受打击，更让我担忧的是，学生们对此都很信服。

那些学生说得没错，从某些角度来看，教育的确关乎竞争，如同一场零和博弈，数学在其中多少发挥了给学生分类和排序的作用。可是，他们忽略了数学更深层次的功能，这也怪我，我没向他们展示这个。

为什么说生活中的一切都以数学为基础呢？它是怎样将那些看上去毫无关联的事物（硬币和基因、骰子和股票、书和棒球）联系起来的？归根结底，数学是一种成体系的思考方式，而世界上的每一件事都得益于思考。

从 2013 年起，我一直在写有关数学和教育的文章，有些发表在刊物上，比如线上杂志《石板》（ Slate ）、《大西洋月刊》（ The Atlantic ）和《洛杉矶时报》（ Los Angeles Times ），但大多数还是发表在我的博客"数学与烂插画"（*Math with Bad Drawings*）里。文章的重点明明是数学，却还是常常有人留言问我为什么不能用心画得更好一些。奇怪了，怎么没人问我为什么不烤一只香橙脆皮鸡当晚餐，却要做那些普通的家常菜呢？还不是因为我的厨艺不达标嘛。我的绘画天赋也一样，非常平庸。比起"说真的，各位，这是我尽最大努力画出来的数学"，"数学与烂插画"至少听上去没那么可怜，但对我来说，"烂插画"和"我尽最大努力画"，结果都是一样的。

有一天，为了解释一道题，我在黑板上画了一只小狗，惹得学生们哄堂大笑，正是这片笑声让我在教学上豁然开朗。对于我在绘画技艺上的笨拙表现，学生先是感到意外，然后觉得滑稽可笑，最后觉得亲切可爱。数学往往被人视为一场高段位的对决，当看到所谓的专家显示出自己在某件事上是全场最糟时，学生就会突然发现原来专家也有亲切的、有血有肉的一面。如此一来，这门高高在上的学科也跟着变得可亲起来，不再有距离感。从那以后，我将"老师出糗"列为自创教学方法中的一个要素——你不太可能在任何教师培训项目中找到这个小技巧，但这真的非常管用。

在那之前，我在教室里度过了很长一段备受打击的日子。对我的学生来说，数学就像一个发霉的地下室，一串串没有意义的符号在其中拖着脚步。而孩子们只是耸耸肩，跟着这些步子，跳着没有一丝韵律和美感的舞。

但在那之后，数学课堂活跃起来了，学生们看到了远处的光亮，发现了这个地下室其实是一条秘密隧道，能够把他们所知道的一切关联起来。学生们开始努力，开始创新，开始用数学连接起不同的事物，他们有了飞跃式的进步，获得了学习中只可意会不可言传的秘籍——理解。

和教案不同，本书会跳过那些技术性的细节，也没有几个方程式。别担心，那些天书一般的方程式在这里都是装饰（硬核知识点在书后注中有详细说明）。本书关注的是我眼中数学的真正核心：思维。书中的每一部分都将带领你游览一系列景观，它们互相连通，建筑在一个简单而宏大的观点之上。你将看到，几何规则如何限制了人们对设计的选择，人们如何通过概率获得源源不断的收入，微小的增量如何引发巨变，统计数据如何帮助人们梳理混乱的历史和现实……

写这本书的时候，数学带着我游历了很多让人意想不到的地方。我希望你在读书的时候，也能体会到这种感受。

本·奥尔林

2017 年 10 月

目录

第四部分

统计学：诚实说谎的艺术

第五部分

转折点：一步的力量

第一部分

如何像数学家一样思考？

平心而论，数学家每天要做的事情并不太多。他们有的一边喝咖啡，一边眉头紧锁，一边看着黑板，有的一边喝茶，一边眉头紧锁，一边看着正在考试的学生，还有的一边喝啤酒，一边眉头紧锁，一边看着去年写出来的证明，却怎么也看不懂了。

这就是一种常常在喝东西，常常愁眉苦脸，并且以苦思冥想为主的生活。

数学研究没有具体的对象。它不像化学，可以滴定物质；不像物理，可以加速粒子；也不像金融，可以在市场上搅动风云。相反，数学家所谓的行动都是思想上的行动。在计算时，我们把一个抽象的概念变成另一个抽象的概念；在证明时，我们用逻辑将一个个相关的想法关联起来；在编写算法或计算机程序时，我们设计电子大脑，用来处理人类因为太忙或者脑子太慢而顾不上的问题。

在数学的陪伴下，我每年都会学到新的思维方式，让头盖骨里头那个高效全能的工具开启新的功能。我学会了利用规则的漏洞掌握游戏主动权，用混乱的希腊符号记录思想，把犯过的错误当成良师，从中吸取教训，以及在思绪混乱时调整自己，学会变通。

以上种种都表明，数学就是一种思维。

你可能会问，如果数学只是停留在思想中，那么它真的能将真实的事物串联起来吗？宇宙飞船、智能手机和烦人的"精准投放式广告"又是怎么从数学中神奇地浮现出来的呢？耐心一点儿，这些我们都会讲到的，但不是现在。现在，我们得从数学开始的地方说起，也就是从一个游戏说起。

第1章

终极井字棋

什么是数学？

一次，我和一群数学家在伯克利野餐，他们没有在草地上玩飞盘，而是聚在一起开始玩一个我万万没想到的游戏：井字棋。

你可能和我一样，觉得井字棋简直是"无聊癌晚期患者"（不，这种病不存在）才会玩的游戏，因为这个游戏中能走的步数太少，经验丰富的玩家很快就能记住最佳策略。我每次玩井字棋都是下面的结局：

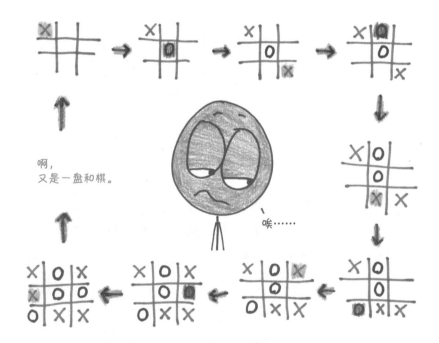

啊，
又是一盘和棋。

唉……

双方都掌握了规则后，每一局游戏都会以平局告终，永远分不出胜负。所以在我看来，这就是一个对玩法死记硬背的游戏，丝毫没有创造的空间。但那次在伯克利野餐时，我的数学家伙伴们玩的并不是传统的井字棋。他们的棋盘是这样的：井字里的每个方格都变成了一个井字小棋盘。[1]

我在一旁看着，很快就明白了基本规则。

1. 每人轮流在小棋盘里选一个小方格，
   做上自己的标记。

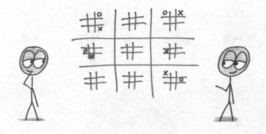

2. 如果在小棋盘的任意一条直线上
   出现了三个你的标记，你就赢得
   了这个小棋盘。

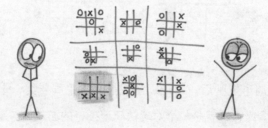

3. 如果在大棋盘的任意一条直线上
   出现三个属于你的小棋盘，你就
   赢了这局游戏。

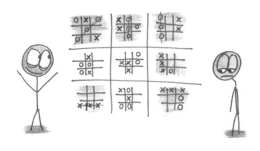

不过，我看了好一会儿，才渐渐明白最重要的规则。

你没法决定在九个小棋盘中选择哪一个进行下一步。这取决于对手的上一步棋。无论他在小棋盘上选择哪一个方格，你都必须在大棋盘上选择一个和那个方格位置对应的小棋盘（当然，你在小棋盘上选择的任何一个方格，也决定了他接下来要选哪个小棋盘）。

如果我走这儿……   **……你就得走这儿。**

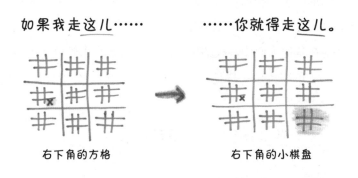

右下角的方格   右下角的小棋盘

如果你走了这儿……   **……那我就得走这儿。**

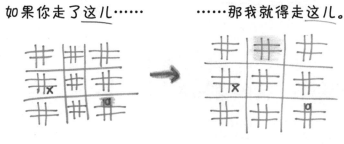

上面中间的方格   上面中间的小棋盘

这样一来，这个游戏就开始讲策略了。你不能每次只盯着一个小棋盘，还要考虑你的选择会把对手送到哪里，他的下一步选择又会把你送到哪里，你得不断地推测后续的局面。

（这条规则也有一个例外：如果对手把你送到一个已经分出胜负的小棋盘上，那么恭喜你——你下一步选哪个小棋盘都可以。）

这样的游戏局面看起来有点儿诡异，因为玩家经常会绕开对自己而言优势明显的小棋盘，在那些小棋盘上，他们可能很容易做出两个或三个一排的标记。这就像一个篮球明星绕过一个无人防守的篮筐，把球扔向看台上的观众一样古怪。但这种愚蠢的行为中也有一套方法——玩家需要未雨绸缪，提前布局，小心翼翼地不让敌人踏入关键领域。在小棋盘上看起来很聪明的一步妙棋有可能让你在大棋盘上失去有利局面，反之亦然，这就让游戏变得紧张又刺激。

学会这种终极井字棋后，我也常和学生一起玩。[2] 他们很高兴能有运用战术打败老师的机会，当然他们更高兴的是，在课堂上玩这个游戏就不用做三角函数题了。不过，时常有学生会不好意思地问："老师，我是挺喜欢这个游戏的，但这个游戏和数学有什么关系呢？"[3]

我知道在其他人眼中，我的工作充斥着死板的规则和公式化的流程，和登记保险、填写税单一样枯燥无聊。下面就是那种和数学相关的乏味任务：

求出每个矩形的面积和周长。

　　我猜，看到这个问题后，也许只要片刻，你就想起了可以套用的公式，同时也就结束了思考。在公式和定理面前，"周长"不再意味着沿着矩形边界漫步一圈的路程，而是两个数字分别乘以 2 后再相加；"面积"不再意味着填满矩形所需的边长为 1 的小正方形个数，而只是两个数字相乘。就像在一个传统井字棋游戏中一样，你陷入了无意识的、机械化的计算，这样的计算自然毫无创新和挑战可言。

　　然而，数学所蕴含的内容可远远不止这种忙忙叨叨的机械运算。就像令人跃跃欲试的终极井字棋游戏，数学也可以充满冒险和探索精神，玩家需要在耐心和风险间平衡和取舍。比如上面那道只靠死记硬背的问题，可以变成这样：

　　这个问题将面积和周长两个概念对立起来，形成了一种天然的矛盾，没有可以直接套用的公式，因此要求答题者对矩形的本质有更深入的了解[4]（欲知答案，请看尾注）。

或者，再把题目改成这样：

> 画出两个长方形，使第一个长方形的周长恰好为第二个长方形周长的两倍，同时第二个长方形的面积恰好为第一个长方形面积的两倍。

现在感觉数学题有点儿刺激了吧？

通过两次简单的升级，我们把一个程序化的"苦差事"变成了相当费脑的小谜题。有一次，我把这道题作为期末考试的附加题，全校的六年级学生都被难倒了（同样，这道题的答案见尾注⁵）。

这个变化过程表明，创造力需要自由，但又不能只有自由。如果我只要求"画出两个矩形"，这样漫无边际的问题不过是湿漉漉的火柴，是无法点燃创造力。为了激发真正的创造力，我们需要的是有约束条件的难题。

还是回到终极版井字棋的例子。每次轮到你做选择的时候，你能走的地方都不多——可能有三四个吧。这就足以让你尽情发挥想象了，但又不至于让你想太多，陷入有无数可能性的沼泽。正是通过提供足够的规则和足够的约束，这个游戏才激发了我们的创造力。

这个例子很好地总结了数学的乐趣：创造力源于约束。如果常规的井字棋是一般人所了解的数学，那么终极井字棋才是数学本来的样子。

数学在大家眼中的样子　　　数学应该有的样子

　　其实，所有的创造力都是在约束下激发的。用物理学家理查德·费曼的话来说，"创造力就是穿着约束衣的想象力"。比如十四行诗，它就有严格的格式限制——格律要严谨，语句要整齐，用词要押韵……就连莎士比亚都要先满足这些条件，才可以用诗表达爱意。但这种约束非但没有使作品的艺术性打折，反而使其更为突出。或者，看看体育运动吧。在足球赛场上，在严格遵守比赛规则、不用手碰球的同时，球员们为了把球踢进球门，创造了"倒挂金钩"和"鱼跃冲顶"。违反了规则，就失去了比赛的风度。即便是那些古怪前卫、挑战传统的艺术，比如实验电影、表现主义绘画、职业摔跤，也都是通过对抗其所属媒介的约束来汲取力量的。

　　创造力就是当大脑遇到障碍时激发的能力。只有遇到障碍时，人们才会想尽办法找到一条新出路。因此，没有障碍，就没有创新。

　　在数学中，这个道理有更进一步的体现。在数学上，我们不只遵守规则，还发明和调整规则。在提出一种可能的约束条件后，我们按逻辑进行运算和推导，如果得到的结论意义不大甚至无聊乏味，我们就要继续寻求更有效的新解法。

　　比方说，如果我对关于平行线的这个假设提出质疑，会怎么样呢？

通过 P 点且平行于直线 L 的直线有且只有一条。

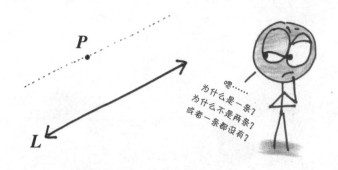

这是欧几里得在公元前 300 年提出的平行线规律，他认为这是理所当然的，并称之为平行线的基本假设，即公理。这让后人感到有点儿滑稽，为什么要称之为假设呢？难道这不是可以证明的吗？两千年来，无数的学者试图证明这则关于平行线的规律，但最后他们茅塞顿开：没错，这**确实**是一个假设，我们也可以不这样假设。但如果不这样假设，传统的几何理论体系就会坍塌，世界上会冒出另一个奇怪的几何体系，而在新的体系中，"平行"和"直线"表示完全不同的概念。

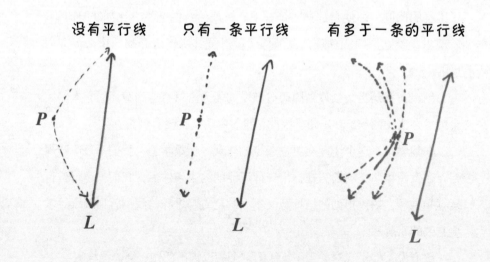

新的规则，就意味着新的游戏。

事实证明，终极井字棋也是如此。我在分享这个游戏后不久就意识到，这个游戏中的一切都围绕着一个技术细节，也就是我在上文中提到的：如果对手想把你送到已经分出胜负的小棋盘，那会发生什么呢？

我现在的答案和上文一致：既然那个小棋盘的争夺战已经结束，你就可以去任何一个想占领的小棋盘。

不过，我最开始的想法是这样的：只要那个小棋盘上还有空位，你就必须在下一步走到那个小棋盘上，即使这样浪费了一步棋的机会。

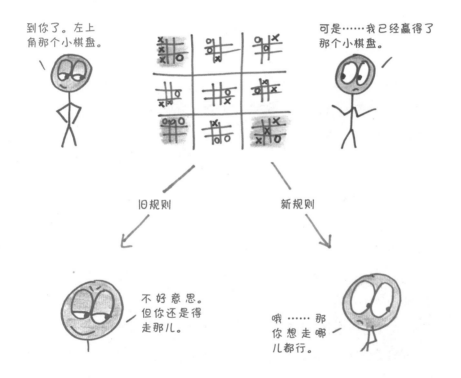

到你了。左上角那个小棋盘。

可是……我已经赢得了那个小棋盘。

旧规则

新规则

不好意思。但你还是得走那儿。

哦……那你想走哪儿都行。

这听起来没什么大不了的——如果游戏是一张针织挂毯，这不过是挂毯上的一根线罢了。但是，当我们拉动这条线时，它却能牵一发而动全毯。

下面，我用自己的开局策略——我自封的"奥尔林战术"——来说明一下原始规则的特性。

抢占中间小棋盘的中间方格。

对手会占据中间小棋盘的某个其他方格。

在对手指定的小棋盘中，再次抢占中间方格。

对手会在中间小棋盘的同一行中占据两个方格。

继续抢占中间方格。

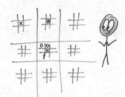

对手扬扬得意地赢了中间的小棋盘。

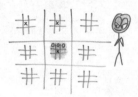

继续抢占中间方格。

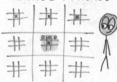

对手开始发现你的诡计……

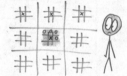

继续抢占中间方格。

以此不断类推。

通过这样的策略，画 × 的一方牺牲了中间的小棋盘，换取了在其他 8 个小棋盘上的优势。我最初认为这个计谋非常完美，直到有读者指出它还有改进之处。我的"奥尔林战术"赢得的不过是小优势，其实它可以扩展为战无不胜的策略[6]。与其牺牲一个小棋盘，不如牺牲两个小棋盘，并且在其他 7 个小棋盘上占据两个排成直线的方格，这样胜利就唾手可得了。

我尴尬地更新了对游戏的解释，给出了当前版本的规则——这个关键的小调整把终极版井字棋从模式化的策略中拉了回来。

新的规则，就意味着新的游戏。

这正是数学发展的过程。我们制定一些规则，开始玩游戏。当游戏过时了，我们再改变规则，放开旧的约束，设置新的限制，每一次调整都会带来新的难题和挑战。大多数时候，与其说数学意味着解出别人的题目，不如说它意味着设计自己的题目，在这个过程中，我们不断探索哪些规则会产生有趣的游戏，哪些则令人感到乏味。这种规则调整的过程，也就是从一个游戏转移到另一个游戏的过程，会让人感觉置身于永无止境的宏大的游戏世界中。

没错，数学就是设计逻辑游戏的逻辑游戏。

在数学的历史中，我们一次又一次地发明、解答和重新发明逻辑游戏。比如，如果把下面这个简单方程中的指数从 2 变成另一个数字，比如 3、5，或者 797，会发生什么呢？

等式

$$a^2 + b^2 = c^2 \longrightarrow$$

新的等式

$$a^3 + b^3 = c^3$$
$$a^5 + b^5 = c^5$$
$$a^{797} + b^{797} = c^{797}$$

等等

瞧，通过简单地替换整数，我把一个古老的初级方程变成了世界上最难解的方程之一：费马大定理①。这个方程折磨了各国学者 350 多年，直到 20 世纪 90 年代，一个英国学者拿出了自己在阁楼里埋头计算近十年的成果，才证明了这个方程没有整数解。[7]

或者，如果我取两个变量（比如 x 和 y）并创建一个坐标网格图表示它们之间的关系，又会发生什么呢？

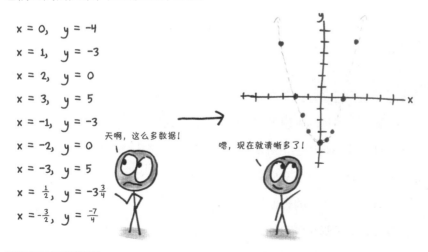

① 费马大定理：整数 $n>2$ 时，关于 x，y，z 的方程 $x^n+y^n=z^n$ 没有正整数解。（如无特殊说明，本书脚注均为编者注）

瞧，我发明了平面直角坐标系，对数学思想进行了可视化的革新——我叫笛卡儿，这就是他们花大价钱请我的原因。

再换个规律看看。通常来说，一个非 0 数字的平方是正数，但如果我们发明一个例外，使一个数的平方为负数，又会发生什么呢？

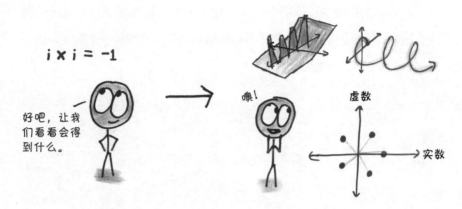

瞧，现在我们发现了虚数，为电磁学的探索送上了了不得的工具。我们还解锁了一个被称为"代数基本定理"的数学真理。如果这真是我们的贡献，那我们的简历一定很好看。

在上述几个例子中，数学家最初都低估了改变规则的革命性意义。在第一个例子里，费马认为证明这个定理并不难，但经历了好几个世纪，他的后辈失意地宣告事实并非如此。在第二个例子中，笛卡儿的图形思想（现在以他的名字命名为"笛卡儿坐标系"）最初只是哲学书的附录，图书再版时还经常会漏掉或删掉这一部分。在第三个例子中，在被认为是真实有用的数字之前，虚数面对了数百年的冷遇和嘲讽，伟大的意大利数学家卡尔达诺就说过"它们既麻烦又没用"[8]。甚至连"虚数"这个名称都是贬义的，这个贬义词的首创者不是别人，正是笛卡儿。

当新思想不是诞生于对事实的严肃思考，而是诞生于游戏中时，人们很容易低估它们。谁能想到只是对指数、可视化方式、数字规则的一点儿调整，就能超越人们的想象和认知呢？

我想，参加那次野餐的数学家也许并没有在那场终极井字棋游戏中想到这一点，但他们也不必想到。不管我们有没有想到这个道理，这个设计逻辑游戏的逻辑游戏已经推动所有人开始思考了。

第2章

学生眼中的数学什么样?

唉，这将是一个短暂而暗淡的篇章。为此我得先道个歉，但我要道歉的事太多了，比如常常在数学教育中让学生感到灵魂的煎熬。

你一定懂我的意思，对许多学生来说，"做数学题"意味着按指定顺序执行的铅笔动作。数学符号没有象征意义，它们只是在作业本上令人费解地群魔乱舞。数学就是算盘讲的故事，充满了毫无意义的"sin"和"θ"。

$$\frac{\frac{7x-1}{2}+4}{7}-3=8$$

一辆火车从距离你 处驶来，你被绑在铁轨上，正以 的速度挣脱绳子。如果弄错了 和 ，你将当场丧命，求 需要多长时间？（假设没有空气阻力。）

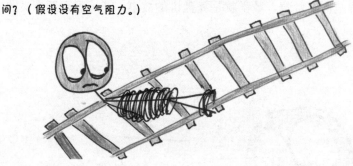

现在，请允许我用简短的篇幅为两件事道歉。

首先，要向我的学生说声"抱歉"：对不起，我曾让你们觉得数学这么可怕。我尝试过改变，但似乎无济于事。当然，我也曾经试过要回复每一封电子邮件，试过要戒掉冰激凌，也试过避免四个月才剪一次头发。但我认为自己无罪，抗辩理由是"人非圣贤"。

接下来，我还要向数学道歉：对不起，你在我的手中遭受了不少攻击。当然，我可以为自己辩解，因为你是一座无形的、由抽象逻辑连接的数量概念之塔，所以你身上大概不会留下什么持久的伤痕。但我没那么自大，我还是得向你说一声"对不起"。

这一章就到这里了。我保证下一章会有更多有意思的干货。

第3章

数学家眼中的数学什么样？

很简单，数学在数学家的眼中，就像一种语言。

这是一种有趣的语言，紧凑、简洁，但读起来很费劲。在我一口气读完《暮光之城》的五章时，也许你连数学课本的一页都还没读完。[1] 这种语言很适合讲述某些故事（比如曲线和方程之间的关系），但不太适合讲其他故事（比如女孩和吸血鬼的恋爱过程）。数学有着独特的、不可能在其他语言中找到的词汇。比如说，即使我能用简单的语言描述 $a_0 + \sum_{n=1}^{\infty} \left(a_n \cos \frac{n\pi x}{L} + b_n \sin \frac{n\pi x}{L} \right)$，对于不熟悉傅立叶分析的人来说，这个式子也还是毫无意义，就像不理解青春期荷尔蒙的人眼中的《暮光之城》一样。

但在某种程度上，数学也是一门常见的语言。为了更好地领悟其中真谛，数学家采用了大多数读者都熟悉的策略——在头脑中形成图像。[2] 他们在头脑中解读数学的符号和表述，剔除分散注意力的技术细节，再把读到的和已知的知识联系起来。尽管这听起来有些不可思议，但在阅读数学的过程中，数学家的情绪会被调动起来，他们有时心旷神怡，有时也会焦躁不安。

当然，这么短短一章没法一下子让你们学会流利的"数学语言"，就像我没法教会你们流利地说俄语一样。同时，正如文学学者可能会对英国诗人杰拉德·曼利·霍普金斯的对偶句或一封措辞模棱两可的邮件提出异议，由于经验和想法不同，数学家也会对数学中的细节意见不一。

即便如此，我还是希望提供一些超越字面意思的翻译，让大家稍微了解一下数学家在实际阅读数学材料时可能用到的策略。我们姑且称之为"烂插画理论101"吧。

数学家眼中的"7 × 11 × 13"……

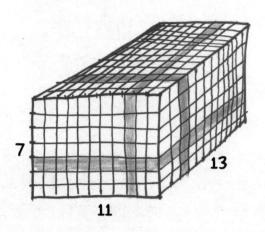

7

13

11

　　我常从学生那里听到这样一个问题："先乘以 11 还是先乘以 13 有关系吗？"这个问题的答案（"没关系"）远没有问题所揭示的现象有意思：在学生们眼中，乘法是一个动作，是要去"做"的一件事。所以，对我来说最难的课程任务之一，就是要让他们明白，其实有时候我们该学会的是"不做"。

　　我们不必总把 7 × 11 × 13 当作一个命令，有时候只要当它是个数字就行了，不需要做任何处理。

　　每个数字都有许多别名和艺名。你也可以称这个数字为"1002 − 1"，或"499 × 2 + 3"，或"5005 ÷ 5"，或"杰西卡"，"那个可以拯救地球的数字"，或老派的"1001"。但是，如果朋友们平时就叫它"1001"，那么 7 × 11 × 13 就不是乱起的什么古怪绰号了，而是它出生证明上的大名。

　　7 × 11 × 13 是 1001 分解质因数得到的结果，包含了很多信息。

　　首先，我想介绍一些关于分解的重要背景知识。加法是最无聊的分解方式，把 1001 分解成两个数字的和纯粹是在消磨时间：你可以把它写成 1000 + 1，或者 999 + 2，或者 998 + 3，或者 997 + 4……直到你无聊到开始打瞌睡。这样的分解没有告诉我们 1001 有什么特别之处，因为所有的数字都可以以几乎相同的方式分解。（例如，18 可以写成 17 + 1，或者 16 + 2，或者 15 + 3……）这看起来就像把一个数字拆分成两堆东西。无意冒犯，但是那两堆东西确实包含不了什么信息。

乘法，才是数字们开派对的方式。为了拿到活动的邀请函，你得学会运用我们的第一个数学阅读策略：**在头脑中形成图像。**

正如上一幅图所示，乘法其实就是一堆按一定顺序排列的小方块。如果每个小方块的边长是 1，1001 就可以看作是由 7×11×13 个小方块堆成的建筑物。不过，乘法能告诉我们的可不止这些。

你可以把这个建筑物看作 13 层的高楼，每层有 77 个小方块；如果你歪着头看，它就变成了 11 层，每层有 91 个小方块；你也可以把头歪到另一边，再看看它，它就只有 7 层了，但每层有了 143 个小方块。有了分解质因数，这些分解 1001 的方法一目了然，但我们很难从 1001 这个大名中直观地看出这些。

一个数字的质因数就是它的 DNA。我们从质因数中可以看到一个数字所有的成分和分解方式，可以知道有哪些数能拆开它。如果把数学比作烹饪课，那么 7×11×13 不是煎饼 1001 的食谱，而是这个煎饼本身。

数学家眼中的 "$S = \pi r^2$" ……

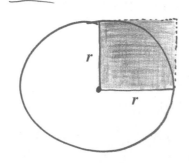

"要填满这个圆，你需要 π 个正方形。"

↙
比 3 稍大一些

对非数学专业的粉丝来说，π 是一个神秘的符号，是数学巫术的象征。他们记住了无理数圆周率的小数点后成千上万的数字，还将人类最伟大的创造（甜点派）与最无聊的创意（谐音梗）结合，把 3 月 14 日作为国际圆周率日。对大众而言，π 是他们痴迷、敬畏，甚至膜拜的对象。

可对于数学家来说，π 不过就是个比 3 多一点儿的数字而已。

圆周率无穷无尽的小数点后数字迷住了外行，数学家对此却不以为意。他们知道精确不是数学的唯一追求，为了更快速地估算，合理利用近似值才是聪明的做法。当阅读数学的人建立直觉时，近似值有助于使问题简化。没错，**不要过分追求精确**，就是我们在数学阅读中的第二个重要策略。

回到公式 $S=\pi r^2$，这个公式在数学题中太常见了，许多学生一听到"圆的面积"，就会条件反射般地说出"π 乘以 r 的平方"，简直像被洗脑了一样。可大家有没有想过，这个公式到底是什么意思？它为什么能成立？

好了，暂时忘了 3.141 59 吧，放空你的头脑，看看这些图形。

r 是圆的半径，这是一个长度。

r^2 是一个小正方形的面积，正如上一幅图所示。

现在，快问快答：图中圆的面积和正方形的面积有着怎样的关系？

显然，圆的面积大于正方形面积，但并非刚好等于它的 4 倍（4 个正方形不仅能覆盖整个圆，4 个角还有一些多出来的部分）。如果仔细观察，你可能会发现这个圆的面积是正方形面积的 3 倍多一点儿。

这正好和公式所表达的一致：面积 =（比 3 多一点儿）× r^2。

如果你想验证一下——精确的 π 值为什么是 3.14 多，而不是 3.19 多？——你也可以做做证明题（证明的方法很多，其中有几个还挺可爱的；我最喜欢的是像剥洋葱一样把圆形一圈圈剥开，然后把这些圈圈拉直，按从大到小的顺序往上堆成一个三角形）。[3] 但是数学家嘛，总有自己的坚持，他们并不总是通过最基本的原理来证明一切。其实大家都一样，木匠啦，动物园管理员啦，都会有那些乐于使用却不了解具体构造的工具，他们只要知道怎么用就好了。

数学家眼中的"$y = \dfrac{1}{x^2}$"……

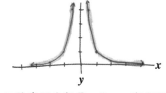

从前有两个数量 x 和 y，它们俩总是无法达成一致。

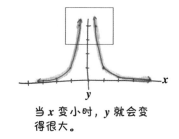

当 x 变小时，y 就会变得很大。

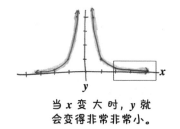

当 x 变大时，y 就会变得非常非常小。

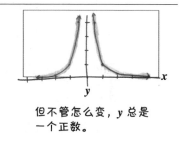

但不管怎么变，y 总是一个正数。

"请画出这些解析式的函数图像"是数学作业里的常见题，我也出过这类题目。但是，这个问题暗含的导向并不正确——似乎画出图像，故事就结束了。实际上，绘制图像和求解方程或执行运算不同，它不是终点，而只是一种手段。

图像应该是数据可视化的工具，是讲述数学故事的图片。它代表了第三个强大的数学阅读策略：**将静态转化为动态。**

回到上面的等式。在 $y = \dfrac{1}{x^2}$ 中，x 和 y 表示满足某种精确数量关系的一对数字，这样成对的 x 和 y 有很多。下面是几对例子：

x	2	3	4	5
y	$\dfrac{1}{4}$	$\dfrac{1}{9}$	$\dfrac{1}{16}$	$\dfrac{1}{25}$

我们现在可以看出一点儿端倪了，但是我们的视野和我们的技术一样存在局限，表格的容量是十分有限的。尽管满足这个等式的 x 和 y 有无数组，但表格就像证券报价机一样，每次只能显示少量数据，无法穷举一切成对的数字。怎样能一下看到所有的 x 和 y 呢？我们需要更好的可视化工具——一个数学界的电视屏幕。

于是，函数图像诞生了。

把 x 和 y 分别作为横坐标和纵坐标，我们就可以将每一对无形的数字都转换成一个再简单不过的几何图形：一个点。无穷多组数字对应成了无穷多个点，无穷多个点构成了一条曲线。就这样，关于数学的故事翻开了崭新的一页——这是一个关于运动和变化的故事。

- 在 x 变小至趋近于 0（$\frac{1}{5}$，$\frac{1}{60}$，$\frac{1}{1\,000}$……）的过程中，y 会经历爆炸式增长（25，3 600，1 000 000……）
- 在 x 逐渐变大（20，40，500……）的过程中，y 会缩小成很小的分数（$\frac{1}{400}$，$\frac{1}{1\,600}$，$\frac{1}{250\,000}$……）
- x 值可以为负（-2，-5，-10），但 y 始终是正数。
- 两个变量都没有值为 0 的情况。

好吧，这一段故事可能不够跌宕起伏，但新手（认为数学是一串令人麻木的无意义符号）和数学家（认为数学是一种连贯的、可以用于交流的工具）之间的本质区别就在于，数学家具备这样的阅读和思考策略。函数图像为这些死气沉沉的等式赋予了生命，让它们动起来、活起来。

数学家眼中的 "$(x-5)(x-7)=0$" ……

这一块 × 那一块 = ⭕

这两块中必有一个等于 0

组块是一种心理学上的记忆方法。这说的可不是在喝太多酒后排出一块块废料的方法，而是数学家不可或缺的高效思维技巧，也就是我们的第四个数学阅读策略。

"组块"的意思是将一组分散的、难以完全保留的细节打包，作为一个整体，重新定义为一个单元。上面的等式就是一个简单的例子。一个善于组块的人会无视等式左边的细节，是 x 还是 y？是 5 还是 6？是 + 还是 – ？不知道，也无所谓。相反，他只会看到两大块，这两块形成了式子的主体：这一块 × 那一块 = 0。

如果你熟悉乘法，就一定知道 0 是一个特殊的数。

$6×5$？不为 0。

$18×307$？不为 0。

$13.916\ 32×4\ 600\ 000\ 000\ 000$？不用计算器我们也知道，这肯定也不为 0。

在乘法的世界里，0 是独一无二的。相比其他数字，0 特殊而难以捉摸。比如，我们有很多办法可以得到 6（$3×2$，$1.5×4$，$1\ 200×0.005$……），但有且只有一种方法可以让两个数字相乘得到 0，那就是其中一个数字本身就为 0。

这就是我们组块的结果：因为这个式子的得数是 0，所以左侧必有一块是 0。如果是第一块（$x–5$）等于 0，那么 x 一定是 5。如果是第二块（$x–7$）等于 0，那么 x 一定是 7。

这个方程中的未知数就这样解出来了。

组块不仅能净化胃，还能净化思维，它使世界更易于理解，而且，随着学的东西越来越多，你会变得更善于进行组块式思考。一个高中生可能会把一整行代数运算看成"求出梯形的面积"，一个大学生可能会把几行密密麻麻的微积分式看成"计算旋转体的体积"，而一个研究生可能会把半页令人生畏的希腊字母术语组块成"计算集合的豪斯多夫维数（Hausdorff dimension）[1]"。每上升一个学习阶段，你都会学到些具体的细节知识点：什么是梯形？积分是怎样的？豪斯多夫维数是什么？怎样可以求得？

但是，学会这些具体的细节知识点本身并不是目的，我们真正的目的是在学会它们以后忽略它们，再把注意力放在更大的、组块后的全景上。

如果把指数和底数调换位置，会发生什么呢？

---

[1]　豪斯多夫维数：简称"H 维数"，一种用测度定义的维数。

数学家眼中的 x^2 和 2^x······

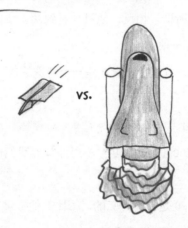

当然，在门外汉看来，换不换好像没什么区别。不过是一串不知所云的符号互相交换了位置，从胡言乱语变成了乱语胡言。谁在乎呢？但在数学家看来，这就像天空和海洋、山和云，或者鸟和鱼的对调（可都是惊天动地的大事）——调换两个符号的位置，一切都变了。

以上面两个表达式为例，假设 $x = 10$。

这样我们就可以得到 $10^2 = 10 \times 10$，也就是 100 了，这个数字可不小。一年内教 100 个学生，开车去 100 英里外的一个主题公园，或者花 100 美元买一台旧电视，都不是开玩笑的。（至于那个 101 斑点狗的故事——一家人能养 100 多只斑点狗？简直多得令人难以置信）

但 2^{10} 比 100 还要大得多，它等于 $2 \times 2 \times 2 \times 2 \times 2 \times 2 \times 2 \times 2 \times 2 \times 2$，也就是 1 024。我大概要花 10 年才能教 1 024 个学生；除非是去世界上最大的主题公园，否则我不可能接受 1 024 英里那么远的车程；要 1 024 美元才能买到的电视机，不用说，一定非常高端。（一个人如果养了 1 024 只斑点狗，那么就不只是令人难以置信，很可能已经涉嫌虐待动物了）

当 x 取更大的值时，这两个表达式之间的差距就会进一步扩大。不对，"扩大"这个词听起来程度太弱，就像把大峡谷描述成"地上的一条缝"。应该说，随着 x 的增长，x^2 和 2^x 之间的差距也呈现出了爆炸式的增长。

不用说，100^2 是个相当大的数字，即 100×100，等于 10 000。

然而，2^{100} 和 100^2 比起来更是个天文数字，它等于 $2 \times 2 \times 2 \times$

$2 \times 2 \times 2 \times 2 \times 2 \times 2 \times 2 \times 2 \times 2 \times 2 \times 2 \times 2 \times 2 \times 2 \times 2 \times 2 \times 2 \times 2 \times$
$2 \times 2 \times 2 \times 2 \times 2 \times 2 \times 2 \times 2 \times 2 \times 2 \times 2 \times 2 \times 2 \times 2 \times 2 \times 2 \times 2 \times 2 \times$
$2 \times 2 \times 2 \times 2 \times 2 \times 2 \times 2 \times 2 \times 2 \times 2 \times 2 \times 2 \times 2 \times 2 \times 2 \times 2 \times 2 \times$
$2 \times 2 \times 2 \times 2 \times 2 \times 2 \times 2 \times 2 \times 2 \times 2 \times 2 \times 2 \times 2 \times 2 \times 2 \times 2 \times 2 \times$
$2 \times 2 \times 2 \times 2 \times 2 \times 2 \times 2 \times 2 \times 2 \times 2 \times 2 \times 2 \times 2 \times 2 \times 2 \times 2 \times 2 \times 2$，也就是
1 267 650 600 228 229 401 496 703 205 376，大概是十亿乘十亿再乘一兆。

如果这两个数字衡量的是重量，那么 100^2 磅相当于一辆载满砖头的皮卡重量，的确不轻，但与 2^{100} 磅不可同日而语。

2^{100} 磅相当于 10 万个地球的重量。

对于没有经过数学训练的人而言，x^2 和 2^x 可能看起来没什么不同。但是，随着在数学方面经验的增加，你辨别这种"鬼画符"语言的能力会越来越强，这种差异对你来说会越来越显眼。不久后，这会变成一种本能，开始**调动你的情绪**。对了，这就是阅读数学的最后一个关键策略。你在阅读那一行行数学表达式时，心情会跌宕起伏，能感受到满足、同情、震惊……各种各样的情绪。

最终，你就会觉得把 x^2 和 2^x 混淆，就像用一辆皮卡拖动 10 万颗行星一样荒谬。

第4章

科学和数学眼中的
彼此什么样?

1. 不再是双胞胎了

九年级时，我和好朋友约翰外貌像得出奇。两个同样圆脸、棕发、忧郁的小男孩，经常因为长得太像而成为大家的谈资。老师会叫错我们的名字，高年级的学生以为我们是同一个人，甚至在毕业纪念册中，我们的照片还被标反了名字。我俩的友情好像就是在捉弄那些分不清我们的人中建立起来的。

后来，随着时间的推移，我们变瘦了，长高了。约翰现在身高超过两米，无比健壮，看起来像迪士尼动画中的王子。我还不到一米八，被称为哈利·波特和丹尼尔·雷德克里夫的结合体。在我们的友谊中，"失散多年的双胞胎"的阶段早就一去不复返了。

数学和科学的关系，就像我和约翰的关系一样。

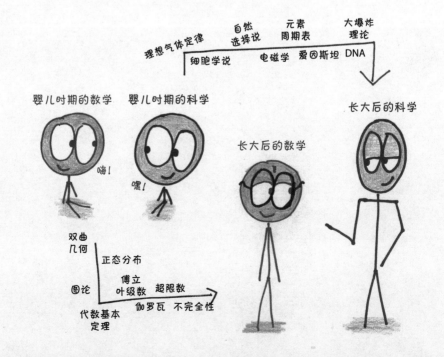

当科学和数学还在襁褓中时，它们可不只是看起来像，它们就是一回事儿。艾萨克·牛顿并不在意历史书把他归为科学家还是数学家：毋庸置疑，他二者都是。他的智者前辈们——伽利略、开普勒、哥白尼——也是如此。在那个时代，科学和数学相互交织、密不可分。他们的核心观点是物理宇宙的物体都遵循数学公式和定律，不可能只研究其中之一而忽略另一个，就像面对烤蛋糕时，我们不可能只吃其中某种单一的配料。

后来，科学和数学逐渐有了区别。看看现在人们是怎么教科学和数学的：在不同的教室里，由不同的老师讲解，用着不同（但可能同样枯燥）的教科书。它们长高了，长壮了，眼神比从前成熟多了。

但是，人们依然会混淆它们。任何一个傻瓜都能看出我和约翰不是同一个人，但是路人，尤其是外行的路人，可能还是很难区分数学和科学。

也许，区分它们的最简单的方法，应该是弄清楚科学和数学在彼此眼中的样子，而不是它们在外行眼中的样子。

2. 在彼此的眼中

从科学的视角来看，答案很明了：数学就是科学的工具箱。如果科学是高尔夫球手，那么数学就是球童，它的工作就是在不同的情况下为球手取出正确的球杆。

　　这种看法把数学摆在了从属者的位置上。我不是很喜欢这样，但我很理解科学家，科学总要尝试解释现实，但凡对现实有些了解，你就会知道这是相当困难的。在这个世界上，万物不断诞生又消亡，只给科学家留下令人抓狂的、残缺不全的古老遗迹，而且物质的本质在量子理论和相对论的维度中还截然不同。现实就是一团混沌。

　　科学探索世间万物，试图对一切进行分类和解释，甚至预测未来。在努力的过程中，它将数学视为不可或缺的得力助手：就像每次都能为詹姆斯·邦德提供各种助他化险为夷的武器和工具的军需官 Q 那样。

这个烧杯里的溶液含有<u>大量</u>氢离子，所以它呈酸性，但我希望衡量酸的方法可以更简单些，要是能将不同烧杯中溶液的酸性进行对比就最好了。

噢！你<u>恰</u>好可以用氢离子的对数来表达。

好了，现在我们把镜头旋转 180°，换一个视角。数学是如何看待科学的呢？

转过来以后，你会发现我们换的可不只是镜头的角度，电影的类型也改变了。科学把自己当成动作片的主角，而数学则认为自己是一部实验艺术片的导演。

究其原因，从根本上来说，数学家并不关心现实。

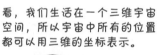

看，我们生活在一个三维宇宙空间，所以宇宙中所有的位置都可以用三维的坐标表示。

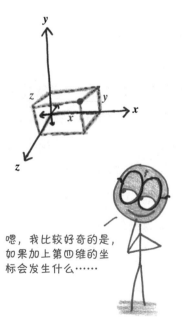

嗯，我比较好奇的是，如果加上第四维的坐标会发生什么……

我说的不是数学家古怪的生活习惯——喜欢喃喃自语啦，一条裤子穿好几个星期啦，甚至偶尔忘记伴侣的名字，[1] 我说的是他们在工作中不关注现实。尽管人们总是强调数学在"现实世界的实用性"，数学对物质世界的态度还是有些置身事外。

因为数学家真正关心的不是具体的事物，而是想法。

在数学中，他们提出假设，然后通过缜密的推理来揭示个中含义。谁会在意最终的结论——比如无限长的圆锥体和 42 维的烤香肠——在物理现实中不可能出现？它们所蕴含的抽象真理才是关键。毕竟，数学并非存在于科学的物质世界中，而是存在于逻辑的概念世界中。

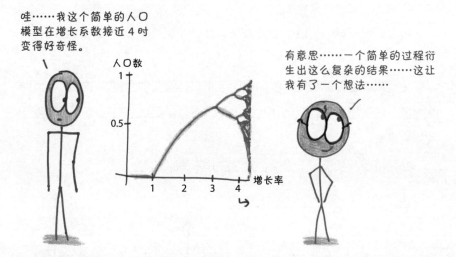

数学家认为，数学是一项富有创造性的工作，是一门艺术。

这使科学成为他们的灵感来源。想想看，作曲家听到鸟儿啁啾，把旋律编入乐曲；画家凝视着午后晴空的云絮，将这景象绘成风景画。这些艺术家并不在乎作品的逼真程度，不在乎作品是否毫厘不差地记录了捕捉到的瞬间。对他们而言，现实只是一个丰富的灵感来源。

这也正是数学看待世界的方式：现实虽然风景秀丽，但只是一个起点，真正令人心驰神往的目的地还在远方。

3. 数学的矛盾

数学认为自己是充满梦幻的诗人，而科学却认为它是专业技术设备供应商。人类探索历程中的一个巨大矛盾就此产生：两种观点都正确，却又难以调和。如果数学是设备供应商，为什么它的设备如此充满诗情画意？如果数学是诗人，为什么它的诗歌会这么实用？

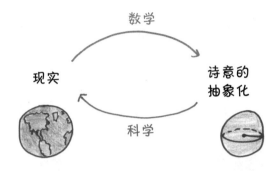

为了更好地说明这一点，我们可以看看纽结理论的发展史 [2]。

和其他许多数学分支一样，这个数学理论的分支也是受科学问题的启发而诞生的。在发现原子之前，一些科学家，包括开尔文勋爵，认为宇宙中充满了一种叫作"以太"的介质，而物质就是由其缠结构成的。因此，他们试图对所有可能的缠结进行分类，并创建了一个缠结周期表。

但是不久后，科学家就对以太和纽结失去了兴趣，他们的注意力转移到了闪亮登场的原子理论上（毕竟原子理论的正确性得到了验证）。但数学家却被纽结理论迷住了。事实证明，给纽结分类是一件令人愉快和着魔的事。同一个结的两种形态可能看上去大相径庭，看上去截然不同的结也可能正在嘲笑你没看到它们的相似之处，这些反差极大地点燃了数学家的兴趣。很快，一种精致而复杂的纽结理论诞生了，其中那些充满才智的抽象概念看起来似乎没有任何实际用途，数学家却毫不介意。

几个世纪过去了。

科学家遇到了一个非常棘手的问题。我们知道，每个细胞的 DNA 分子上都镌刻着宝贵的信息，而且这些 DNA 分子都有着惊人的长度。如果把一个 DNA 分子拉直后平放，它可以伸展到 180 厘米——这是细胞本身长度的 10 万倍。因此，DNA 就像被塞进狭小的容器中的一条长绳，如果你曾经把耳机胡乱塞进口袋后再拿出来，或者从盒子里取出过绕成一团的圣诞彩灯，你就会明白分析 DNA 意味着什么——你要解开无数个令人抓狂的缠结。细菌是怎么准确读取这些打结的 DNA 信息的呢？我们能从它们身上学到一些技巧吗？我们可以通过在 DNA 上打结，让癌细胞失活吗？

在生物学家身陷困境，急需帮助的时候，数学家伸出了援手："嘿，我们正好研究过这个！"

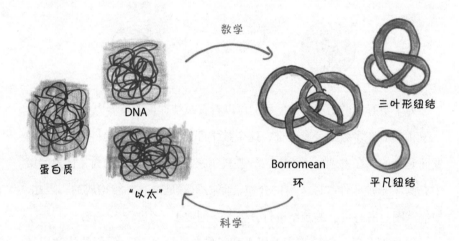

纽结理论简史就讲到这儿了。这种理论因解决实际问题而诞生，但问世后不久就开始朝不切实际的方向发展，成了诗人和哲学家的一种逻辑游戏。然而，这个几乎不考虑实用性的理论在发展成熟多年后，却突然在另一个领域里大显身手了。

这样的发展过程在数学的历史中不是特例，而是一个基本模式。

还记得第一章中提到的奇怪几何体系吗？几个世纪以来，所有学者都把那些有悖于现实的图形看作诗人天马行空的想象，而现实中的平行线应该遵循欧几里得的假设。

后来，年轻的专利局职员爱因斯坦发现，这些古怪的几何图形大有深意，不只存在于思维实验中，它们其实还是宇宙结构的基础。从渺小的人类视角来看，宇宙的确呈现出与欧几里得假设相符的状态，就像圆圆的地球呈现为平坦的地面。但如果把镜头拉远，远离地球表面后，你会看到完全不同的画面——一幅由奇怪的曲率构成的不断变化的景观[3]。

最后，事实证明那些曾经被认为"一文不值"的几何图形在人类对宇宙的研究中起到了至关重要的作用。

还有一个例子与逻辑本身有关，这也是我最喜欢的故事。亚里士多德等早期哲学家发明了符号逻辑（"如果 p，那么 q"），并将其作为科学思维的向导。而理论数学家却在这些符号逻辑的基础上发展出一套奇怪又抽象的研究方法，又一次剥离了实用性。到了 20 世纪，伯特兰·罗素这种学者写了不少顶着拉丁文书名的大部头，希望能从基本假设中"证明" $1 + 1 = 2$。[4] 在一般人眼中，还有什么比这更没用、更不可救药的呢？

一位逻辑学家的母亲曾对着儿子喋喋不休："亲爱的，这些抽象的数学有什么意义呢？为什么不做些有用的事情呢？"[5]

这位母亲名叫埃塞尔·图灵（Ethel Turing），在故事的最后，她的儿子艾伦·图灵发明了一台逻辑机器，我们现在称之为"计算机"。

当然，我们不能因这位母亲担心儿子不务正业而责备她。毕竟谁能想到，她的儿子对逻辑系统的抽象研究竟然定义了人类下一个世纪的发展方向？后来，无论我听说了多少关于数学的故事，数学的这种"有用—无用—有用"的历史循环，对我来说都是谜一般的奇迹。

我最喜欢物理学家尤金·魏格纳对这种现象的描述，他将这种现象称为"数学不合理的有效性"[6]。毕竟，细菌对纽结理论一无所知，为什么会遵循这个理论的规则呢？时空连续体没有研究过双曲几何，为什么能如此完美地执行双曲几何的定理呢？也有不少哲学家探讨过这类问题，但他们的答案都是假说与猜想，甚至相互矛盾，无一能解开我的疑惑。

那么，究竟怎样才能更好地理解"数学诗人"与"科学冒险家"之间的关系呢？也许我们应该把它们看作一对跨越物种的共生动物，就像栖息在犀牛背上的犀牛鸟。合作使犀牛不再受昆虫叮咬之苦，也让犀牛鸟捕获了食物，双方各取所需、各得其所。

如果非要想象那个画面，那就是数学像身形纤巧的小鸟一样，优雅地站在皱巴巴的灰色现实之上。

第 5 章

优秀的数学家和
伟大的数学家

辟谣是件有意思的事，只要看看《流言终结者》节目里毫无顾忌的爆炸场面和人们的笑容，我们就不难发现这是一份满意度和成就感相当高的工作。

然而在数学中，我们要做的不只是粉碎谣言，还有纠正错误，这可就麻烦多了，毕竟大众对数学的许多认知并不是完全错误的，只是可能在某些方面存在扭曲、不全面和过度拔高的问题。举例来说，计算在数学中重要吗？当然重要了，但它绝不是最重要的。数学需要关注细节吗？没错，但这并不是数学独有的特点，织毛衣和跑酷也得关注细节。卡尔·高斯是天才吗？毋庸置疑，但是数学最美妙的部分并不来自这位忧郁的德国完美主义者，而是由你我这样的普通人创造的。

在结束第一部分之前，本章会介绍关于"如何像数学家一样思考"的最后一项探索。这样的探索给了我们对常见的数学迷思进行纠错、做出注解的机会。和大多数传言一样，它们都来源于现实生活，也和大多数传言一样，它们都过于"想当然"，忽略了现实的不确定性，缺失了思考。恰恰是这样的思考，使我们成为数学家。

优秀数学家的思维是敏捷的。

1！
答案是 1！

你不想先听听问题是什么吗？

伟大数学家的思维是缓慢的。

喂？
你听到我的问题了吗？

嘘……我的大脑正在缓冲。

几年前，我还在英国教书，我的学生中有个叫科里的男孩。看到他的时候，我仿佛看到了 12 岁的本杰明·富兰克林：谈吐温和，文静但善于观察，长着姜黄色的长发，戴着一副圆眼镜——我简直可以想象出他发明双光镜的画面。

科里一丝不苟地对待每项家庭作业，他在不同的章节和课程间建立了清晰的关联，每堂课结束时，他都会非常细心和耐心地收拾好资料和论文，慢条斯理得让人担心他下一节课要迟到。所以，我估计科里会在 11 月的大考中得满分。

嗯……如果他有时间答完每一道题的话。

交卷铃响的时候，他的试卷还有四分之一是空白的，最后只拿了 70 多分。第二天，他皱着眉头来找我。"先生，"他说——在英国，即使是一个 29 岁的愣头青教师也会被这样尊称——"为什么考试要限制时间呢？"

面对这种问题，我觉得还是实话实说为好："考试有时间限制，并不是因为做题的速度越快越好，而是因为老师们想知道，在没有别人帮助的情况下，学生能独立解决多少问题。"

"那为什么不让我们继续把试卷做完呢？"

"嗯……如果你在我这儿考了一整天的试，其他老师可能就有意见了，你还有科学课、地理课，这些课能让你对现实世界了解更多。"

我从未见过这样的科里：他咬着下唇，眼神黯淡，脸上写满了沮丧。"试卷上的题目我都会做，"他说，"只是没时间了。"

我点点头："我知道。"

除此之外，我不知自己还能说些什么了。

不管是不是有意为之，学校里的数学总在使劲强调一个明确的信息：速度就是一切。考试有时间限制。提前做完的人会开始在考场上做作业，考试结束时，铃声响起，学生们仿佛刚刚被迫完成了一场以对数为主题的游戏表演。数学就像一场竞赛，想成功就得快。

不得不说，这太愚蠢了。

没错，速度有其不可否认的优势：节省时间。可是在数学中，比节省时间重要得多的是找到那些鞭辟入里的分析见解和轻松优雅的解决方案，这些在 1 000 千米 / 时的速度下都是不可能找到的。仔细思考比快速思考学到的数学知识更多，就像在学植物学时，停下来认真研究一棵草一定比在麦田里狂奔收获更多。

科里早就明白了这个道理，但愿像我这样的老师 [1] 都不要违心地说服他、改变他。

优秀的数学家有耐心解出复杂的答案。

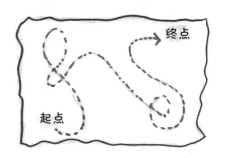

伟大的数学家有耐心寻找简单的答案。

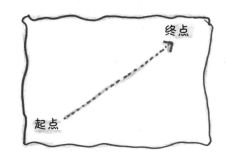

我的太太是位研究数学的学者，她和我说过数学中一个有趣的发展模式。

- **第 1 阶段**：一个棘手而又令人兴奋的问题出现了，这是一个需要证明的重要猜想。许多数学家跃跃欲试，企图驯服这只野兽，但都没有成功。

- **第 2 阶段**：终于有人通过一个冗长而复杂的方式证明了这个猜想，他的证明过程非常严密，但也极为艰涩，让人难以理解。

- **第 3 阶段**：随着时间的推移，数学家纷纷公开了新的证明方法，证明的过程越来越短、越来越简单。最终，原始的证明方法正式"退役"了，就像爱迪生时代的低功率电灯被更现代的流线型设计淘汰那样。

你可能会不解——为什么这种轨迹会成为数学研究发展的普遍模

式呢？

这么说吧，假设我们要去的目的地叫作"真理"，第一次找到它时，我们通常经历了百转千回，才找到一条艰难曲折的道路。值得肯定的是，走完这条崎岖的小道很需要耐心。但更需要耐心的还在后面。在到达目的地之后，我们还需要保持思考的耐心。只有继续思考，我们才能不断舍弃多余的弯路，筛选出必须保留的步骤。最后，长达 120 页的证明也许就能精简到 10 页了。

优秀的数学家会牢记所有细节。	伟大的数学家知道如何省略所有细节。

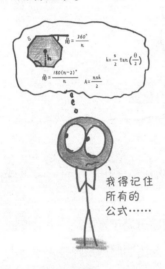

我得记住所有的公式……

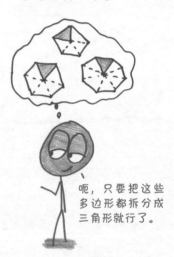

呃，只要把这些多边形都拆分成三角形就行了。

1920 年以前，在所有的数学分支中，最枯燥乏味的可能就是代数了。[2] 做代数题就像陷进充满琐碎细节的沼泽，或是进入充满技术细节的荆棘丛。这个学科就是这样和细节密不可分。

直到 1921 年，数学家艾米·诺特发表了一篇名为《环域理想理论》（"Theory of ideal in Ring Domains"）的论文。[3] 她的同事将这篇论文比喻为"抽象代数学科意识觉醒的一道曙光"。诺特对分析具体的数字问题不太感兴趣，事实上，她甚至将"数字"这个概念都束之高阁，对她来说，对称和结构才是最重要的。多年后，她的另一位同事回忆道："正是她教会了我们用简单、普适的术语进行思考。她开辟了一条发现代数规律的路，这些规律在过去是非常模糊的。"

对于优秀的数学家来说，掌握详尽的细节是必要的，而要成为伟大的数学家，则必须超越这些细节。

对诺特而言，抽象不仅是一种思维习惯，还是一种生活方式。她的同事说："她在思考问题时，经常会说回自己的母语——德语。"她爱好徒步，有时会在星期六下午带学生去远足。在路上时，她常因为专注于对数学的讨论忘了看路，学生们还得保护她。[4]

是的，伟大的数学家不太在意人行横道和车流这种琐事，他们的注意力集中在更重要的事情上。

优秀的数学家勇于直面困难。

伟大的数学家善于绕过困难。

1998 年，西尔维亚·瑟法蒂（Sylvia Serfaty）[5]对涡流随时间的变化方式产生了兴趣，还写了一本相关的书——《金茨堡 - 朗道磁场模型中的涡旋现象》（*Vortices in the Magnetic Ginzburg-Landau Model*）——却发现自己被这个难题困住了。

她后来说："其实很多优秀的研究都是从最简单、最基础的事物起步的，数学的进展往往来自对典型事例的（新）认知，这些典型事例就是同类问题中最基本的例子，而且通常计算起来很简单，只是没人想过要从这个角度思考。"

遇到问题时，你可以从正门攻打城堡，与防御部队短兵相接。你也可以试着加深对城堡本身的认识，这样也许能发现不堪一击的另一个入口。

数学家亚历山大·格罗滕迪克用另一个比喻说明了这个观点：我们可以把问题想象成让人垂涎的榛果，营养美味的果肉被坚硬的外壳包裹着，我们要怎样才能吃到果肉呢？[6]

有两种方法。第一种方法是用锤子和凿子使劲敲，把榛果的外壳敲碎。这是可行的，但非常粗暴，也非常费劲。我们也可以试试第二种办法，把榛果泡在水里，就像格罗滕迪克说的那样："可以用手搓一搓，让水更快地渗入果壳，或者放在那儿不管，过段时间再来看看。几周或者几个月后，时机成熟，你用手轻轻一压，原本坚硬的榛果就会像熟透的鳄梨一样打开了。"

十多年来，瑟法蒂和同事就这样把这个"榛果"泡在水里，断断续续地研究着。2015 年，她终于找到了合适的进攻角度，花了几个月的时间就把问题解决了。

优秀的数学家会在工作中拿出最强大的工具。

看我焊枪的威力！

伟大的数学家会在工作中拿出最简单的工具。

用点胶布就搞定啦。

每个数学领域都有一座圣杯。对许多统计学家来说，他们的圣杯就是高斯相关不等式（Gaussian correlation inequality）[7]。

宾夕法尼亚州立大学统计学家唐纳德·理查兹（Donald Richards）说："我认识的一些人已经针对这个问题研究了 40 年，我自己研究了 30 年。"

学者们前赴后继地尝试，有的人计算了数百页，有的人采用了复杂的几何框架，有的人结合了概率论分析，但还是没人得到圣杯。甚至有人开始怀疑高斯相关不等式是错的，这个圣杯不过是个神话。

2014 年的一天，理查兹收到了一封邮件，发件人是一位德国的退休职员托马斯·罗伊恩（Thomas Royen）。邮件的附件是数学中非常罕见的 Microsoft Word 文档，因为几乎所有数学研究者平时用的都是 LaTeX 程序。这位堪称外行的前制药公司员工怎么会主动来联系一个统计领域的顶尖研究人员呢？

听起来不可思议，但事情就这样发生了。这名退休职员证明了高斯相关不等式，他用的论证和公式非常简单，随便找一个研究生都能看明白。罗伊恩说，这个证明过程是在他刷牙时突然冒出来的。

理查兹说："我只看了一眼，就知道问题已经解决了。"对于自己没能想到这么简单的论证方法，他在惭愧之余有些沮丧，但仍很开心："我时常在想，如果能在有生之年看到它被论证出来就好了。真的，我很高兴等到了这一天。"

罗伊恩的故事和一位深受爱戴的物理老师 [8] 教我的道理不谋而合："杀鸡焉用宰牛刀。"对数学家来说，克制自己才能优雅地解决问题。

优秀的数学家能够理解问题。

伟大的数学家能够传递理解。

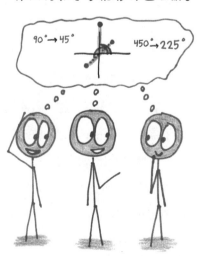

2010 年 11 月的一天，23 岁的我在加利福尼亚州的奥克兰市教书。那天我花了一整个上午，用了无数种方法，在三角学课上向学生讲解棣莫弗定理（de Moivre's theorem），但他们还是不能理解。

"好吧，从头再来一遍！"我讲得口干舌燥、汗流浃背，"现在，你们要把这个数变为 n 次方，对吧？你可以放心地把角度增加 $2 k\pi/n$，因为 Zoombinis 中的其他 fraggle 会把 fleen 退回去。你们明白了吗？"

"停停停！"学生们捂着耳朵大叫，"别说了！你越说越难懂！"

这时，一个叫维亚内的学生[9]举起手："我能说说我的理解吗？我也不确定对不对。"

"请便，"无计可施的我叹了口气，"别客气。"

"好的，我们要把这个角对半分开，对吗？"

喧闹的教室安静了下来。

"其实一个角加上 360° 就会回到同一个地方，就像 90° 和 450° 实际上是一样的，只是 450° 多转了一整圈，对不对？"

学生们挺直了背，认真地看着维亚内。

"我们现在把这个角对半分开，角的大小就变成原来的一半了，刚才的多转的 360° 就变成了多转了 180°，最后就等于停留在和最初方向完全相反的位置。"

我看到其他学生都露出了豁然开朗的神情，阴沉郁闷的教室一下就明亮了起来。

维亚内总结道："因为出现了一个反方向的角，所以就有两个解了。老师，我说得对吗？"

我陷入了思考，整个教室的学生都一脸期待地等着我的回答，直到我点了点头："是的，说得真好。"

全场爆发出热烈的掌声，维亚内迎着大家的欢呼，一边与同学们击掌一边朝座位走回去。说实话，我也能看出她讲解方法的优越性。我一直在试图逆向解释这个定理，想要同时覆盖 n 的所有取值情况，但维亚内把问题转了个方向，只考虑 $n = 2$ 的情况，就大大简化了问题。

那些伟大的数学家之所以能在历史的长河中留下印记，不仅是因为他们才智非凡，还因为他们开辟了他人可以追随的道路。欧几里得把自己的见解整理成一本空前绝后的教科书；康托尔把自己对无限的新理解提炼成简洁易懂的论点；埃利亚斯·施泰因（Elias Stein）指导了一代代的调和分析学家，一些和他一样伟大的数学家也拜他为师。

维亚内清楚地讲解了棣莫弗定理，并不是因为她比我更了解这个定理，而是她能把知识转化成条理清晰的语言，而我笨拙的口才却无法表达我的思维，于是我的思维只能被禁锢在大脑之中。一个数学家如果无法表达自己的思想，就会和那天的我一样成为一座思想永远无法到达彼岸的孤岛；而一个可以与人分享真理的数学家，则会在充满感恩的人群中像英雄般受到热烈欢迎。

优秀的数学家总是希望自己能成为最好的数学家。

不行！我不能输！

伟大的数学家总是希望自己能从最好的数学家身上学到些什么。

噢！这个技巧不错！

你可能没听说过吴宝珠（Ngô Bàu Châu）。除非某天你实在无聊，把每一届菲尔兹奖（Fields Medal，数学界最负盛名的奖项）得主的名字都背了下来；或者，如果你来自越南，那你肯定知道吴宝珠，他在越南可是家喻户晓的名人。

［顺便说一句，我要为越南欢呼。美国最接近数学家名人的是威尔·亨汀（Will Hunting）——甚至都算不上马特·达蒙扮演过的最著名的角色。］

吴宝珠从小就争强好胜，在学校时就一直追求第一，而他也的确出类拔萃。他在国际数学奥林匹克竞赛中接连夺得金牌，成为学校的骄傲，同龄人对他羡慕不已，他甚至被称为越南数学界的西蒙·拜尔斯。

但是上了大学后，生活却给他带来了一种痛苦，那感觉就像身陷流沙，缓缓下沉一般，因为他逐渐意识到自己其实并不理解正在学习的数学。他回忆说："教授都认为我非常优秀，因为我作业做得很好，考试分数也高，可我却觉得自己什么都不懂。"过往的成就对他而言，就像一个空心的球体，球体的外壳是脆弱得不堪一击的赞美和荣誉，一旦破碎，就会暴露出里面可怕的真空。

吴宝珠的想法从此出现了转变，他不再竭力追求成为第一，而是开始向那些伟大的数学家学习。

他把这些变化归功于自己的博士生导师热拉尔·劳蒙（Gérard Laumon）。"我的导师是世界上最好的导师之一，"吴宝珠说，"我每周都去他的办公室，他会和我一起读一两页书。"他们一行一行、一个方程一个方程地仔细读，直到把它们完全理解透。

吴宝珠很快加入了著名的"朗兰兹纲领"（Langlands program）项目。这个项目横贯了现代数学的几块大陆，是连接数学各个遥远分支的宏大愿景，吸引了好几代像吴宝珠这样雄心勃勃的数学家。在朗兰兹纲领中，吴宝珠被一个特别棘手的问题吸引了——证明"基本引理"。

你可能会问，竞争激烈的数学奥运会又要开始了吗？数学家是不是你追我赶，争先恐后地想证明这个问题？

吴宝珠说，不是这样的。

"同行帮了我很多忙，"他说，"很多人都真诚地鼓励我挑战这个问题，我经常向他们征求意见，他们给了我很好的建议。这个项目是开放的，我没觉得有竞争。"[10] 在合作伙伴的帮助下，吴宝珠证明了基本引理，正是这项研究让他获得了菲尔兹奖。

作为一位杰出的学者，吴宝珠的经历没有太多跌宕起伏，却是令人愉悦的好故事。有些在学校的竞争氛围中成长的人曾经过分关注排名，不停地和同行比较，没完没了地追求奖项，但现在他们发现，既然进入了学术这个没有终点也没有输赢的无限世界，就该拿出全新的态度。就这样，那些曾经的竞争对手逐渐成了合作伙伴。

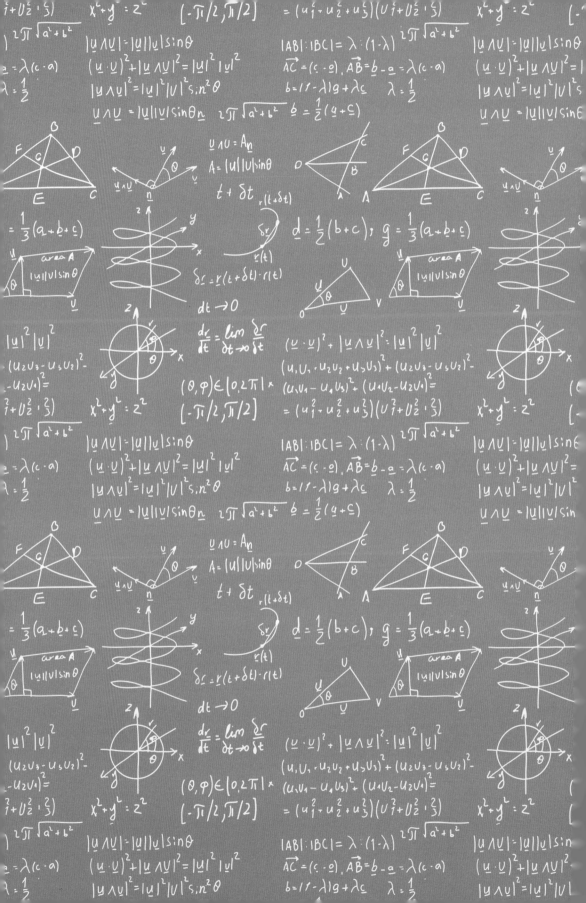

第二部分

设计：
必须遵循的几何学

在这部分开讲之前，我得先给你泼一盆善意的冷水：在这个世界上，有些事并不是有决心、愿意努力就能做到的。

比如说，你想创造一种新的正方形，让它的对角线和边一样长。我不是故意要打击你，但不论你怎么努力，都不可能画出这样一个正方形。

好……就这样，保持边长和对角线，然后变成正方形吧！

不行，我做不到。

比如说，某一天，你设计了一种五边形的地砖。那我要很遗憾地告诉你，用这些瓷砖是铺不了地板的，瓷砖和瓷砖之间肯定会有缝隙。[1]

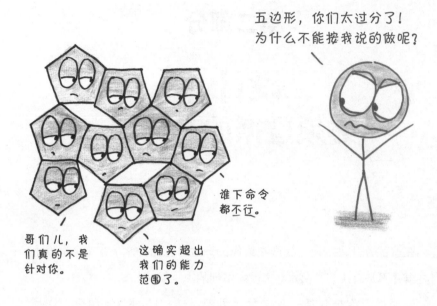

又或者，你想画一个独特的等边三角形，希望每个角的大小都是 70°、49° 或 123°——不好意思，无论哪个数字都是不可能的：等边三角形的每个角都得正好是 60°，不能多也不能少，否则它的三条边就不可能相等。

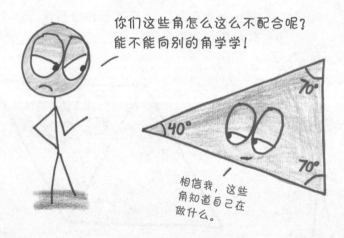

人类世界的法律是相对灵活的，有谈判和协商的空间，也有废止的可能。就拿合法饮酒年龄来说，在美国是 21 岁，在英国是 18 岁，在古巴是 16 岁，在柬埔寨是"想喝就喝"。每个国家都有可能因为一时头脑发热而收紧或放松饮酒法规（当然，当地人喝酒越多，法律越宽松，一时头脑发热的概率就越大）。几何定律就不一样了，这里完全没有回旋的余地[2]：在几何的世界里，没有总统发布赦免令，没有陪审团判定被告无罪，没有警察讲人情，只给个警告就放过你。数学的规则是一种内在约束，而且这样的约束从本质上来说就是牢不可破的。

然而，就像前几章说的那样，有约束并不是件坏事，因为正是这些约束孕育了创造力。具体的例子我们以后还会看到很多。几何规定了各种形状"无法做到"的事，而数学则在具体的研究中逐步发现和阐明了这些形状"可以做到"的事，二者结合后，设计就诞生了。从设计坚固的建筑，到设计实用的纸张，再到设计能够摧毁行星的空间站，都少不了因几何学的限制而迸发的灵感。

所以，别再把那句"一切皆有可能"的口号挂在嘴边了，这句话虽然听上去振奋人心，却和现实相去甚远，很多励志格言都这样。现实虽然更残酷，但也更奇妙。

第6章

三角形建造的
城市

来，认识一下这一章的主角——三角形。

哎呀，我都害羞了！

作为一个二维图形，三角形的样子可能不太符合我们通常对主角的期待。但是这位非典型的主角即将踏上一段主流英雄之旅：它出身卑微却非常努力，掌握了内心的力量，最终在危急时刻挺身而出，拯救了全世界。

如果你无法突破思维的惯性和局限，打心眼儿里不能接受我们的主角是一个勇敢的多边形，那么先不要继续往下读了。你就戴着偏见的眼罩吧，别忘了紧紧闭着双眼，这样最深的黑暗就能紧紧地包裹着你，夺目的几何真理的光辉就不会穿透你不愿打开的、禁锢的思想。难道你真的忘了吗？这座城市是我们人类建造的，这座城市是我们人类用三角形建造的呀……跟我一起回去看看吧！

1. 埃及绳上的 12 个结

欢迎来到古埃及：在你眼前这个繁荣的帝国，有着阶级分明的统治机构和虔诚坚定的信仰。在其他小国经历朝代更迭、兴亡衰盛的时间里，它将在人类历史中屹立数千年。

走，一块儿溜达看看。现在是公元前 2570 年，壮观的吉萨大金字塔已经建成一半了。[1]这座由 350 万吨的石块搭成的建筑物从沙漠中平地而起，竣工之前还要再搭上 300 万吨的石块——其中最大的一块石头比两头公象还重。大金字塔的底部是一个正方形，这个正方形底座的边长是 230 米，和纽约市三个街区的长度差不多。在当时，它已经是世界上最高的建筑了，这个由八万人齐心协力建造的金字塔将在十年后竣工，最终高达 147 米。人们期望，这座历史上最耐久的摩天大楼，作为三角形结构最伟大的胜利，在五千年后仍然能在此屹立不倒。

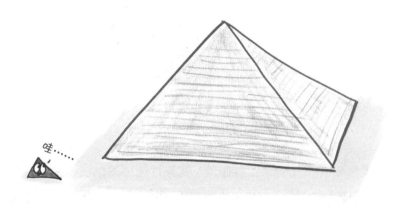

可惜，事与愿违。

别担心，上次我去金字塔的时候，它还好好地立在那儿。我要反对的是把金字塔归为三角形的胜利。三角形在建筑工程中真正的应用并非如此，如果你感兴趣，我们先暂别大金字塔，一起去附近的空地看看。就是这里了，快看，那是古埃及的测量队，队员们手里拿着一圈特殊的绳子，绳子上系了 12 个等间距的结。[2]

这圈奇怪的绳子是用来干什么的呢？别急，接着瞧。三个测量队员每人抓着绳子上的一个结（分别是 1 号结、4 号结和 9 号结），各自走了几步，把绳子拉紧。见证奇迹的时候到了，这圈绳子形成了一个直角三角形。待第四个队员根据三角形直角的位置在地上做好记号，三个人放松了手中的绳子，三角形又变回了原来的那一圈软绳。测量队不断重复这个操作过程，直到整个区域被完美地划分成多个大小相等的矩形。

如果你没有在几何课上打瞌睡（就算打过瞌睡也该知道这个知识点），这个场景可能会让你想起毕达哥拉斯定理（勾股定理）。这个定理证明，如果以直角三角形的三边为边，各画一个正方形，那么两个小正方形的面积之和就等于大正方形的面积。用代数表达式来说，就是 $a^2 + b^2 = c^2$。

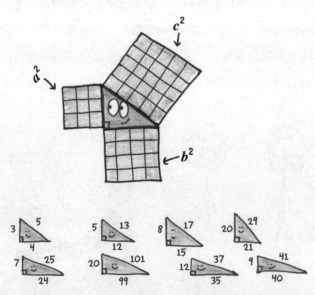

满足这个定理的三角形有无数个。三角形的边长可以是 5、12 和 13，或者 7、24 和 25，或者 8、15 和 17，或者我本人最喜欢的 20、99 和 101。埃及人明智地选了一个最简单的三角形，边长为 3、4 和 5，所以他们手里的绳子一共有 12 个结。

但这一章的重点不是毕达哥拉斯和"他的"定理（毕竟古埃及人对这个规律的发现远远早在他的证明之前），这一章我们要讲的是三角形更简单、更基本的一个性质，一种我们很快就会发现的低调的优雅。三角形的故事不是从毕达哥拉斯的神坛开始的，也不是从大金字塔的顶端开始的，而是从这样的一片空地开始的。就在这里，一根松弛的绳子可以变成测量工具，这样神奇的力量甚至让金字塔相形见绌。

2. 三条边，一个我

现在，这个故事进入了主角认识自我的阶段。三角形在对自我的审视中，提出了哲学上的终极问题之一：我是谁？

"我真的就是一个普通的几何图形吗？和四边形、五边形、六边形比起来，除了边和角的数目不同之外，我还有什么不同？"三角形乞求着上天的启示，它想找到自己的个性、梦想和价值。它的内心在呐喊："我到底是谁？为什么我是三角形而不是其他的多边形？"然后，一个雷鸣般的声音从内心传来。

"我是由三条边组成的，所以我注定是三角形。"

好吧，这也许不像其他电影主角的自我发现那么具有启示性，答案直白得有点儿像正在接受心理治疗的病人注意到自己坐在沙发上——实在是太显而易见了。然而，也许你没有注意到其中隐藏的深意：当我们看到的三角形不是一个整体，而是由三部分组合而成的形状时，新的真理将逐渐浮现。

不是任意三条边都可以构造三角形的。以长度为 10 厘米、3 厘米和 2 厘米的三条边为例，这三部分只能构成一个带缺口的"三角形"——如果你能勉为其难地称之为三角形的话。因为这个"三角形"的长边太长，而短边又太短。这样的形状，我称它为霸王龙三角形，因为它就像霸王龙一样，胳膊又粗又短，两只前爪没法碰到脚丫。

这个真理放之四海而皆准：三角形最长的边必须小于其他两边之和。

就连苍蝇都经常运用这个定理。它知道，当起点和终点一定时，沿着直线飞行（从 A 到 B）比沿折线飞行（从 A 到 C 再到 B）路程短。如果把这两条路线看作三角形，你就能很明显地看出，两条短边加起来一定比第三条边长。

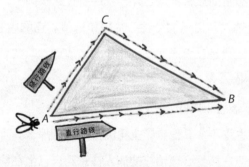

此外，深藏不露的三角形还有一个更强大的性质：**满足上一个定理的三条边能且只能构成一个三角形**。也就是说，给定三条边的长度时，你完全没有润色或即兴发挥的空间，只能遵循规则，拼出唯一的三角形。

假如有人事先选定了三条边的长度（如 5 米、6 米和 7 米），然后要我们进入不同的房间，用这三条边在房间里摆出自己的三角形。我保证我们的作品会是一模一样的。

看，我会先把最长的那一边平放在地上，用另外两边的端点分别连接长边的两端，再以长边的两个端点为轴心，将两条短边向中间旋转靠拢，直到它们的顶端相接。完成！这就是那个唯一的三角形，如果你希望有所创新，你会发现，无论将哪个角稍微增大或减小，都会有一条边突出来，破坏整个三角形的形状，使图形不再呈三角形。这就是数学家们所说的三角形的唯一解。即便我无法预料你摆出这个三角形的方法，也知道你最终会得到和我完全相同的三角形——那是唯一的解，没有其他答案。

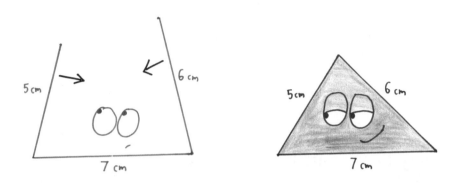

这就是三角形独一无二之处，其他多边形没有这样的定理。

比如说，和三角形最相似的四边形。我先把一条边平放在地上，用另外两条边的端点连着它的两端竖立起来，再把第四条边放在上面，最后用胶带把每个连接点固定好，就成了一个矩形。这时，突然起风了，矩形开始摇晃，原本竖直的两条边顺着风的方向倾斜。整个装置都歪了，看上去就像一把正在叠起来的折叠椅，随着风越来越大，四边形不断变换形状，从"方形"到"近似方形"，到"有点儿像菱形的形状"，再到"超尖的瘦菱形"……

什么？我不是唯一的？

这四条边围起来的时候，并没有形成一个独特的形状，而是提供了无限多种四边形的可能性。只要施加一点儿压力，任何部件都可以重新组合，成为另一个不同的形状。

现在你相信了吧？那是只属于三角形的特点，是它的隐藏技能：三角形的特点不只是它有三条边，还有这三条边所赋予整个结构的刚性。

古埃及的测量员早已洞悉这个技能，通过拉紧手中的 12 结绳，他们找到了毕达哥拉斯三角形：他们从绳中召唤出了一个直角。你也可以试着用绳子去召唤有四个直角的正方形，但是要小心：四边形的庞大家族中，无数个你不需要的形状都会响应这个召唤。无论你怎么拉紧绳子，它的四条边还是可以不断扭曲、变换形状，因为四边形是无法被固定的。五边形、六边形、七边形和其他所有的多边形都是如此。只有三角形具有刚性。

坚固的金字塔并没有运用三角形这种特殊的力量。立方体、圆锥体、平截头体[3]——这些形状都能达到法老对金字塔的要求。金字塔是石块堆起来的，笨拙的石块堆起来以后都是坚固的，形状不那么重要。

我没有看轻金字塔的意思。对 90 亿千克重的大石头堆建筑来说，"轻"当然不合适，而且我非常佩服它惊人的精度：金字塔底座每一边的误差在 20 厘米之内，各个方向角度的误差低于 0.1°，与直角的偏差角小于 0.01°。这些古埃及人是懂数学的。

然而，我还是不得不说，这近乎完美的精度不是建筑师的功劳，而是测量员的。从根本上来说，大金字塔仍然是一堆石块。这种一堆石块的设计如果仅是作为法老不朽的象征，那当然没问题，但对于一座对实用性有要求的建筑来说，就不是个好作品了。金字塔里，最狭窄的房间和通道的大小还不到它内部体积的 0.1%。想想看，如果帝国大厦内部只有一层 60 厘米高的空间，别的地方都填满了实心钢结构，你肯定也希望能有一个更加高效实用的替代方案。[4]

在接下来的几个世纪里，建筑师们将寻求新的建筑结构。他们希望建成能跨过山河湖海的坚固桥梁，能高耸入云的摩天大楼。为达到这些目的，他们需要一种非凡的坚韧形状：三角形，建筑设计中的英雄。

3. 弯曲的屋梁担起了世界的重量

在这里，我们的故事和另一个故事交织了起来——人类建筑的千年传奇。我们先简单回顾一下人类建筑故事的前情提要。

（1）"室外"是不适合人类居住的，没法遮风挡雨，没法储存食物，甚至可能会遇到狗熊。这就是为什么人类希望转移到"室内"。

（2）要创建"室内"，就需要建造一个巨大的空心形状，供人类居住其中。

（3）如果你的形状设计合理、用料无误，那么住在"室内"会非常安全，每部分都稳固牢靠，没有倒塌的风险。这就是所谓的"建筑"。

好了，现在我们可以进入正题了。我要郑重地介绍一下三角形故事中一个重要的配角：梁。如果你是一名建筑工程师，既不愿设计出金字塔那种内部逼仄的巨石建筑，又希望自己的设计尽可能地牢固，那么梁在你的设计中肯定会发挥重要作用。

梁可以将竖直方向的力沿着水平方向转移。[5]例如，当你站在一块搭在沟渠两边的木板上时，你的重量会把木板往下压，但把你支撑起来的力并不来自你的正下方，而是在木板两侧，也就是木板与土地接触的地方。梁也是这样，当在中间受到一个力时，会把这个作用力转移到两侧。

但是梁也存在一个问题：不够高效。

从某种意义上来说，建筑和生活很像，都需要进行压力管理。不同的是，生活中有很多种压力（比如，任务截止日期快到了，要养育孩子了，手机电量不足了，等等），而建筑结构面临的力常常只有两种：推力和拉力。两种力的性质不同，当受力对象被推挤时，推力会产生压力；当受力对象被拉伸时，拉力会产生张力。此外，不同的材料对力的响应差异也很大。比如说，混凝土能承受高压，但在受拉力时非常易碎。另一个极端是钢索，钢索可以承受令人难以置信的张力，但最轻微的压力也能让它们弯曲变形。

现在，想象一根梁在负重的情况下向下弯曲，露出微笑（露出鬼脸可能更贴切些）。猜猜看，它的应变性质是什么：是产生张力还是压力？

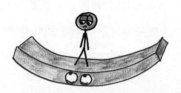

这个问题的答案是"二者皆有"。横梁的上表面就像田径场赛道上的内侧弯道，转弯的地方更短，材料被推挤在一起，产生了压力。再看看横梁底部，这里就像田径场的外侧弯道，距离更长，材料被拉伸，产生了张力。

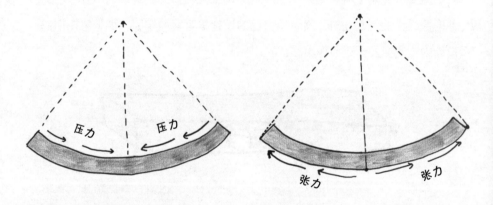

到目前为止，似乎没有什么好让人操心的问题：许多材料在推力和拉力下都表现得还不错，例如木材。然而，现在的问题不在于梁承受了这两种应力，而在于一根梁中的很大一部分并没有承受任何应力。

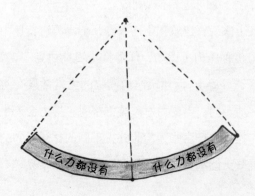

没错，我说的就是中间。梁的中间部分安然地处于被压缩的顶部和被拉伸的底部之间，没有任何应变，中间部分的曲线就像一个袖手旁观的路人事不关己的微笑。中间的材料被浪费了，比起金字塔无用的体积，这并没有好到哪里去。通常在一根梁中，有一半的材料是被浪费的，就像学生只用了 50% 的努力，在学习中浑水摸鱼。

做老师的人都知道，这当然是不可接受的。而在建筑界，每一克的材料都很重要，不管你是在建造一栋摩天大楼、一座跨越峡谷的大桥，还是一辆保证安全的过山车。

放心，建筑师不是傻瓜[6]，他们是有办法解决这个问题的。

4. 刚性的形状

我说过，建筑师不是傻瓜。不过你听了他们的解决方案以后，我可能还得再说一遍。因为梁的顶部和底部承受了所有的力，而中间的部分是空载的，所以建筑师绝妙的解决方案就是：建造没有中间部分的梁。

好了好了，先别嚷嚷，我知道你们要说什么：没有中间部分的梁就是"两条分开的梁"，这看起来可不是一个很好的解决方案，对吗？

这么说也没错，除非……我们只保留少量的中间部分。我们可以把大部分材料用在梁的两端，中间部分只留下一层比较薄的连接结构，所得形状的截面类似于"工"字。是的，"工字梁"这个术语就是这样产生的。[7]

这就是我。
工字梁。

这个头儿开得还不错，但梁的中间部分还是浪费了不少材料。所以我们要启动第二阶段的方案了：在工字梁上打孔。

打孔不是什么费劲的工艺，在几乎没有额外能量消耗的前提下，梁上的每个孔都节省了宝贵的资源。中部的孔洞越多，我们节省得就越多——没错，如果能把工字梁的中部做成布满小孔的网格状，让空心部分比实心部分还多，那就最好了。

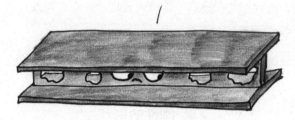

呃……我是觉得无所谓啦，不要太过分了就行。

等等，别不管三七二十一就开始钻孔，我们得有计划地做这件事。先好好想想：如果要保持结构的强度和刚性，什么形状的孔可以让我们用最少的材料做出梁？此外，工字梁的中间部分很薄，接近于二维平面结构，我们怎样才能找到适合这种结构的、简便又灵活的改进方案呢？

一般的形状都无法同时满足这些要求。柔弱的正方形被风一吹就会扭曲变形，怯懦的五边形略有压力就会轰然坍塌，六边形那个没骨气的叛徒就更不值一提了。只有多边形中的"超人"才能在张力和压力下不屈不挠。

这个"超人"就是具有刚性结构的三角形。

人们连接起一个个三角形、组成整体的结构单元，桁架（truss，源自法语单词"trusse"）就这样诞生了。桁架的每部分都会受到张力或压力，没有空载的构件，不浪费任何材料，就像一个不浪费猎物每个部位的猎人。

在古埃及，当大家都在关注恢宏的金字塔时，作为测量员的得力助手，三角形在空地上勤恳地劳作。而在几千年后的大洋彼岸，曾经在幕后默默耕耘的三角形成了舞台中央最耀眼的明星。

5. 三角形建造城市

在 19 世纪末和 20 世纪初，北美的人们征服了一片广阔的大陆。由于这片土地崎岖不平，在这里建造城市，从最普通的人行道到横亘千里的铁路都要以桥梁的形式搭建。建桥要用到桁架，那么构建桁架需要什么呢？当然是三角形了。

一对兄弟在 1844 年设计了普拉特式桁架（Pratt truss）[8]，这种桁架由一排直角三角形组成，它问世后迅速风靡美国，几十年来一直广受欢迎。

普拉特式桁架

1848 年诞生的另一种桁架——华伦式桁架（Warren truss）则是由一排等边三角形组成的。

华伦式桁架

巴尔的摩桁架（Baltimore truss，又称平弦再分桁架）和宾夕法尼亚桁架（Pennsylvania truss，又称折弦再分桁架）都是在普拉特桁架的基础上再嵌套小三角形的变种，在铁路桥梁中很常见。

巴尔的摩桁架

宾夕法尼亚桁架

K 式桁架组合了各种不同的三角形，看起来就像是很多大小不一的"K"字连成了一排。

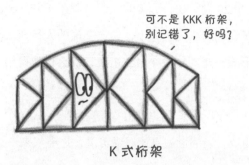

K 式桁架

贝雷桁架（Bailey truss）是根据第二次世界大战时的军事需求而设计的。组成贝雷桁架的三角形是标准化、模块化的，可以拆卸、运输和重新组装，能够满足战时不断变化的紧急需求。

贝雷桁架

当然，三角形和桁架的应用远不止于桥梁。三角屋顶和高层建筑的骨架中都能见到桁架的身影，连标准的自行车车架都是一个简单的桁架。在现代城市中生活时，我们在三角形下漫步，被三角形托举在半空中，甚至骑着三角形穿行，处处都离不开三角形。

建筑师在设计时是处处受限的：预算、建筑规范、物理规律……无不对他们提出诸多要求。他们最终选择三角形并非出于艺术家或设计师的审美，而是因为没有其他合格的申请者。建筑和三角形的联姻无关爱情，说得好听些，是为了方便，说得难听点，其实是别无他法了。你可能会认为，这样强扭的瓜不会甜，得出的成品一定粗糙丑陋、不堪入目。

然而事实上，它们非常漂亮。这是一个有趣的设计悖论：实用产生美。在实用中也有优雅，尽管最初是迫于无奈地找到了一个正好够用的选择，最后还是带来了视觉上的愉悦。

这也是我从数学中得到的乐趣。一番好的数学论证就像一个设计合理的桁架，应该简洁得正好够用，去掉任意一个基本假设，整个结构就崩溃了。在这种极简主义的优雅中，每一个因素都相互支持，完全没有一丝多余和累赘。

我无法解释有些东西（比如 20 世纪 90 年代的流行摇滚乐）为什么那么吸引人，但我知道是什么成就了三角形的英雄故事。它的三条边使它独一无二，它的独一无二使它无坚不摧，它的无坚不摧使它在现代建筑中有了不可或缺的地位。要说三角形"拯救了世界"也许有点儿夸大其词，但如果你问我怎么评价三角形，我得说，它确实让世界更美好了。是三角形让世界变成了现在的样子。

第 7 章

怎样才是合理的
纸张尺寸？

搬到英国时[1]，我已经做好了改变美式生活习惯的准备。在美国，我还在用守旧的华氏温度，而英国人用的是更科学的摄氏度。在美国，距离单位用的是特立独行的英里（每英里等于 5 280 英尺），而英国人用的是整数的千米制（每千米等于 1 000 米）。在美国，我平时喝的是星巴克的焦糖拿铁，到了英国，可能得换成喝茶了。所以，我清楚地知道，换了一个国家生活就得努力学习这个国家的生活方式，我必然会经历一个艰难的适应过程。

但有一种文化冲击是我万万没想到的：纸张的尺寸。

和其他美国佬一样，我也是用着"信纸"长大的，信纸宽 8.5 英寸、高 11 英寸，所以有时人们会叫它"八点五乘十一"，这个名字更容易记一些。假如我以前能认真想想，我早该发现别的国家都用厘米代替英寸了，信纸尺寸当然不适合他们了。虽然我觉得"八点五乘十一"这个名字冗长得要命，但与"二十一又五分之三乘二十七又二十分之十九"相比，还真

信纸　　　　　A4 纸

是小巫见大巫了。

然而，我看到英国人用的纸时，立马产生了强烈的反感和抵触情绪。这种纸有个更无趣的叫法——"A4 纸"。它太瘦了，就像一条时髦的牛仔裤，但我早就习惯了宽松的喇叭裤，所以对苗条的欧洲人这种连纸张都要以瘦为美的审美观感到恼火。信纸的长度比宽度大 30%，很明显 A4 纸的长宽比和信纸的不同，一看就不合理。

在查 A4 纸尺寸之前，我估计它是 22.5 厘米 ×28 厘米，或者可能是 23 厘米 ×30 厘米。这样的数字既漂亮又整洁，非常适合循规蹈矩的英国人。

结果都不是，是 21 厘米 ×29.7 厘米。

这个比例是什么鬼？

我用 29.7 除以 21，简化后求出比例大概是 1.41。作为一名数学老师，我很快就认出了这个数字：大约等于 $\sqrt{2}$。就在那一刻，我气得快冒烟了。

$\sqrt{2}$ 是个**无理数**（irrational），这个词的字面意思就是"不合理的"。

造纸厂选了一个最不成比例的比例。

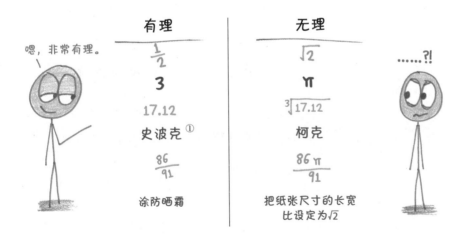

---

① 史波克（Spock）和柯克（Kirk）都是美国科幻剧集《星际迷航》（*Star Trek*）中的角色。

在生活中，我们遇到的数字通常有两类。一是**整数**，比如：我有 3 个孩子，孩子们每天早上要吃 5 盒麦片，孩子们衣服上的污渍有 17 种不同的颜色；二是**两个整数的比值**，比如：我们把可支配收入的 $\frac{1}{4}$ 花在了乐高玩具上，有娃的家庭家里墙上有涂鸦的概率比没有娃的家庭多 $17\frac{1}{2}$ 倍，嘿，我的头发怎么白了 $\frac{2}{3}$？

（我可能得解释一下，日常生活中你见到的小数都不过是伪装成小数的整数之比，它们都可以写作分数。例如，0.71 美元就是 1 美元的 $\frac{71}{100}$。）

但是，也有一些野蛮古怪的数字无法被归于这两类。它们不是整数，也不能写成整数之比（我 12 岁的学生亚当给它们起了个绰号叫"反整数"[2]，他比我聪明得多）。没有任何一个分数或小数可以准确地反映这些数字，它们总是等于这些分数和小数之间的某个数。

$\sqrt{2}$ 这个数和它自身相乘时会得到 2。请看：

数字	数字的平方	所以这是 $\sqrt{2}$ 吗？
1.4	1.96	不是
1.41	1.988 1	也不是
1.414	1.999 396	也不是
1.414 2	1.999 961 64	差挺多的呢
1.414 21	1.999 989 924	还不是
1.414 213	1.999 998 409	准确地说，依然不是
1.414 213 5	1.999 999 824	终于是了！（开个玩笑，仍然不是。）

在这个世界上，没有完全等于 $\sqrt{2}$ 的小数，也没有完全等于 $\sqrt{2}$ 的分数。$\frac{7}{5}$？还算接近。$\frac{141}{100}$？更接近了。$\frac{665857}{470832}$？简直触手可及。但不管有多接近，这些数字都不是正好等于 $\sqrt{2}$，也不会有分数正好等于 $\sqrt{2}$。

$\sqrt{2}$ 和 π 一样，都是无理数。据说毕达哥拉斯学派那些崇拜分数的信

徒发现 $\sqrt{2}$ 不能写成分数时，简直痛不欲生、如丧考妣，最后还淹死了公开这一发现的数学家。

$\sqrt{2}$ 不能被写作分数，也就不能被写作两个整数之比，因此欧洲的造纸厂选择 $\sqrt{2}$，就是选了一个永远无法实现的比例。这个井底之蛙的决定真的糟透了。

那段日子，我一直处在躁郁和愤怒的状态中，每次摸到这些愚蠢的纸张，我就感觉像摸到了毒漆藤，又像是摸到了书桌下粘着的口香糖，发自内心地烦躁和厌恶。我有时候会拿这开玩笑，但越假装轻松，就越显得我在苦中作乐——我太在乎这件事了。

直到有一天，我意识到自己错了。

当然，这个错误不是我自己发现的，而是有人告诉了我 A4 纸的神奇特性。

它属于一个团队。

A4 纸的大小正好是 A5 纸的 2 倍，是 A6 纸的 4 倍，是小可爱 A7 纸的 8 倍。同时，它的大小还正好是 A3 纸的 $\frac{1}{2}$，是 A2 纸的 $\frac{1}{4}$，是大巨人 A1 纸的 $\frac{1}{8}$。

美国人用的信纸是一座孤岛，它的规格只为特定的文化习俗服务，这种 $8\frac{1}{2} \times 11$ 的信纸与市面上流通的各种大小的纸张都没有特别的关系，无法互相转换。它是孤立的。

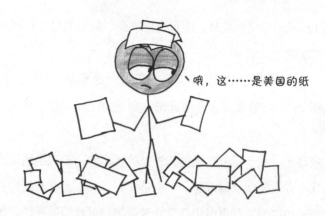

哦，这……是美国的纸

相较之下，全球标准下的纸张就像地球本身，是一个整体，每个部分都相互关联。A4 纸属于一个统一的纸张系列。这一系列纸的大小不同，但长宽比例完全相同[3]。

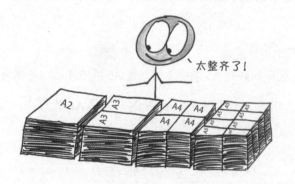

太整齐了！

对于在意纸张大小的人来说，这无疑是件好事。假如你是个数学老师，就可以完整又不浪费地把两页纸的内容压缩到一张纸上，反过来，只要把两页 A4 纸拼在一起，就恰好能容纳一个 A3 大小的表格。那些流连于海滩、酒吧和法国餐馆的人也许很难体会到这个设计的妙处，但对于纸张爱好者来说，这简直太棒了，这样的纸张尺寸再合理不过。

我明白了这一点后，顿时豁然开朗：这个 $\sqrt{2}$ 的错误根本不是错误，而是不可避免的事实——因为让长宽比等于 $\sqrt{2}$，是唯一能让这套神奇的"俄罗斯套娃"纸张系统正确运行的方法。

想知道原因吗？一起来想象这个比例诞生的场景吧。

纸张研究实验室的一个深夜

格温和斯文是两位造纸行业的美女科学家，她们正在进行一项绝密的研究项目。项目有一个代号，大概是"小王纸"或"迷金醉纸"之类的，在她们的异域口音中听起来很是神秘。天色已经很暗了，早已疲惫不堪的她们仍在拼命工作。

格温：斯文，剧本里没写我们的国籍，但我们的工作关系着全世界人类文明共同的命运。我们要研究出尺寸不同的系列纸张，创造一套完美的纸张系统，在这个系统中，对折任意尺寸的纸都能正好得到小一号尺寸的纸。

斯文：此事非同小可，我们一定要完成自己的使命。那么格温，这些纸张的尺寸应该是多大呢？

格温：要弄清楚它们的尺寸，只有一个办法。

格温果断地对折了一张纸，并给三个相关长度做了记号：分别是"长"（原始纸张的长度），"中"（原始纸张的宽度）和"短"（对折后纸张的宽度）。

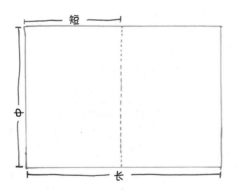

格温：现在，"长"和"中"的比值是多少呢？

斯文：这就是我们想知道的。

格温：那"中"和"短"的比值又是多少呢？

斯文：拜托，格温，你到底想说什么？我们都知道这两个比值应该是一样的，但就是不知道它的数值到底是多少啊。

（空气仿佛凝固了，实验室里的气氛紧张了起来）

格温（沉默片刻）：行吧，我们暂且假设"中"的长度是"短"的 r 倍。

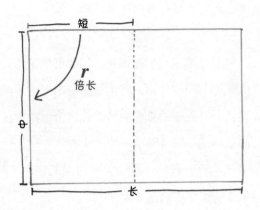

斯文：可 r 是多少？

格温：我还不知道。我只知道它大于 1 但小于 2，因为"中"比"短"长，但又没有两倍那么长。

斯文：好吧，按照你的假设，"长"的长度也是"中"的 r 倍了。

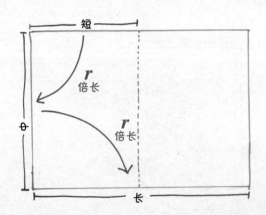

格温：所以如果想把"短"变成"长"，必须先乘以 r 得到"中"后再乘以 r，也就是说，"短"要乘以 r^2 才能得到"长"。

斯文（恍然大悟）：你真是个集美貌和智慧于一身的天才——格温，你把比例解出来了！

格温：我解出来了吗？

斯文："长"的长度是"短"的 r^2 倍，你看，同时它的长度也是
　　　"短"的 2 倍!

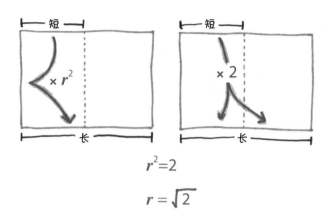

$$r^2=2$$

$$r = \sqrt{2}$$

格温：对哦，你说得没错……那么，这就意味着……

斯文：是的，r^2 就等于 2。

格温：所以 r 就是 2 的平方根! 这就是折磨人类这么久的秘密
　　　比例!

斯文（声音突然变得阴森）：格温，告诉我，这个比例是多少？

格温：斯文，你怎么了？为什么拿着枪?

　　想象完这个场景后，我完全释怀了，A4 纸的制造商之所以选择了这
个让人心烦的比值，并不是为了针对我，也不是为了叫板审美潮流或者美
国霸权，更不是故意选了一个无理数以满足恶趣味。

　　事实上，他们根本没有选择。

　　他们的目的只是创造这样的一个纸张系统：在这个系统中，把一种尺
寸的纸对折后就能得到下一种尺寸的纸，这样的系统不但非常实用，而且
差错率很低。然而，在他们决心创造这个系统后，对纸张比例的决定权就
不在他们手中了，因为只有一个比例能拥有这个特性——恰好是著名的无
理数 $\sqrt{2}$。

　　我们都喜欢把纸张设计师想象成无拘无束的幻想家，仿佛他们受到的

唯一限制就是自己的想象力。其实现实要有趣得多。设计师在一个可能性的空间中漫步，这个空间是由逻辑和几何学控制的，很多事不可改变，比如说，有些数字生来就是有理数，而另一些数字注定是无理数。设计师不但对此无能为力，还必须想方设法绕过这些障碍——能将它们化为己用当然就更好了，就像建筑师也需要设计与周围环境和谐一致的建筑。

至于这个故事的结局，我就长话短说了：我对 A4 纸完全改变了看法。我已经知道造纸商们追求 $\sqrt{2}$ 这个比例的原因，他们无法精确地实现长宽比为 $\sqrt{2}$ 的这个事实已经不再让我感到困扰。说实话，我现在看 A4 纸更顺眼些，信纸看起来有点儿老气，还有点儿胖。

我似乎已经完成了从一个极端到另一个极端的转变，我曾经坚决捍卫自己的民族习俗，但现在使劲鼓吹外国的民族习俗。这些天我喝的焦糖拿铁也少了，不过呢——就像信纸一样——我是不会完全放弃这个习惯的。

第 8 章

立方体背后的寓言

数学尺寸中，那些结局早已注定的故事

寓言和数学之间有很多共同点：它们都是从陈年旧书中翻出来的故事，都是大人教给孩子的道理，都试图通过简单粗暴的方式解释世界上的规律。

如果你想全面地了解生活的特质和复杂性，可以去请教生物学家、写实主义画家，或是税务员，他们更擅长讲解这些现实生活的细节。而寓言和数学的讲述者则更像漫画家，他们放大和聚焦事物的某一个方面，忽略其他所有特征，让我们更好地理解这个世界的运作方式。

本章简单使用几则数学寓言，展示烘焙、生物学和艺术的成本是如何受制于几何学的。这些故事的共同核心关乎一个基本理念，一个简单到连《伊索寓言》都忘了解释清楚的道理：尺寸很重要。[1]

一个巨型雕塑不仅是一个小雕塑的放大版，还是一个截然不同的物体。

1. 为什么大的烤盘更适合做布朗尼蛋糕?

有一天，我和你在一起做布朗尼蛋糕。我们兴致勃勃地搅拌着面糊，期待着即将诞生的巧克力奇迹。但在预热烤箱时，我们突然发现橱柜里竟没有合适的烤盘，唯一可以用的烤盘边长比烹饪书里建议的长一倍[2]。

该怎么办呢?

由于需要将大烤盘装满，我们打算把配方中的配料量都增加一倍。可是装着装着，我们感觉好像还是不太够，仔细研究后才发现，现在需要的配料量是原来的 4 倍。

这是怎么回事呢？当烤盘固定高度时，我们可以将它看作二维图形，有长也有宽。当长度翻倍后，面积也翻倍了；当宽度翻倍后，面积又翻倍了。所以，烤盘的面积实际上经过了两次翻倍，蛋糕变成了原来的 4 倍大，所用的配料量都要乘以 4。

当你扩大任意一个矩形时，类似的情况都会发生。想把长和宽都扩大到原来的 3 倍？那么面积将扩大到原来的 9 倍。想把长和宽都扩大到原来的 5 倍？那么面积将扩大到原来的 25 倍。想把长和宽都扩大到原来的 9 亿倍？那么面积将扩大到原来的 81 亿亿倍。

或者更准确地说：当边长分别扩大至 r 倍时，面积将变成原先的 r^2 倍。

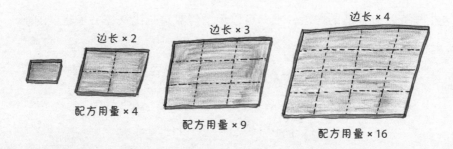

除了矩形以外，以上原理还适用于其他所有的二维图形：梯形、三角形、圆形，以及任何你可以将布朗尼面糊倒入其中的容器形状。当长度增加时，面积增加得更快。

回到厨房，我们刚准备好 4 倍用量的布朗尼面糊，就看到那个找了半天的小烤盘出现在橱柜的角落里。我们笑着责怪对方，但谁也没把这当回事，诱人的巧克力奇迹马上要降临了，谁还斤斤计较这点小事儿呢？

现在，我们面临一个新的选择：是用一个大烤盘还是四个小烤盘烤布朗尼呢？

这只是一个寓言，请忽略那些和主题无关的细节。别管烤箱的温度、烹饪时间、导热性能和吃完后谁来洗烤盘……你应该关注的事情只有一件，就是尺寸本身。

随着布朗尼烤盘变大，它的边缘（长度，是一维的）会增加，但是它的内部（面积，是二维的）增速更快。这就意味着，较小的形状往往是边缘所占的比例更多，而较大的形状则是内部所占比例更多。在烤布朗尼的例子中，四个小烤盘的面积与单个大烤盘的面积相同，但它们的边缘长度之和是大烤盘边缘的两倍。

因此，用小烤盘会使靠近边缘的布朗尼数量最多，而用大烤盘可以使其数量最少。

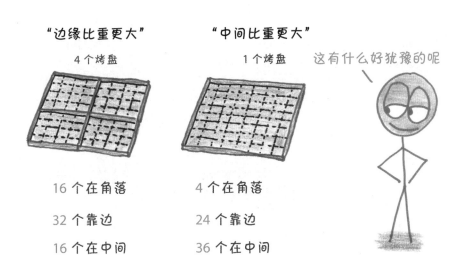

"边缘比重更大"　　　"中间比重更大"

4 个烤盘　　　　　1 个烤盘　　　这有什么好犹豫的呢

16 个在角落　　　　4 个在角落

32 个靠边　　　　　24 个靠边

16 个在中间　　　　36 个在中间

我一直不能理解那些更爱吃布朗尼边的人。谁会为了酥脆却难嚼的边缘而放弃松软绵密的中间部分呢？我只能猜测，那些人比起肉更喜欢吃骨头，比起饼干更喜欢吃饼干屑，比起止痛更喜欢药物副作用。这种人肯定在自欺欺人。所以对我来说，要么就不做，要做就要用大烤盘。

2. 这位踌躇满志的雕刻家为什么会破产？

大约在 2300 年以前，希腊人在罗德岛击退了亚历山大大帝的进攻。人们为了欢庆这一胜利，请当地雕刻家卡瑞斯（Chares）建造一座宏伟的纪念雕像。[3] 据说卡瑞斯最初计划建造一座 15 米高的青铜雕塑。罗德岛的居民说："能不能再把雕像造得大一些呢？比如再高一倍？那要花多少钱呢？"

"当然是两倍的价钱了。"卡瑞斯回答得非常爽快。

"成交！那就再高一倍！"罗德岛居民说。

但是，随着工作的开展，卡瑞斯发现原本的经费很快就用完了。物料上的花费之多让他震惊，这远远超出了他的预算，他已经濒临破产了。据说，因为不敢面对现实，卡瑞斯选择了自尽，他终生未能看到自己设计的杰作成品。不知道在弥留之际，他有没有想明白自己错在哪儿了。

他的错误就是羞于向罗德岛居民提出涨价的要求。

想知道为什么会发生这样的事吗？先忽略所有的细节，不要纠结希腊建筑工人的劳动力价格，也别太在意青铜原料的批发价。没错，先把艺术抛之脑后，就当卡瑞斯只是在建造一个巨大的青铜立方体。我们的当务之急是弄清楚一个点：尺寸的变化。

当你将一个三维立体图形的各边长尺寸加倍时，会发生什么呢？

我犯了一个巨大的错误。

是的，让长度翻一倍后，它的体积会翻一倍；再让宽度翻一倍，体积会再翻一倍；最后让高度翻一倍，体积会第三次翻倍。这样下来，体积一共翻倍三次，这与篮球运动员的"三双"[1]意义不同：在这里，翻倍翻倍再翻倍就等于"乘以8"。

结果明明白白，而且令人吃惊：随着边沿长度的增加，体积会飞速膨胀。如果我们把正方体的边长增加到3倍，那么它的体积会增大到27倍。把立方体的边长增加到10倍，它的体积会增大到不可思议的1000倍。这个规律也适用于其他所有形状：金字塔、球体、棱镜，还有太阳神赫利俄斯（Helios）的青铜雕像（为卡瑞斯默哀）。准确地说，**长度扩大 r 倍时，体积将扩大 r^3 倍**。

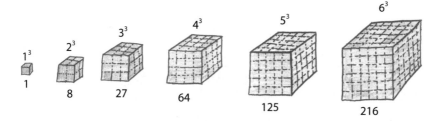

如果卡瑞斯创作的是一件一维的艺术品，比如"好长的一条罗德岛之线"之类的，那么作品的审美价值可能会受到影响，但他的报价方案刚好合适。只把长度增加一倍，不增加高度和宽度，所需的材料确实只会增加一倍。或者，如果他创作的是一幅二维的绘画作品，比如"罗德岛的巨幅肖像"之类的，那么尽管报低了价格，成本负担却还不至于那么大。一块画布的长和高各翻一番以后，面积会翻两番，那么所需要的颜料就变成了四倍。唉，不幸的是，卡瑞斯要制作的是一座三维的雕塑，雕像高了一倍，长度和宽度必然也会同时增加一倍，这样青铜材料的需求量就是原来的八倍了。

现在我们知道了，当一维的长度增加时，二维的面积会以更快的速度增加，而三维的体积的增长速度又会快得更多。作为古代世界奇迹之一的

---

① 三双：triple double，篮球技术统计的术语，指比赛中得分、篮板、盖帽、抢断、助攻五项中有三项达到两位数。

罗德岛太阳神巨像早已注定会为创造者带来悲剧的结局，原因很简单，它是一座三维立体的雕像。[4]

材料用量变成了两倍　　材料用量变成了四倍　　材料用量变成了八倍

3. 为什么世界上没有真正的巨人？

金刚是一只巨大无比的猩猩，有三层楼高；保罗·班扬是脚印大得能积雨成湖的伐木巨人；篮球运动员沙奎尔·奥尼尔高 2.16 米，重 147 千克，除了罚球之外无所不能……这些故事你都知道，你也知道他们都是幻想或传奇。世界上不存在真正的巨人。[5]

为什么世界上没有巨人呢？因为对生物来说，尺寸也很重要。

假设我们以"巨石"道恩·强森作为标准的人体样本，并让他的身高变成两倍，那么，随着身高、身宽和厚度的增加，强森的总体重会增加到八倍。

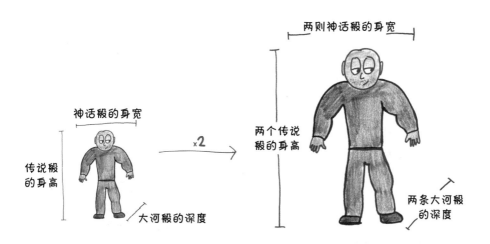

乍一看，这好像也没什么大问题。但仔细想想，如果要直立行走，他的腿骨需要承受八倍的重量，它们有这么高的强度吗？

显然没有。在强森的身高变为两倍、体积变为八倍的过程中，骨头的强度经历了两次有效的翻倍（变宽和变厚）和一次无效的翻倍（变长）。对一根柱子来说，变长是不能增加强度的，所以腿骨变长以后，强度不会增加。增加的长度不但不能提高强度，反而需要底部承受更大的重量。

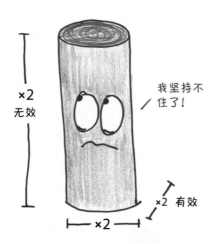

现在，道恩·强森的腿骨已经跟不上体重对它的要求了，强度是原来四倍的腿骨无法和重量是原来八倍的身体相匹配。如果我们继续让道恩·强森长高，使他的身高再增加一倍、两倍、三倍，那么不用多久，他腿骨承重就会达到极限，在躯干的重压下折断、碎裂。[6]

以上过程叫作**等距缩放**，也就是以长、宽、高等比例缩放的方式改变物体的大小。这可不是创造大型生物的好办法，我们需要的是**异距缩放**：让事物在尺寸放大的同时，相应地改变其内部尺寸比例。

当一种动物的身高增长 50% 时，它的腿需要增粗 83% 才能承载其身高增加带来的压力。这就是为什么猫可以靠纤细的四肢生存，而大象的腿得跟柱子一样粗壮。

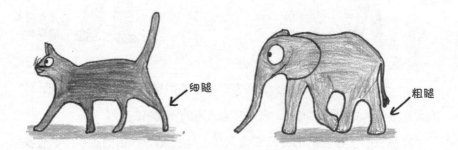

这个规律约束的不仅仅是道恩·强森，它对我们所有人同样有效，所以巨人只能生活在神话故事里。当保罗·班扬试图用脚在大地上踩出一片湖时，他的胫骨会随着沉重的步伐碎裂。金刚的骨骼和肌肉强度（与身高的平方成正比）承受不了它的体重（与身高的立方成正比），它如果还是坚持长到三层楼高，那就只能一直坐着，成为一只患有永久性心力衰竭的大猩猩。至于沙奎尔·奥尼尔，嗯，他的故事简直令人难以置信。

4. 为什么蚂蚁不怕高？

我的噩梦（实际大小）

蚂蚁是令人毛骨悚然的动物，它们能举起相当于自身体重 50 倍的物体，团队工作配合得默契无间，还能在世界上的每个角落迅速繁衍。更可怕的是，这支尖下巴的举重大军成员数量是人类个体数量的 100 多万倍。它们异形一般的面孔简直是我的噩梦，不过好在蚂蚁非常非常小。

现在，让我们回顾一下前面那些故事里的道理：当某个物体的边长增大时，它的表面积将增长得更快，而体积的增长又比表面积的增长更快。

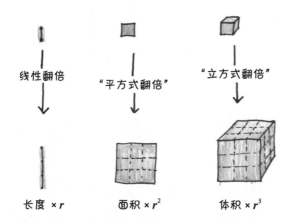

线性翻倍　　　"平方式翻倍"　　　"立方式翻倍"

长度 × r　　　面积 × r^2　　　体积 × r^3

这意味着体积大的物体（比如人体）"内部更重"，每单位表面积中包裹着更多的内部体积。而体积小的物体（比如蚂蚁）则正好相反，它们"表面更大"。相较于它们微小的内部体积，蚂蚁身体的表面积是非常大的。

表面更大是什么感觉呢？首先，这意味着你再也不用畏高了。

当你从很高的地方跌落时，有两种力量在进行激烈的拔河比赛：向下的重力和向上的空气阻力。重力作用于质量，所以重力的大小和你的内部重量挂钩；而空气阻力则只在空气与你直接接触的位置起作用，所以空气阻力的大小取决于你身体表面积的大小。

简单来说，你的重量会加速你的下降，而你的表面积会减慢下降。这就是为什么抛出的砖头会坠落，而抛出的纸会飞舞，也是企鹅不会飞，但是老鹰却会飞的原因。[7]

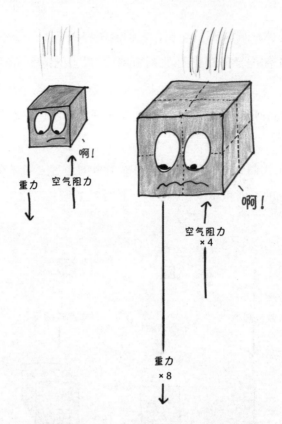

我们人类就像砖头和企鹅，重量很大，表面积不大。当我们从高空坠落时，速度最高可以达到 193 千米／时，以这个速度着地的结果可以说是不堪设想的。

相比之下，蚂蚁就像纸和老鹰：表面积大，重量很小。蚂蚁坠落时的速度最高只有 6 千米／时。因此，从理论上来说，蚂蚁只要愿意，完全可以从帝国大厦的顶部跳下来，毫发无损地稳落在人行道上，然后唱着"蚂蚁进行曲"离开跳楼现场。

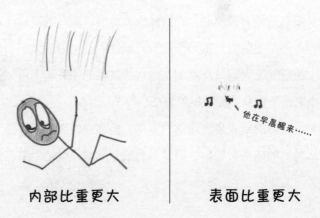

内部比重更大　　　　　　　表面比重更大

你可能会问，如果能变得"表面更大"，可以不用降落伞跳伞，是不是很有趣呢？事实并非如此，蚂蚁也是有难处的，其中一个难处就是"对水的恐惧"。

水是有表面张力的，水分子们都喜欢抱团，为了凑在一起，它们愿意克服较小的重力，这种表面张力会围困蚂蚁。任何浸泡在水中的生物在离开水面时，表面都会携带一层薄薄的水，水层大约有半毫米厚，是由表面张力固定在生物身体表面的。对我们人类来说，这太微不足道了，水层的重量只有 0.5 千克左右，还不到我们体重的 1%，从浴缸里出来后，顺手用毛巾擦干就行。

相比之下，老鼠洗澡就痛苦多了，水层的厚度没有变，但我们的啮齿类朋友会发现这半毫米厚的水层成了非常沉重的负担。"表面更大"的老鼠从浴缸里走出来时，身上带着的洗澡水的重量和它的体重差不多。

而洗澡对于一只蚂蚁来说，简直令蚁闻风丧胆。附着在蚂蚁身体表面的水比它的身体重十倍，这可能会带来致命的危险，所以，蚂蚁对水的恐惧一点儿也不比我对蚂蚁的恐惧少[8]。

5. 为什么要用抱被包着婴儿?

尽管育儿建议不断地更新和发展，但有些基本的原则从未改变：要多抱抱婴儿，为了不造成头部外伤必须用抱被把婴儿包好。人类从旧石器时代就开始用动物皮毛包裹婴儿，几千年后的今天依然如此，我相信即便世界末日到来，幸存者还是会把他们吓得嗷嗷大哭的孩子裹在婴儿抱被里。

婴儿需要抱被，因为——请原谅我用这种技术术语形容他们——婴儿的体积很小[9]。

再说一次，我们得忽略那些细节：婴儿小小的还没长牙的嘴，纤细的扭来扭去的脚趾，闻起来香香的小光头。请你像对待任何生命体一样来看待婴儿：把他们看作是一堆化学反应的集合。所有生命活动都是建立在这样的反应之上的，从某种意义上来说，正是有了这些反应才有了生物。这就是动物对温度如此敏感的原因：温度过低时，这些化学反应就会慢慢停止；温度过高时，一些化学物质出现异常，导致关键的反应步骤无法进行。所以，控制好生物的体温很重要。

热量是由每个细胞内的反应产生的（也就是发自内部的），而热量是通过皮肤流失（也就是从表面流出），这就出现了一个熟悉的拔河游戏：内部与表面的拉锯战又开始了。

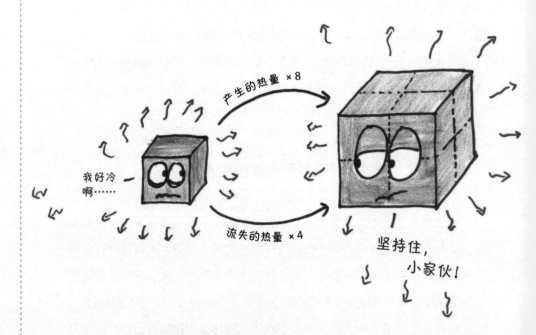

体形较大的动物，由于身体内部更重，比较容易保暖，而那些身体表面积较大的小动物则很难保暖。这就是为什么最容易挨冻的地方是皮多肉少的身体部位，比如手指、脚趾和耳朵；也解释了为什么寒冷的气候环境只适合大块头的哺乳动物，比如北极熊、海豹、牦牛、驼鹿、麋鹿，还有北美野人（就看你的动物学教授信不信他们存在了）。一只身体表面积更大的老鼠在北极是没有存活希望的，即使是在中纬度地区，老鼠也在艰难地应对热量流失，它们每天要吃相当于体重四分之一的食物，才能维持身体的热量。

　　婴儿的体积虽然不像老鼠那么小，但也绝对比不上牦牛。他小小的身体中，热量的消耗就像政府经费的支出般需要严格控制。为了抑制热量流失，没有比抱被更方便的选择了。

6. 为什么宇宙不可能是无限的？

　　当明白了立方体里蕴藏的原理之后，你就会发现这个原理几乎无处不在。[10] 几何规律主宰着每一个设计过程，谁都不能违背它的旨意——雕刻家、厨师、自然法则，统统不能。

　　连宇宙本身也不例外。

　　也许我最喜欢的立方体的寓言故事是"黑暗夜空悖论"[11]。这个故事可以追溯到 16 世纪，那时哥白尼刚提出了"日心说"——地球不是万物的中心，我们的地球只是一颗绕着普通恒星运行的普通行星。把哥白尼的理论引入英国的托马斯·迪格斯（Thomas Digges）则提出了更进一步的观点，他认为宇宙是无边无际的，无数恒星遥望彼此，点缀在浩瀚的宇宙中，一直延伸到无穷远。

　　可是后来，迪格斯意识到，如果真是这样，那么夜空应该是一片炫目灼热的白色。

　　想知道为什么吗？来，先戴上这副神奇的太阳镜，我叫它"迪格斯墨镜"。这款太阳镜有一个可调节的刻度盘和一个奇妙的特性：它们可以阻挡超过一定距离的光线。例如，如果把刻度设置为"3 米"，那么世界上大部分地方都会变黑，阳光、月光、路灯的光——这些光都消失了，除了距离你 3 米以内的光源台灯和 iPhone 屏幕，大概也没别的了。

现在，我们把迪格斯墨镜调到"100 光年"，你抬头仰望夜空时，已经看不到 100 光年之外的猎户座 β 星、猎户座 α 星、北极星和其他许多熟悉的天体了。剩下的星光都来自距离我们 100 光年以内的恒星，这些恒星的数量大约有 14 000 颗，现在的星空比平常要稀疏、暗淡不少。

但不管怎样，这些恒星都会有一定的亮度。我们将根据以下方程给出一个保守的估计：

$$\text{夜空的总亮度} = \text{恒星数量} \times \text{最暗的恒星亮度}$$

打开迪格斯墨镜上的刻度盘，将距离加倍：调到 200 光年。部分之前消失的星星出现了，星星的数量变多了，那么现在的夜空比刚才的亮度增加了多少呢？

如果把地球看作一个点，那么在墨镜中，可见的天空就形成了一个以地球为球心，以刻度盘上设置的距离为半径的三维半球。将半径加倍后，体积就增加到了 8 倍。假设恒星和森林中的树木一样，是均匀分布的，那么我们现在看到的恒星数量就会是此前的 8 倍。它们的数量从 14 000 猛增到 100 000 以上。

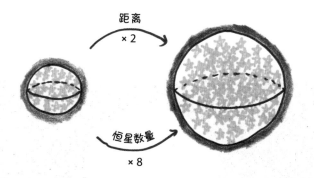

但是这些新恒星更远，这意味着它们会更暗。问题来了：距离变远后，恒星的亮度相差多少呢？

每颗在夜空中发光的星星都可以看作一个小圆形，这个圆越大，就意味着我们看到的光线越多。因为现在说的是一个寓言故事，我们可以忽略恒星之间的个性差异——它们的温度、颜色，以及是否有参宿四（猎户座α星）和勾陈一（北极星）这样酷炫的名字。我们对各位星星成员没有任何的歧视，只假设所有的星星都是一样的，唯一重要的是它们到地球的距离。

如果A星比B星到地球的距离远一倍，那么A星小圆的高度和宽度都是B星小圆的一半。这样A星小圆的面积就是B星小圆的四分之一，也就是说，A星的亮度只有B星的四分之一。

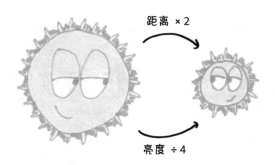

那么，在半径更大的夜空中，星星的亮度究竟有着怎样的变化呢？我们可以看到的恒星数目变成了之前的8倍，这些恒星中最暗的恒星亮度变成了原来的四分之一，8除以4等于2，根据我们的简单运算，这意味着最小总亮度增加了一倍。

所以，请调节你的迪格斯墨镜刻度，把可见距离加倍后，天空的亮度也会加倍。

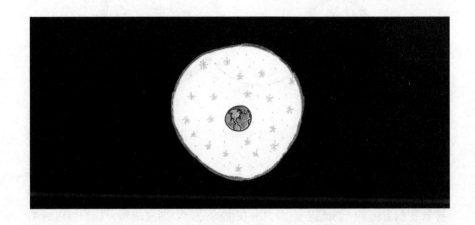

"恒星的数量"是三维的，而"最暗的恒星亮度"是二维的，因此我们调节刻度时，把可见距离放得越远，天空就越亮。把可见距离调至 3 倍（300 光年）时，夜空的亮度会是原来的 3 倍。把可见距离调至 1 000 倍以后，夜空的亮度就是以前的 1 000 倍。

这个亮度的变化是肉眼可见的——不，肉眼看不见，因为在这样的强光下，我们早就被亮瞎了。如果宇宙是无限的，就意味着能够看到的距离是 100 万、10 亿、10 000 亿倍，这样的亮度将是初始亮度的无穷倍。只要可视半径足够大，有星星的夜空就会比白天更亮，远远超过太阳的光芒，会把天空变成一团灼热的混沌白光。在这种无穷无尽的光芒的炙烤下，人类是无法生存的。

这时候，如果你摘下了迪格斯墨镜，整个宇宙的光芒就是极刑。[12]

以上的发现又带来了一个悖论，如果宇宙无限大，为什么夜空的亮度不是无限大呢？这个互相矛盾的问题持续了几个世纪。在 17 世纪，它一直困扰着约翰尼斯·开普勒；在 18 世纪，它折磨着埃德蒙·哈雷；在 19 世纪，埃德加·爱伦·坡在这个问题的启发下创作了一首散文诗[13]，尽管有些评论家持有不同意见，但他认为那是自己最伟大的作品。

直到 20 世纪，这个悖论才有了一个令人信服的解释。决定现在星空亮度的因素不是宇宙的体积，而是它的年龄。不管宇宙是否无限大，目前的研究已经可以肯定的是，它的年龄是有限的，诞生于不到 140 亿年前。所以，迪格斯墨镜无法将可见距离设置在"140 亿光年"之外，因为在那之外的光还没有到达地球，所以我们无法看到。

宇宙立方体的寓言不仅是个睿智的论证过程，还成了宇宙大爆炸理论的早期证据。对我来说，这是立方体思维的典范。通过思考宇宙最简单的性质——分清二维和三维物质——我们的理解会更全面。有时候，要想看清世界的真实面貌，反而需要这种极简思路。

第 9 章

骰子的游戏

给 1~7 500 000 000 名玩家

感谢购买骰子游戏！无论你是来自"石器时代"还是"数字时代"，不管你是平民还是暴君，你都会爱上这个游戏的。当然，如果你觉得我的话不够权威可信，可以看看这几位罗马皇帝是怎么说的[1]：

我写过一本书叫《骰子游戏攻略》。

克劳狄一世

我的宫殿里特别配备了骰子游戏专用房间！

康茂德

我给每个参加晚宴的宾客发钱，就是为了方便他们晚上玩骰子游戏！

奥古斯都

骰子？哈哈，我经常在这游戏里出老千。

卡利古拉

本说明书将向你介绍骰子游戏的基本规则。这是一个理论与实践并重的游戏，能锻炼人的智力和手指。开始玩吧！

游戏目标
设计一种能产生随机结果的装置，
使人类着迷和愉悦。

我们都多少了解"人"这种生物吧。人类喜欢掌控一切，所以他们发明了汽车、枪支、政府和中央空调。然而，他们也会为自己无法控制的事情而烦心，包括交通、天气、孩子和为钱参加体育比赛的名人是否成功。

在内心深处，人类始终渴望对抗命运的能力，希望可以把自己的脆弱和无力攥在手心。骰子实现了这一愿望，它让我们有了把命运掌握在自己的手上的感觉。

在自然界中，不难找到天然的骰子。公元前 6000 年，古美索不达米亚人投掷石头和贝壳；古希腊和古罗马人滚动羊踝骨；印第安人投掷海狸的牙齿、胡桃壳、乌鸦爪和李子核；在古印度的梵语史诗中，国王抛出坚果……这些自然界中的骰子让占卜、分配战果等神圣的仪式逐步演变成为民间的习俗。和饭后甜点或者午间小憩类似，掷骰子操作简单，却能带来立竿见影的结果，所以每个文明都发展出了独特的骰子。

如今，只有极少数的"老古董"还在用海狸的牙齿玩大富翁游戏。人类文明早已从寻找天然的骰子发展到了设计骰子。自此，骰子游戏才真正开始。

规则 1：好的骰子玩起来是公平的

好的，现在我们要开始设计骰子了。要让大家心甘情愿地玩我们设计的骰子，骰子的每个面朝上的机会应该相等，否则其他玩家会生气地质疑我们的诚信，也不会再有人邀请我们参加西洋双陆棋派对了。

快看，有人给了我们一个提示：全等。所谓全等，就是指两个形状叠在一起时可以完全重合。全等的形状就像同卵双胞胎，它们的角和边都得完全一样。因此，对于公平的骰子，你的第一个想法可能是这样的：确保每一面都全等。

这听起来很棒……但你可能忘了，有一个形状叫**扭棱锲形体**（snub disphenoid）。

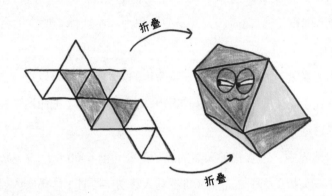

这只多面体中的长鼻子鼹鼠让我们的希望破灭了。它的 12 个面是完全相同的等边三角形，但它当不成公平的骰子[2]。在扭棱锲形体中，有的顶点连接着四个三角形，另一些顶点则连接着五个三角形。当你转动这个小怪物时，每个面朝上的概率是不同的。因此，对一个骰子来说，仅有全等的面是不够的。

我们还需要对称。

在一般语境中，"对称"是一种模糊不明却令人愉快的特性，但它的数学意义更具体些：要说一个形状具有对称性，那么这个形状应该能在进行某些几何变换后，和变换前的图形完全重合，这样的几何变换叫作对称变换。例如，一张方桌可以有 8 种对称变换：

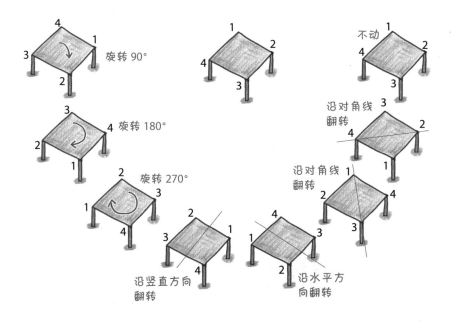

这些对称变换看起来都没有改变这张方桌，但仔细检查后我们可以发现，它们打乱了四个角的位置。例如，旋转 180° 互换了相对的两个顶角（角 1 和角 3 互换，角 2 和角 4 互换）。相较之下，沿对角线翻转就只是把角 2 和角 4 的位置互换了，但没有改变角 1 和角 3 的位置。骰子上的对称变换原理也大致相同：它们可以在保持整体形状不变的情况下重新排列每个面。

对称变换昭示了一条设计公平骰子的必经之路：我们要选择一个有足够对称性的形状，让每个面都可以在互相交换位置后看起来没有变化。

就拿**双棱锥体**来说，把两个相同的金字塔的底部粘在一起，就能得到双棱锥体，这种形状又叫双金字塔。在一定的对称变换下，每个面都可以与任何其他面交换位置，这就意味着这些面在几何上是等价的，因此这样的骰子是公平的。

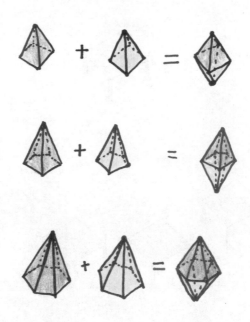

另一个例子是**偏方面体**（trapezohedron），它像一个在上下相接处雕花的双棱锥体，将金字塔的三角形侧面变成了有四条边的风筝形侧面。

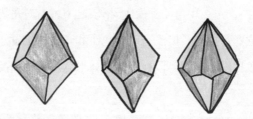

在双棱锥体或偏方面体的基础上，你可以任意地设计有偶数个面的骰子，它可以有 8 个面、14 个面、26 个面、398 个面。理论上，它们都是公平的，因为每一面朝上的可能性都相等。现在，你可能认为我们已经解决了这个问题。骰子的设计就要告一段落了，对吗？

还没这么快！人们又挑出了新的毛病，骰子只保证确实公平是不够的……

规则 2：好的骰子看起来是公平的

我们已经见过了几位骰子候选人，它们有如下特征：（1）形状容易定制；（2）产生的结果很公平；（3）有很酷的希腊和拉丁文学名。但是呢，这些看起来前途光明的候选人最终都在骰子的随机世界里落选了，没能成功赢得总统之位。据我所知，没有一种掷骰子的文明接纳过双棱锥体，而偏方面体呢，只在一种文化中受欢迎，那就是《龙与地下城》游戏里，这个游戏中用的十面体骰子（或者叫 d10）是一个偏方面体。

人类为什么这么难伺候呢？这些形状这么公平，为什么不能用呢？

亲手掷一个双棱锥体，你就会看到问题在哪儿了——它滚不起来。双棱锥体的两个尖端使整体保持平衡，它像一个歪歪扭扭的卷纸纸筒，在上下两部分面之间来回摇晃，并且，人们没法确定它什么时候停下，说笑话时呼出的气就能把它从一面翻到另一面。用了这样的骰子，原本合家欢乐的飞行棋时光就会变成一个全家人争执不休的下午。

因此，要设计一个完美的骰子，仅仅让面和面对称还不够，整个形状也要完全对称。如果你喜欢研究多面体，就会立刻反应过来我说的那种形状是什么。

没错，是正多面体（Platonic solids，柏拉图立体）！

在所有的直边三维图形中，正多面体是最完美的。它们是高度对称的，任何两个面，任何两个角，任何两个边都能在对称变换下交换位置，而不改变整体形状。面对这样卓越的对称性，不论你怎么吹毛求疵，都不能怀疑它们的公平性。

世上只有五种正多面体，一种不多，一种不少。每一种正多面体都赐予了人类一种骰子。

1. **正四面体**：由 4 个等边三角形组成的金字塔形。在公元前 3000 年，美索不达米亚人在乌尔王族棋盘游戏中使用了正四面体作骰子，这种游戏是西洋双陆棋的前身。

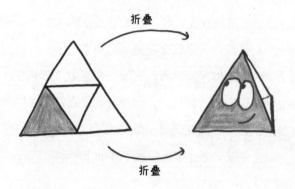

2. **立方体**：由 6 个正方形组成的棱柱。这种形状简单、坚固，而且制作方便。直到现在，它仍然是最受欢迎的骰子形状。目前发现的最古老的立方体骰子是伊拉克北部出土的陶土骰子，可以追溯到公元前 2750 年。

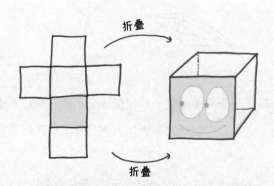

3. **正八面体**：由等边三角形拼成的一种特殊的双棱锥体。古埃及人会将这种骰子作为陪葬品。

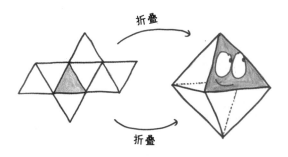

4. **正十二面体**：一种由 12 个五边形组成的、赏心悦目的宝石形多面体。在 16 世纪，法国人已经开始用正十二面体占卜。占星师至今仍然偏爱正十二面体，因为它的十二个面可以和黄道十二宫一一对应。

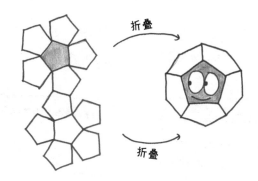

5. **正二十面体**：由 20 个等边三角形拼成的形状。虽然在游戏《龙与地下城》中随处可见，但它其实更受占卜师的青睐。比如，魔法 8 球（Magic 8 Balls）里面就是一种漂浮在液体中的正二十面体。如果你摇过这种球，那你肯定已经找正多面体问过自己的未来了。

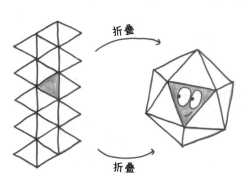

在设计骰子的游戏中，正多面体无疑是一张王牌。它们太高级了，如果没有提示，很多人都无法想象出它们的样子。可它们也是有局限性的，因为正多面体只能有4个、6个、8个、12个或20个面，所以我们的游戏只能有4个、6个、8个、12个或20个随机结果，我们没有其他结果数量的选择。

为什么不能尝试打破常规呢？有没有一个打破范式的设计，可以随机化任何数量的结果？

剧透：这比你想象的难多了。

规则3：好的骰子随时随地都能玩

还有一种选择我们没有考虑过——"长条状的骰子"。与其担心每一面没有平等的机会出现，不如试试长条状的骰子吧。

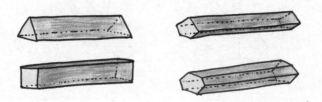

这些骰子之所以也能玩，并不是因为所有面朝上的可能性都相等，而是因为其中有两个面根本不可能朝上。长骰子玩起来公平，可以让每个数随机出现，看起来也公平，为什么它并没有流行起来呢？[3]

嗯……因为它们扔出去后滚得太远了。

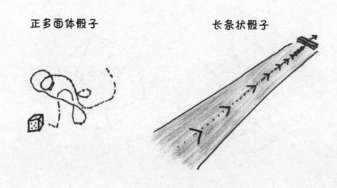

正多面体骰子　　　　　　　　　　长条状骰子

扔出正多面体时，桌面就成了它的舞池，它会欢快地跳来跳去；长条状骰子却只会朝一个方向滚动，你得给它腾出一整条保龄球道。看看，它都自负成什么样了，一个骰子还想着走红地毯？ [4]

既然讲到了长条状骰子，那我们就顺便引入另一个数学原理：连续性[5]。

多扔几次长条状的骰子，你会发现两个侧面从来没有朝上过。我们缩短骰子的长度，就可以得到一个"短一点儿"的变体。它的长度越短，两个侧面朝上的可能性就越大。继续缩短，再缩短……最后你会得到一个非常短的骰子，形状接近一枚硬币。这时，投掷它的结果就会和之前完全相反，每次都是最初不会朝上的两个侧面朝上。

在长条状骰子变短的过程中，应该存在某个平衡长度。取这个长度时，骰子侧面和其他面朝上的可能性相同，这时的骰子就是一个公平的骰子。

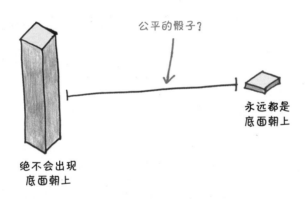

公平的骰子？

永远都是底面朝上

绝不会出现底面朝上

理论上，你可以在任何多面体（多棱柱）上使用这个技巧，得到既时髦又漂亮的形状。那么这些漂亮的骰子在哪儿呢？为什么桌游店不卖这种精巧又公平的骰子呢？

这是因为这样的调整太微妙了。让硬木骰子公平的长度放在花岗岩骰子上就不公平了；可以使某个尺寸的骰子公平的平衡长度可能放大到两倍后就不公平了；在某一次投掷时公平的长度，可能在不同的力度和不同的转速下，产生不公平的结果。就算只是改变非常微小的条件，你都可能会改变骰子的物理性质。这种只能在某种特定的环境中使用的骰子，对人们来说就是绣花枕头，而人们想要的是便携、耐用、随时随地都能玩的骰子。

规则 4：好的骰子玩起来不累

如果想在 26 个字母中随机选出一个，我们该用什么骰子呢？二十面体的面数不够，双棱锥体会滑稽地来回摇晃，长条状骰子会不受控制地滚向远方……它们都不能满足我们的要求。随机挑字母的任务看上去如此简单，难道就没有骰子可以完成吗？

当然有。抛五枚硬币就行了。

我们可以得到等概率的 32 种结果，只要在前 26 种结果中，为每个结果分配一个字母，再把剩下的几种结果定义为"重掷"就可以了。

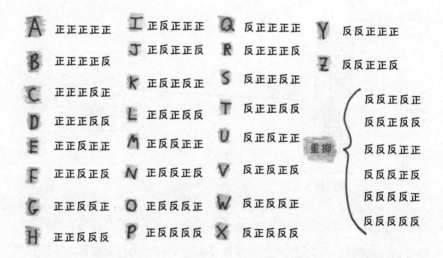

这样的过程适用于任何需要随机化的场景。比如说，我们想从《魔戒》三部曲中随便选一个单词，大约有 45 万个单词待选。抛 19 次硬币，我们可能得到的结果有 50 多万个，给每种结果指定一个单词就好。如果得到了一个未分配的结果，你只需再把 19 枚硬币重新抛一次。

对了，其实也不需要准备 19 枚硬币，把一枚硬币抛 19 次也是可以的。

When 正正正正正正正正正正正正正正正正正

Mr. 正正正正正正正正正正正正正正正正反

Bilbo 正正正正正正正正正正正正正正正反正

Baggins 正正正正正正正正正正正正正正正反反

of 正正正正正正正正正正正正正正正反正正

......

这简直比真的读一遍《魔戒》还要无聊。

按照这种逻辑，没有一种骰子游戏是一枚硬币不能替代的。然而，如果赌场只有用抛硬币定输赢的赌桌或轮盘游戏，拉斯维加斯就不可能吸引成千上万的游客了。

用硬币替代骰子游戏的弊端很明显：这些系统太复杂了。要记录掷硬币的顺序，在索引中查找结果，如果抛到了"重掷"还可能要重复整个过程，这太麻烦了。人们希望扔一次骰子就能得到结果，希望不浪费骰子的每一个面，不希望玩的时候还要时不时地翻查用户手册。

这些需求否决了上述简洁的数学技巧。比方说，如果想从四个结果中得到一个随机的选择，你可以掷一个简单的立方体骰子，只要给其中两个面贴上"重掷"的标签就可以了。但这种方法让人很纠结，浪费了两个面总归让人觉得没有物尽其用。[6]你和四个朋友一起吃蛋糕时，总不可能先把蛋糕切成六块，然后再扔掉另外一块吧？

我不喜欢这个骰子。如果我连续10次都抛到"重掷"怎么办？

这样的概率只有1/59 000。

我知道，但是万一呢？

　　我猜这就是《龙与地下城》的玩家选择四面骰的原因，他们实在是走投无路了。在所有的正多面体中，四面体是最不受欢迎的骰子。其中的原因也很简单：它落地时顶角朝上，面朝下。这样掷骰子的感觉怪怪的，骰子落地后，还要拿起来看看底部的数字——那才是投掷出来的结果。但他们还是选择了它。

　　在骰子游戏长达几千年的历史中，回避四面体骰子的同时，人类一直倾向于选择具有平行相反面的形状，也就是希望每个"朝下"的面都对应着一个"朝上"的面。数学才不在乎这些细节呢，但作为投掷骰子的玩家，人类当然更注重用户体验。

规则 5：好的骰子不易作弊

　　还记得设计骰子的初衷吗？骰子使人类接触到更高的力量——随机的机遇、命运的安排、神明的意志。投掷骰子的过程可以为我们在头脑风暴中做出决定，选中游戏里的幸运儿，给我们占卜和算命。

　　当然，也会有人惦记着作弊。[7]

　　作弊方法一：在骰子外部动手脚。这主要是指对骰子的外部形状进行一些不易被人发现的改动，让它变成异型。如果在某个面上制造轻微凸起，就能使其变重，不太可能朝上；在某个面上制造轻微凹痕，就能使其变轻，更有可能朝上；也可以用有弹性的材料覆盖住某个面或用砂纸磨平某个面，这样抛掷时这些面更容易朝上了。不过，这些把戏都已经过时了，在庞贝古城的遗迹中，人们早就挖掘出了边角被打磨过的作弊骰子。

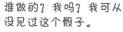

这个骰子的边角被打磨过，这一面用别的材料覆盖，那一面有一点儿鼓起，长度好像也不太对，是不是还拿火烧过？

谁做的？我吗？我可从没见过这个骰子。

作弊方法二：在骰子内部动手脚。这种骰子的"陷阱"藏在内部的两个空槽里，那里装了水银。只要在扔的时候讲究些技巧，就可以把水银从一个空槽转移到另一个空槽，从而改变某个投掷结果出现的概率（如果你害怕有毒的金属，用熔点比体温稍低的蜡也能达到这个效果）。在木骰子流行的时期，还有另一个类似的办法。一些骗子在种树时会将小石子嵌入树枝中，小树长大后石子会被包裹在树枝内部，这时他们再砍下树枝，把嵌有小石子的木头做成骰子，用木头内部看不见的小石子改变骰子的重量分布。这个行骗方法不仅需要非凡的耐心，还要有超乎寻常的植物学知识。

为什么你的骰子比保龄球还重？

谁的？我的吗？我可从没见过那个保龄球。

作弊方法三：重新编号[8]。一个正常的立方体骰子每一组相反面的数字之和都是 7，这三组相反面上的数字对分别是 1 和 6，2 和 5，3 和 4。但在做了手脚的骰子中，有些数字会出现不止一次，例如骗子可能会把三组相反面上的数字对改成 6 和 6、5 和 5、4 和 4。因为从任何角度，受骗者都只能看到立方体的三个面，所以如果不是特别留意的话，这种骗术也不容易被揭穿[9]。

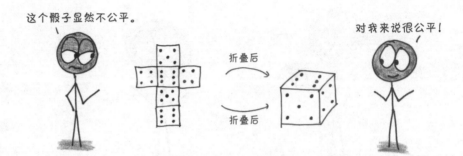

虽然所有这些作弊方法都以立方体骰子为目标，但这并非因为在立方体上特别容易作弊，它们不过是应用范围最广罢了，在赌桌上尤其常见。不用说，在赌场上能骗到的钱比在《龙与地下城》里的要多得多。

规则 6：好的骰子玩起来有意思

骰子游戏和大多数游戏一样，没有真正的作用。毕竟我们现在可是生活在 21 世纪，我开喷气背包去上班，乘空中飞车度假——好吧，夸张了一点儿。但我包里有一台笔记本电脑，里面可以装下半个世界。飞速发展的技术正在淘汰一切，骰子作为一种落后的求随机结果的方式也不例外。现在，打开电脑，我要在 Microsoft Excel 中模拟扔 100 万次立方体骰子的情况，让我们一起看看需要多长时间。

完成了，大概花了 75 秒。结果如下：

数字	出现频率
1	166 335
2	166 598
3	167 076
4	166 761
5	167 103
6	166 127

用计算机求随机数比在桌子上扔一个塑料立方体更快、更容易，而且更能保证随机性。在未来的某一天，也许赌场会淘汰赌桌和轮盘赌轮，而它们的数字替代品将比老式的赌博游戏机运算更快、更准确。

可是如果真的这样，玩游戏还有什么乐趣呢？

骰子是要拿在手上玩的。我第一次玩《龙与地下城》的时候（好吧，也是唯一一次），我遇到了比游戏中任何兽人和法师都更吸引人的东西：佐基体（Zocchihedron）——一个有 100 面的骰子。你能想象吗？ 100 面！一个骰子要滚动 30 秒后才会停下来！我当然知道，投两次 10 面体骰子（一次的结果代表十位数，一次的结果代表个位数）会比卢·佐基（Lou Zocchi）那颗像高尔夫球一样粗糙的骰子更快、更公平。但我不在乎，我就想扔一个 100 面的 [10]。

　　希腊人在投掷被他们称为"astragalos"的羊踝骨时一定也有同样的感觉。他们用四个没什么规律的数字（1、3、4和6）给它的四个面赋值，然后一把扔出。如果扔四次得到的数字全是1，那占卜结果就是"狗"，是最糟糕的结果。最好的结果是"阿佛洛狄忒"，有的人认为"阿佛洛狄忒"意味着扔四次得到的数字全是6，有的人则认为"阿佛洛狄忒"指的是四个数字轮流出现一次。这种羊拐骰子并不公平，但它的象征意义比公平更重要。它预示着人们手中掌握的命运。当尤利乌斯·恺撒跨过卢比孔河，终结罗马共和国，将历史的进程推向帝国的黎明时，他的指示是"Alea iacta est"——"骰子已经掷出了"。

　　我想，骰子游戏会永远存在下去，它能让我们听见自己内心深处的声音。只要记住下面这六条规则就好：

好的骰子玩起来是公平的。

好的骰子看起来是公平的。

好的骰子随时随地都能玩。

好的骰子玩起来不累。

好的骰子不易作弊。

好的骰子玩起来有意思。

第 10 章

口述：死星的历史

追忆那颗在银河系中威名显赫的球体

在几何学的历史上，电影《星球大战》中的死星恐怕是最伟大的建筑工程了。尽管在电影中，死星最后以毁灭告终，但在结局到来之前，这个由银河帝国建造的卫星大小的战斗空间是令整个银河系闻风丧胆的。死星的外观是近乎完美的球体，它的美纯粹得摄人心魄，它的直径长达 160 千米，配备了能摧毁行星的超级激光炮。不过话说回来，即使是这个用于威慑银河系的庞然大物，也不得不乖乖听命于一个更高的统治者：几何学。

几何不会屈服于任何人，即使是邪恶残暴的银河帝国也不例外。

在这一章中，我召集了当年负责建造死星的团队，一起复盘了这个历史上最具争议的固体背后的设计过程。[1] 在谈到死星的几何结构时，他们说出了建造巨型太空站需要考虑的几个问题：

- 它的多种对称性
- 它运动时近似垂直的迎风面
- 相较于自然形成的球形天体，它的引力特性
- 它所承载人数与表面积的关系
- 因体积巨大而导致的极小的曲率
- 超低的表面积体积比

尽管死星的建造团队中有充满聪明才智的建筑师、工程师，还有高级星区总督塔金（Grand Moff Tarkin），但他们谁也不能对着几何学指手画脚。[2] 相反，他们必须运用自己的聪明才智，在几何学的限定条件下工作。接下来，就是他们设计死星的过程。

注意：为了提高可读性，我删掉了黑暗尊主达斯·维德令人恐惧的呼吸声。

1. 令人望而生畏的对称性

高级星区总督塔金

我们的目标：用有史以来最大的人造天体结构震慑整个银河系。我们的资金几乎没有上限，这要感谢在税收问题上雷厉风行的皇帝。不夸张地说，天有多大，我们就能造多大的空间站。所以现在大家要讨论的第一个问题是：这个东西应该是什么样的呢？

银河帝国的几何学家

他们告诉我要找到一个简单、基本的设计，看起来要壮观、威严，能吓哭机器人、吓尿赏金猎人。与发表论文相比，这项任务可谓是异常艰巨。

高级星区总督塔金

那个可怜的几何学家花了一个月的时间冥思苦想，画出了各种草图，提出了各种设计理念……都被维德尊主一一否决了。

黑暗尊主达斯·维德

六棱柱？我们要建立的是邪恶帝国还是蜜蜂王国？

银河帝国的几何学家

尽管我备受挫折，但还是很感激维德尊主的批评，这都是有建设性的意见。和许多有远见卓识的人一样，他是一位严格的管理者。

黑暗尊主达斯·维德

真是个废物！

正四面体？那我成什么了，太空法老吗？

立方体？拜托，我们是银河帝国，不是博格人[①]。

圆柱体？你想让我用一颗冰球征服银河系吗？

哈，死亡铅笔，倒是可以用来描绘银河系历史的下一个篇章。这是我见过的最不可怕的东西了，看起来比伊沃克人[②]还弱。

欧几里得看到这个会很高兴的。噢，不对，我们的皇帝不是希腊几何学家，他是一个冷酷无情的君王，那些只能提出愚蠢建议的人都会被杀掉。

球体，这个可以有！

① 博格人（Borg），《星际迷航》系列里的大反派，是半有机物半机械的生化人。他们身体上装配有大量人造器官及机械，大脑为人造的处理器。
② 伊沃克人（Ewok），《星球大战》中的一个种族，是披毛的智慧两足生物。他们的文明仍处于石器时代，精通森林生存技巧和滑翔翼、投掷器等原始科技制品的建造。

银河帝国几何学家

最终，我们确定了一个基本的设计目标：对称。

在生活中，很多人会随意地使用这个词，但在数学中，"对称"是有精确定义的：物体或图形在一定变换条件下保持不变的现象。

例如，伍基人（《星球大战》中的一个种族，是毛发浓密的高大生物。他们形象粗野，但足智多谋、诚实可靠。下图所画的就是伍基人的形象）的脸有一种对称变换方式，如果你在竖直方向翻转他的脸，不会有什么变化。但如果你想做其他的变换动作，比如说把他的脸旋转90°，或水平翻转他的脸，他的五官就完全重新排列了，你要真的这么做了，伍基人可能也会把你的五官打乱。

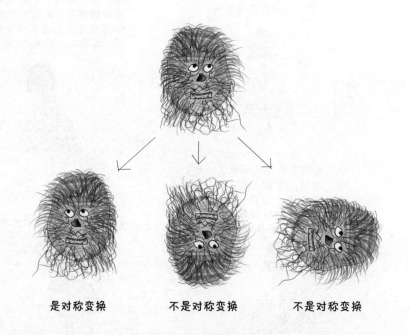

是对称变换   不是对称变换   不是对称变换

有着长长触须的沼泽居民代亚诺加（《星球大战》中的一种垃圾寄生生物，遍布于大型帝国军事设施与军舰的垃圾系统里）——有时你也会在垃圾收集站看到他们——则有三种对称变换：水平翻转、竖直翻转，还有旋转180°。[3]

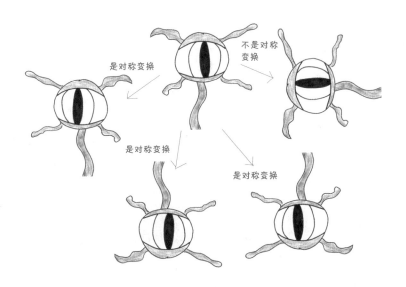

高级星区总督塔金

为什么我们如此追求对称？因为美的本质就是对称。

就比如说脸吧，没有人的脸是完全对称的，每个人多少都有些高低耳、大小眼、歪鼻子，但通常脸部越对称，人就越漂亮。这听起来有些奇怪，但我们不得不承认，数学也是一种美学。

在死星的设计中，我们要想办法创造一种像"超模脸"那样令人窒息的美。

银河帝国的几何学家

那天，黑暗尊主维德一把将我的设计图从桌面扫落，愤怒地咆哮道："我要更多的对称性！"可是我们已经考虑到二十面体了，它有 120 条对称轴。我还能怎样呢？然而这时，我职业生涯，不，我人生中的高光时刻出现了，我想到了世界上最对称的形状。

黑暗尊主维德

为什么他一开始不能想到球体呢？真是迟钝，浪费了我们这么多时间和精力。

高级星区总督塔金

难题还没解决呢。我们要在北半球安装摧毁星球的激光炮，装上激光炮之后对称性就被破坏了，它将不再是一个完美无瑕的圆。

银河帝国的几何学家

我对安装这件武器的事持保留意见。我的意思是，你们认为哪个震慑作用更大呢？是星星点点的激光秀，还是无限数量的对称轴？

2. 向空气动力学屈服

高级星区总督塔金

现在，我们又遇到了一个问题。你们可能会说，那就迎难而上啊。

先听我说说吧，在过去，人们都觉得歼星舰的设计很酷，它们拥有棱角分明、线条流畅的外观，简直就是银河系牛排刀，摧毁星球就像用刀刺破氢气球那样轻而易举。我一直以为它的吸引力是美学上的，但后来我才知道它的设计是出于实用性的考量，而它背后的原理给我们的球体带来了很大麻烦。

银河帝国的物理学家

不论一个飞行员的驾驶技术有多好，飞机在飞行的过程中都会不断地受到撞击。当然，我说的是空气分子的撞击。

在飞行中，空气分子的运动方向最好能和飞机的表面平行，这样就没有空气阻力了，空气就像在另一条路上穿梭的车流，不会对飞行造成什么影响。最差的情况是空气分子的运动方向都和飞机表面呈90°，它们会垂直撞上飞机的表面，这样飞机就要承受巨大的空气阻力。所以，飞机的前端不会设计成大而平的迎风面，否则它飞起来的时候就会像你抱着一块巨型的广告牌穿过迎面而来的人群一样艰难。

所以，歼星舰选择了锥形的设计，前端是尖的，迎风面很小，当它在空气中穿梭时，空气分子大多数都会从旁边掠过，尽管它们不会完全与舰身表面平行，但已经足够接近平行了。而我们的死星则恰恰相反，它的形状是空气动力学的噩梦。当死星在空气中飞行时，空气分子几乎是在完全垂直的方向上撞击它庞大的表面的。

银河帝国的工程师

设想一下，当你的朋友们在玩扔纸飞机的游戏时，你没有加入他们，而是决定扔桌子。如果你希望桌子能飞到房间对面，那你一定要耗费很大力气把它扔出去，这可不容易。

高级星区总督塔金

最初，我们希望死星可以直接降落在其他星球表面，在穿过星球的大气层后摧毁一两片大陆，然后通过扬声器播放《帝国进行曲》。

这样的设想在我们选择球体后便宣告破产。在空气动力学的限制下，我们不得不做出了一个艰难的决定，让这个太空站只待在真空的宇宙中，这样就没有了空气阻力的困扰，当然，音乐也没有了。

黑暗尊主维德

这是一个非常大的牺牲，但宇宙的领袖就该有这样的魄力。

3. 太大不成功，太小不成球

高级星区总督塔金

还没等我们喘口气，又一个问题横在了我们光辉的征程之上：我们的物理学家坚持认为，死星应该像凹凸不平的小行星一样。

银河帝国的物理学家

放眼银河系，你看看哪些天体是球状的？都是那些硕大又笨重的东西，比如恒星啦，行星啦，一些比较大的卫星啦。现在再看看那些小一点儿的，密度也没那么大的物体，比如小行星、彗星、尘云什么的，它们都是歪歪扭扭的，像奇形怪状的马铃薯。

这不是巧合，这是万有引力造成的必然。我来从头讲讲这个道理：我们的死星太小了，不能成为完美的球体。

高级星区总督塔金

你应该看看黑暗尊主维德的脸色。

黑暗尊主维德

我正要破土动工一项邪恶历史上最雄心勃勃的建筑工程，一个穿着白大褂的四眼科学家却告诉我它太小了，你说我难道不该生气吗？

银河帝国的物理学家

我不怎么能言善辩，但是物理学原理在这儿明摆着呢。根据万有引力定律，每个物体对其他物体都存在吸引作用，这个物体的质量越大，对其他物体的吸引力也就越大。

在太空中，如果我们把一堆材料混合在一起，它们中的每一部分都会和其他的部分互相吸引，逐渐聚集在一个三维平衡点——质心的周围。随着时间的推移，外围的材料和突起的地方都会被其他部分的引力拉向这个中心，直到它达到最终的平衡形状：一个完美的球体。

但是，要达到这样的状态，这个物体必须拥有足够的质量。否则，内部的引力就不足以征服那些隆起的地方。所以，大的星球会逐渐形成球体，但是小的卫星只能和马铃薯一个形状。

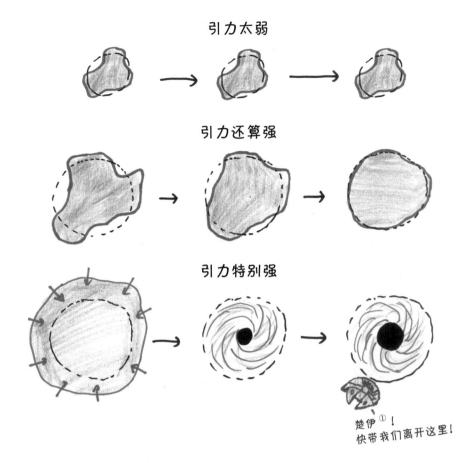

引力太弱

引力还算强

引力特别强

楚伊①！
快带我们离开这里！

黑暗尊主维德

我想知道，是不是每个物理学家都这么放肆无礼？我是不是现在就应该把科学家全都杀了，以免将来再遇到他们？

银河帝国的物理学家

一个物体究竟要多大才能变成球形呢？这取决于它是由什么材质做成的。冰可以在直径为 400 千米的状态下变成球体，因为它的可塑性比较好。相比之下，石头就硬多了，在直径小于 600 千米的情况下，内部的引力是不足以让它变成球形的。[4] 对于银河帝国的钢铁来说，因为在制作时要求承受的力更大，它们的硬度更强，所以变成球形就需要更大的直径了，直

———————
① Chewie，楚巴卡（Chewbacca）的昵称，楚巴卡是伍基人战士，"千年隼号"的大副。——译者注

径至少要到 700 至 750 千米。

而死星的直径呢？只有 140 千米[5]，还差得远。

高级星区总督塔金

在黑暗尊主维德快要把物理学家掐死时，我突然想到一番蒙混过关的说辞。我说："各位，这是一件好事啊！这就意味着别人看到我们的人造球形空间站时，会下意识地以为它比实际大得多。这样，在不耗费任何成本的情况下，死星看起来增加了两倍！"另外，我还指出，根据物理学家的说法，内部引力还是在我们的掌控之中的，只要我们愿意调整死星的尺寸——当然，我们也可以随时掐死物理学家。最后，维德尊主松开了物理学家，物理学家也学会了说话的智慧。

银河帝国的物理学家

我们都明显地看到维德尊主的脸色好看多了。嗯，你应该也能看到的，他的面具仿佛在微笑。不管怎样，他很喜欢"死星看起来比实际大得多"这个说法。

黑暗尊主维德

我知道世界上有一种可怕的海洋生物，它可以通过膨胀成球体恐吓敌人。没错，我要把死星称为"天空中的河鲀"。

高级星区总督塔金

唉，我不是没有向维德尊主提过建议，让他不要再用"天空中的河鲀"这个比喻，但你们都知道他是怎样的人，一旦他做了决定，其他人哪劝得动？

4. 飘浮在太空中的西弗吉尼亚州

高级星区总督塔金

如果在电影里见过死星，你可能会觉得那里到处都是帝国冲锋队员[1]的身影，他们在死星上排布得密密麻麻，就像在潜水艇里一样挤来挤去。

哈哈，事实上，死星是我去过的最空旷寂寥的地方。

银河帝国的户口调查员

如果把机器人也算进来的话，死星上一共有 210 万人[6]。死星的半径是 70 千米，表面积大概是 62 000 平方千米。假设所有人都在地面活动，人口密度为 30 人每平方千米，也就是每五个足球场大小的土地上只会有一个人。换句话说，这个人口总数和密度与地球上的美国西弗吉尼亚州差不多。想知道社交生活在死星上是怎样的吗？想象一下飘浮在太空中的西弗吉尼亚州就可以了。

银河帝国的冲锋队队员

唉，不得不说有时候是很孤独。你可能巡逻一整天都见不到一个人，甚至连机器人也见不到。

银河帝国的户口调查员

实际情况其实更糟，毕竟不是每个人都愿意待在地面上的。在空间站里，从地面到地下 4 000 米都适宜居住，每 4 米为一层，一共有 1 000 层。难以想象吗？那就想想这个飘浮在太空中的西弗吉尼亚州吧，假设那里布满了煤矿，人们分散地住在从地面到地下 4 000 米的地方。平均下来，每

---

① 银河帝国的武装力量之一。

一层的人口密度大概是每 40 平方千米有 1 个人。在地球上唯一能与之相比的地方，就是丹麦的格陵兰岛了。

银河帝国的冲锋队队员

你知道最让人受不了的是什么吗？他们竟然让我们 60 个人睡一个房间！每间宿舍只有三个厕所和两个洗澡间。如果你想让人做噩梦，其实不用费那么大劲儿摧毁他们的星球，只要给他们看看每天早上浴室外排的长队就行。

皇帝可以负担得起一个造价几十亿美元的太空站，我却在空间站里睡三层的上下铺，上个洗手间还要走几百米？哼，想起这些我还是很生气。

地点	人口密度 （人 / 千米²）
拥挤的电梯	3 000 000
潜水艇	50 000
纽约市	10 000
普通的郊区	1 000
夏威夷州	90
死星（所有人都集中在地面层时）	30
死星（人们平均分布在每一层时）	0.03
电影《火星救援》中的火星	0.000 000 007

5. 看不见的曲线

高级星区总督塔金

别抱怨了，死星本来就不是用来住人的，我们不关心人员生活的舒适程度。在死星上，所有人和机器，包括超物质反应室、亚光速引擎、超光速推进器，都只是空间站真正用途的支撑系统罢了，一切都服务于超级激光炮。

银河帝国的几何学家

没错！这是我们说球体是完美形状的另一个原因！在给定体积的前提下，使用球体形状可以得到最小的表面积。如果你要建造一个容器用于装载什么巨大的东西，比如一个毁灭星球的激光器，那么采用球体设计最节省材料。

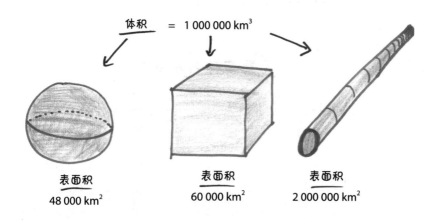

体积 = 1 000 000 km³

表面积
48 000 km²

表面积
60 000 km²

表面积
2 000 000 km²

银河帝国的工程师

我就知道几何学家会说球体形状可以省钱，因为建造同样体积的立方体要比球体多用 24% 的钢材。这是一个典型的数学家思维：都是理论中得来的，不考虑实操性。

作为工程师，我们可不希望建造球形的空间站，因为带曲线的建筑工程很难做！即使是在曲线形的房间里都很难安排家具，你就看看沙发怎么摆吧。

当然，死星非常大，人在里面时，可能不会注意到它的边缘是曲线，内部东西的摆放几乎不会受什么影响。但是在建造的时候，材料的曲率让我偏头痛了好几年。我们需要每米钢材弯曲 0° 0′ 3″，这个曲率比每千米弯曲 1° 的情况还要小。

真是太可怕了。这样的曲率低到根本无法用肉眼看出来，但是每一块钢板都要为此特别定制。

高级星区总督塔金

弯曲的钢材……呃，快别提这个了。我还记得，有家供应商整整一年都在向我们提供笔直的钢材，根本没有弯曲，还以为我们不会发现。事实上，我们一开始还真的没发现。直到有一天，黑暗尊主乘着航天飞机过来巡视，问我们："这个滑稽的鼓包是怎么回事？"我们才发现钢材有问题。这个意外让我们的工程进度倒退到了几个月前。当然，最后那个供应商的下场比我们可惨多了。

看看有什么不同！

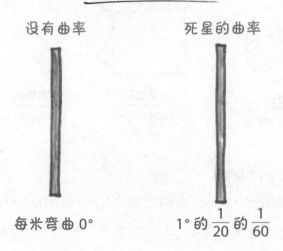

没有曲率　　　　　　死星的曲率

每米弯曲 0°　　　　1° 的 $\frac{1}{20}$ 的 $\frac{1}{60}$

黑暗尊主维德

愚蠢的奸商，就算想坑客户，也不该坑我邪恶帝国。

6. 也许是我们做得太好了

银河帝国的几何学家

就像我之前说的，球形可以减少表面积、节省材料，但我也得承认它存在一些缺点。

高级星区总督塔金

大多数原材料都是直的，清理那些浪费的边角料也是一件令人头疼的事儿。

银河帝国的清洁工

处理空间站垃圾的基本方法很简单：丢掉就可以了。但是球体空间站有着最小的表面积，这就意味着空间站的大部分远离地面，我们的垃圾槽需要长达几十千米。我组织了一个垃圾回收运动，但是人们只是把全部东西都转存到了垃圾捣碎机那儿，包括食物残渣、钢材废料、活的义军俘虏……你总得考虑一下死星的可持续性发展吧。

银河帝国的工程师

还有个问题久久萦绕在我的心头——供热。这里可是外太空，外面是非常冷的，如果需要保存热量，球体空间站是个不错的选择。最小的表面积意味着最小的散热面，也就是最小的热量损失。但是很显然，我们把工作做得太好了。根据早期的模拟数据显示，死星过热了。

银河帝国的建筑师

我们必须处理掉过多的热量，所以我增加了散热装置。这东西不大，就几米宽，可以把热量释放到太空中，这样问题解决了。

不过我完全没有想到……

后来义军拆掉了散热口，从散热口进攻，摧毁了死星……[7]

银河帝国建筑师的代理律师

正如记录所显示的，调查小组可以确认，死星是被一个有问题的反应堆摧毁的，这个反应堆不是我的当事人设计的，我的当事人只不过设计了那些散热装置，这些装置成功地实现了将空间站中多余热量排放到太空的目的。

黑暗尊主维德

那些东西也成功地将质子鱼雷引入了死星。

高级星区总督塔金

我们的死星太空站在建造之初就经历了各种坎坷，最后还是走向了悲剧的结局。它造价高昂，效率低下，最后还被义军同盟那群乌合之众摧毁了。

但是呢，我还是忍不住为那个巨大光辉的球体感到骄傲。

远远望去，它就像有一个陨石撞击坑的卫星。当你靠近时，那几何形状完美得令人窒息：无数的对称轴，表面规整的分区，黑色的巨型赤道堑壕……

银河帝国的几何学家

死星实现了一种诡异的融合：它的体积如此之大，它一定是自然的天体，但它的形状如此完美，又不可能是自然形成的。它令人不安，引人注目，让人胆战心惊。这就是几何带来的力量。

黑暗尊主维德

根据以往的经验，敌人往往能带给我们最好的启发。当我们亦敌亦友的伙伴欧比旺喊出"那不是卫星"的时候，我就知道死星的海报口号该是什么了。

欧几里得、阿基米德、戴森、维德、帕尔帕廷

死星

"那不是卫星。"

——欧比旺·克诺比

即将摧毁你的星球

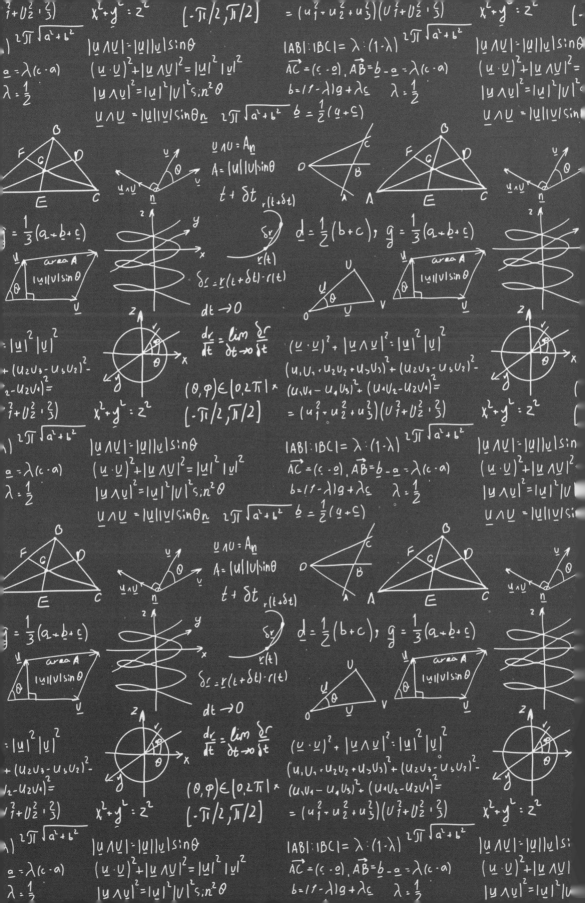

第三部分

概率：
描述可能性的数学

　　你抛过硬币吗？我猜一定抛过，除非你穷得身无分文，或者富得不屑于用硬币。再让我猜猜，虽然硬币落地时，正面和反面朝上的概率都是50%，但你最近几次抛硬币的结果并不是一半正面一半反面，对吗？要么总是正面，要么总是反面，你得到的结果可能是100%的正面，或者是0%的正面。

　　生活中就是这样充满了随机事件：意想不到的列车延误、出人意料的转败为胜、不知从哪儿冒出来的停车位……在瞬息万变的现实世界里，任何事情都有可能发生，但如果你想问未来会发生什么，命运却永远不会回复。

不过，如果能抛一万亿次硬币，你就会发现自己正走进一个截然不同的世界：在那片大陆上，一切都条理清晰并长期处于平均状态。在那里，有一半的硬币落地时正面朝上，有一半的新生儿是男孩，发生概率为百万分之一的事件真的在一百万次之内只发生一次。在这个晴朗的理论世界里，奇闻和巧合是不存在的。它们就像扔进大海的石子，淹没在所有可能性中。

而概率，则是那个世界和现实世界的纽带。正因为我们所熟知的世界充满了未知，概率才有存在的必要；那个我们无法触及的世界平静而永恒，概率因而有规律可循。概率是一个双重身份的公民，每个爆炸性的头条新闻和名人的人设崩塌，都能被概率化解为从不计其数的牌堆中抽出的一张牌，或是从深不见底的水罐中倒出的一杯水。尽管我们人类终有一死，永远无法踏上永恒的土地，但通过概率，我们得以窥见永恒世界的一角。

第11章

排队买彩票时
遇到的 10 种人

彩票，是"希望部"发行的债券，买彩票是乐观的证明。用一张皱巴巴的 1 美元钞票就能换取一张价值 0～5000 万美元不等的神秘兑奖券，这有什么好犹豫的呢？

什么？！你觉得这听上去没什么吸引力？那你和大多数人的看法可不太一样。

不得不承认的是，我这辈子花在彩票上的钱（7 美元）还没有一个月买牛角面包的钱多（别问我花了多少）。然而，大约一半的美国成年人都有买彩票的爱好。没想到吧？而且在买彩票的人中，收入在 9 万美元以上的人多于收入在 3.6 万美元以下的人[1]，有基本生活补贴的人多于没有基本生活补贴的人。买彩票比例最高的州是我的家乡马萨诸塞州[2]——大量富有、接受过良好教育的自由派人士居住在这里，人均每年在彩票上的花费多达 800 美元。对他们而言，买彩票和看橄榄球比赛、起诉邻居、恶搞美国国歌本质上没有什么区别——这就是美国人的一种消遣方式，人们出于各种各样的原因喜欢它。

来吧，和我一起去彩票店排队买票，研究一下这个所谓的"花小钱赚大钱"游戏的多重魅力。

嘿，我就喜欢那种把钱花光的爽快感觉。

1. 玩票型买家

看！这位是玩票型买家，他买彩票和我买牛角面包的原因一样：不是为了生存，而是为了快乐。

举个例子：在马萨诸塞州，有一种彩票叫作"1 万美元现金奖"[3]，起这个名字的人简直是天才，把"1 万"和"奖"放在任何词前面，都会无比诱人[4]。看看这款 1 美元彩票的票券设计，正面烟花般绚烂的图案就像是中奖后的狂欢，彩票的背面则介绍了以下复杂的获胜概率：

奖金	获奖概率
$ 10 000	1/1 000 800
$ 5 000	1/1 000 800
$ 500	1/50 400
$ 100	1/1 000
$ 40	1/1007
$ 25	1/1 000
$ 20	1/300
$ 10	1/100
$ 5	1/150
$ 4	1/100
$ 3	1/100
$ 2	1/13.64
$ 1	1/10.71

有这么多刺激的奖项！简直是一场美好未来的盛宴。

那么，你手中的这张彩票究竟值多少钱呢？我们还不知道，也许值
10 000 美元，也许值 5 美元，也许（我觉得十有八九）一文不值。

如果可以用一个数字来估计它的价值就好了。假设我们买的彩票不是
1 张而是 100 万张，这个样本量就足够大了，足以让我们冲出充满未知的
现实世界，进入平静安宁的永恒大陆——在那个世界中，每一笔支出都能
换来与预期比例一致的回报。在我们的 100 万张彩票中，概率为百万分之
一的事件大约只会发生一次，概率为十万分之一的事件大约会发生 10 次，
概率为四分之一的事件大约会发生 25 万次。

刮开那一沓沓小纸片的同时，我们可以预计开奖后的结果：

奖金	每 100 万张中获奖彩票数
$ 10 000	1
$ 5 000	1
$ 500	20
$ 100	1 000
$ 40	993
$ 25	1 000
$ 20	3 333
$ 10	10 000
$ 5	6 667
$ 4	10 000
$ 3	10 000
$ 2	73 314
$ 1	93 371

哇！有近 20 万张彩票中奖了！
不过……等等……

大概有 20% 的彩票中奖了[5]，算起来，我们 100 万美元的投资总共获
得了大约 70 万美元的回报……这意味着我们为马萨诸塞州政府贡献了 30
万美元。

换句话说，平均每张 1 美元彩票的价值大约是 0.7 美元。

数学家们把这叫作彩票的期望值。我觉得这个名字很滑稽，因为你不该"期望"任何一张彩票的价值是 0.7 美元，就像你不会"期望"一个家庭有 1.8 个孩子一样。我更喜欢"长期平均值"这个词，"长期平均值"的意思很明确，就是：如果一遍又一遍不断地买彩票，你每张彩票能赚多少钱？

当然，每张彩票的期望值会比你支付的价格低 0.3 美元——这没什么大不了，毕竟娱乐通常都不是免费的，玩票型的买家们会很乐意付费参与这个游戏。在关于彩票的民意调查中，有一半的美国人说自己买彩票不是"为了钱"，而是"觉得好玩"。[6] 这些人就是玩票型买家。也正因如此，当各州推出新的彩票种类时，彩票的总销售额会上升[7]，这些彩票玩家并不认为新彩票是比旧彩票更好的投资机会（否则旧彩票的销量会相应下降），而是把它看作是一种新鲜的娱乐活动，就像影院新上映的电影一样。

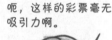

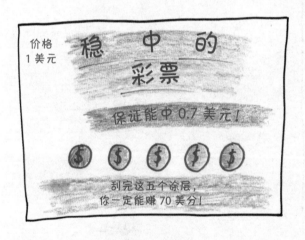

对于玩票型买家来说，真正有吸引力的是什么呢？是胜利带来的喜悦？是不确定性带来的肾上腺素激增？还是见证谜底揭开时的兴奋和满足感？这取决于玩家个人的喜好。

但我可以告诉你，有一样东西对他们来说肯定是不重要的，那就是彩票的经济利益。毕竟，从长远来看，彩票的价格几乎总是高于它们本身的价值。

嘿嘿……我很快就会身价百万了！或者破产。就看哪个先来了。

2. 有文化的傻瓜

等一下，什么叫作"几乎总是"？为什么是"几乎"呢？哪个州会傻到卖彩票还亏钱？

但例外情况确实是存在的，因为这种大奖彩票都有一个共同的规则：如果某一周没有人中头奖，那么头奖奖金就会累积到下一周，从而产生更大的头奖。这一过程重复几次后，彩票的期望值确实可能会超过票价。比如说，2016 年 1 月，通过积累头奖金额，英国国家彩票就把票价只有 2 英镑的彩票的期望值拉到了 4 英镑以上。[8] 尽管这种情况看起来很奇怪，但它们通常能刺激足够多的购买，因此付出的成本是值得的。

在排队买彩票的队伍中，你会遇到一类非常特别的买家。这是给赌博研究爱好者的福利，我们可以像鸟类学家研究稀有鸟类一样仔细观察他们。瞧见了吗？他们就是有文化的傻瓜，一种罕见的笨蛋生物，他们看似精明地计算并期待着彩票的"预期价值"，一叶障目，以偏概全。

"期望值"的计算将奖金不同、概率各异的多种彩票提炼成一个个数字，是非常简单粗暴的分析方法。

看看我手中这两张标价都是 1 美元的彩票吧。

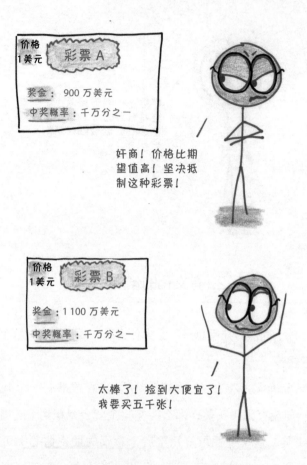

奸商！价格比期望值高！坚决抵制这种彩票！

太棒了！捡到大便宜了！我要买五千张！

　　花 1 000 万美元购买彩票 A 时，如果你期望中 900 万美元的奖，那就相当于每张彩票损失 0.1 美元。而花 1 000 万美元购买彩票 B 时，从理论上来说，应该会得到 1 100 万美元的奖金，因此每张彩票可以获得 0.1 美元的利润。因此，对于那些迷信期望值的人来说，后者是淘金的良机，而前者是黄铜矿骗局。

　　然而……1 100 万美元真的能给我带来比 900 万美元更大的幸福感吗？这两笔钱都比我现在的银行账户数字高出许多倍，如果真的中奖了，心理上的差异是可以忽略不计的。那么，为什么要认为它们一个是敲竹杠，而另一个是致富之路呢？

　　更简单地说，想象一下比尔·盖茨和你打一个赌：以 1 美元下注，他有十亿分之一的机会给你 100 亿美元。算算这个期望值，你就会蠢蠢欲动：如果以 10 亿美元下注，就可以获得 100 亿美元的预期回报。简直不可抗拒！

即便如此，有文化的傻瓜们，拜托还是抗拒一下吧，这个游戏你们可玩不起。就算你们好不容易凑齐了 100 万美元巨款，仍然有 99.9% 的可能遇到这样的结局：富豪盖茨对着身无分文的你挥挥手，又带走了 100 万美元。期望值是长期的平均值，如果真的和盖茨玩这个游戏，那么你将在"长期"到来之前散尽千金。

大多数彩票也是如此。也许否定"期望值"的终极武器就是下图这样把概率抽象化的 1 美元彩票：

根据上图的概率，买 10 张彩票，你大概只能中 1 美元，也就是平均每张彩票中 0.1 美元，这太糟了。

买 100 张彩票，你大概能中 20 美元（10 张彩票中 1 美元，1 张彩票中 10 美元）。现在好一点儿了，现在平均每张彩票可以中 0.2 美元。

买 1 000 张票，你可能会中 300 美元（100 张彩票中 1 美元，10 张彩票中 10 美元，1 张彩票中 100 美元），每张票的平均价值达到了 0.3 美元。

继续买吧，你买的彩票数量越多，你的期望值就会越高。如果你能以某种方式买下 1 万亿张彩票，最有可能的结果是每张彩票最后价值 1.2 美元。如果你能买 1 千万亿张彩票，那就更好了，每张彩票的价值会高达 1.5 美元。事实上，你买的彩票越多，平均每张彩票带来的利润就越大。如果你能以某种方式投资 10^{100} 美元，那么你将得到 10^{101} 美元的回报。有了足够多的彩票，你想要多大的平均回报都能得到，彩票的期望值是无限大的。

但是，即便政府愿意支付这笔巨额奖金，我猜你也永远买不起足够多的彩票来一睹大奖风采。再买下去，你只会把自己毕生的积蓄花在这上面。破产往往是这些有文化的傻瓜的最后结局。

作为寿命有限的人类，我们还是放弃对"长期平均值"的期待吧。

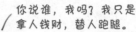

你说谁，我吗？我只是拿人钱财，替人跑腿。

3. 彩票代购

噢，看看那个排队的是谁？是彩票的代购！

和这里的大多数人不同，代购的收入是有保证的。他们不是来给自己买彩票的，他们有偿帮人跑腿、排队买票，再把彩票送到真正的买家手中。他们的收入虽然很低，但是非常稳定。

谁会付钱给这种代购呢？嗯，看看下一位彩票买家就知道了……

非常好！收入和计划完全一样。

4. 大赌客

乍一看，这位买家和有文化的傻瓜如出一辙：同样两眼放光，同样笑容奸诈，同样笃信预期价值。不过，你再看看他遇到期望值大于价格的彩票时是怎么做的，就知道二者的区别了。那些有文化的傻瓜不停地砸钱，买了一沓倒霉的彩票却很少中奖，大赌客却想出了一个简单而邪恶的计划——不能只买几张彩票，要超越风险就必须把全部彩票都买下来。

想成为一个大赌客，要遵照以下四个既优雅又疯狂的步骤。

第一步：**寻找期望值大于价格的彩票。**这类彩票并不像你想象的那么罕见，根据研究人员的估计，有11%的抽奖彩票都符合这个要求。[9]

第二步：**注意存在多个头奖赢家的可能性。**越是巨额的头奖吸引的玩家越多，你越可能要和别人分享头奖，如此一来，期望值也会随之递减。

第三步：**留意小的奖项。**单独看的时候，这些安慰奖（例如6个数字中匹配成功4个）价值不大，但它们的中奖概率高，是一种有效的风险对冲。如果头奖被平分，小额奖金可以减少大赌客损失[10]。

第四步：**当某个彩票看起来很有希望中奖时，买下所有可能的组合。**

听上去很容易？其实也没那么容易。要成为大赌客，你必须具备非同寻常的资源：用于采购彩票的数百万美元资金、用于填写采购单的数百小时时间、受雇完成采购的几十个代购，以及愿意接受大量订单的零售网点。

为了理解这个任务的挑战性，我们来看一看1992年"弗吉尼亚彩票"的精彩故事[11]。

在那个2月，购买彩票的时机堪称完美，彩票发行方将头奖金额累积到了创纪录的2700万美元。"弗吉尼亚彩票"中只有700万个可能的数字组合，算下来每张1美元的彩票的期望值接近4美元。更妙的是，平分奖金的风险小得让人安心：以往的"弗吉尼亚彩票"里，共享头奖的情况只有6%，而这次的奖金又涨得如此之高，即使有三个人共享头奖，也是稳赚不赔的买卖。

于是，大赌客横空出世。由数学家斯蒂芬·曼德尔（Stefan Mandel）

领导的、由 2500 名投资者组成的澳大利亚投资团体上演了一出好戏。他们打电话在杂货店和便利店连锁店的总部下了大量订单。

他们必须赶在时间前面。下单后，打印彩票还需要时间，因为没能按时打印完订购的彩票，一家连锁店杂货店还被迫为未能执行的订单向他们退还 60 万美元。开奖的时候，投资者只买到了 700 万个数字组合中的 500 万个，这样一来，他们就有近三分之一的概率失去头奖。

幸运的是头奖没有落空，尽管花了几周时间，才把那张彩票从 500 万张彩票中找出来。在和发誓"下不为例"的彩票专员周旋半天后，他们领取了奖金。

在 20 世纪 80 年代和 90 年代初，曼德尔等大赌客利用这个办法，得到了相当可观的收益，但那个刺激的时代早就一去不复返了。尽管这次购买"弗吉尼亚彩票"的经历充满波折，但是跟"超级百万"（Mega Millions）和"强力球"（Powerball）中令人生畏的数字相比（这两种彩票都有超过 2.5 亿种可能的组合），这些后勤上的麻烦都不过是小菜一碟。在这件事之后，"弗吉尼亚州彩票"也出台了相关规定，禁止大宗购票，那些大赌客或许永远也找不到合适的机会再干一票了。

嗖，不用理我，我来这儿就是为了观察你们！

5. 行为经济学家

对于大学的心理学家、经济学家、概率学家等各种学家来说，没有什么比研究人类如何应对不确定性更有趣了。人类是如何权衡危险与回报的？为什么人类会被某些风险吸引又对某些风险排斥？然而，在研究这些课题时，研究人员遇到了一个棘手的问题：人类的生活太复杂了。点餐、换工作、和好看的人结婚……人们做这些选择的时候就像在投掷一个有无数不规则面的巨大骰子。我们无法预测所有结果，也无法控制所有因素。

相比之下，彩票就简单多了。不但中奖的结果一目了然，概率的计算也很简单，这样的研究对象简直是每个社会学家都求之不得的。看，行为经济学家不是来这儿买彩票的，是来看别人买彩票的。

学者们对彩票购买行为的兴趣可以追溯到几个世纪以前。以 17 世纪末的概率学为例，那是金融业诞生的时代，保险方案和投资机会开始扩大蔓延，但当时关于不确定性的数学尚在发展初期，数学家们还不知道如何理解这些复杂的工具。[12] 他们将目光转向了彩票，彩票的简单性在概率学理论的形成和完善中功不可没。

最近，经济学家丹尼尔·卡尼曼和行为科学家阿莫斯·特沃斯基共同发现了彩票购买者的一种心理模式。为更好地解释这种心理模式，我将介绍正在排队的下一位伙伴……

6. 一无所有的人

根据行为经济学的理论，你可能会对下面这个问题感兴趣[13]：

嗯……是接受保底金额，还是冒着全赔的风险多赚一点儿呢？

问题 1：你更倾向于选哪个？

A：一定能得到 900 美元。

B：有 10% 的可能全赔，有 90% 的可能得到 1 000 美元。

从长远来看，这并不难选。选择 B 选项，在尝试 100 次之后，你大概会得到 90 次赚钱的机会，还有 10 次是令人失望的全赔。100 次尝试总共得到 9 万美元，平均每次 900 美元。因此，B 与 A 的期望值是相同的。

然而，如果你和大多数人一样，那么你面对这道题时也会有明确的偏向——选择拿保底的钱，而不是为了一点儿额外的奖励去冒空手而归的风险。这种行为被称为**规避风险**。

好了，再看看下一个问题：

嗯……是老老实实地接受一定的损失，还是为了获得不受损失的机会赌一把？

问题 2：你更倾向于选哪个？

A：一定会损失 900 美元。

B：有 10% 的可能完全不损失，有 90% 的可能损失 1 000 美元。

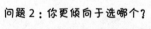

这是问题 1 的镜像问题。从长期来看，每笔交易平均亏损 900 美元。但这一次，大多数人发现这种"一定"的选择不那么有吸引力了，他们宁愿为了 10% 不受损失的机会，接受一些额外的风险。这种行为被称为**寻求**

风险。

上述的选择都是预期理论的特征，预期理论是描述人们经济行为的模型。[14] 在收益方面，我们厌恶风险，更倾向于锁定有保证的利润，但在亏损方面，我们会愿意为了避免不好的结果而冒险赌一把。

预期理论的一个重要前提是做出设定。某个事件对你而言是"损失"还是"收益"，取决于当时的参考基数。看看下面的对比就明白了：

假如你手中有 1 000 美元，你更倾向于选哪个？

A：得到 1 500 美元的保底金额

B：有 50% 的概率能得到 2 000 美元

假如你手中有 2 000 美元，你更倾向于选哪个？

A：损失其中的 500 美元

B：有 50% 的概率损失 1 000 美元

这两个问题提供了相同的选择：选择 A 的结果都是带走 1 500 美元，选择 B 的结果都是用类似抛硬币的方式决定最后是得到 1 000 美元还是 2 000 美元。然而，在这两个问题中，人们给出的答案却不一样。在第一种情况下，他们更希望自己一定能拿走 1 500 美元；在第二种情况下，他们会倾向于冒险。这是因为这些问题基于不同的前提，有不同的参考基数。已经拥有 2 000 美元的时候，失去它的可能会让你倍感压力，你愿意冒险来避免这种损失。

人生有时候就是这么艰难，越艰难，人就越想赌一把。

这样的研究结果对彩票购买者是一个悲伤的启示。如果一个人的财务状况已经入不敷出了，他可能会感觉自己一直在遭受财产损失，这时他更愿意拿钱去买彩票。

这就像篮球比赛进入第四节，落后的球队开始故意犯规；或像在曲棍球赛还剩最后一分钟的时候，落后一分的球队用一个替补的前锋换下了守门员；又像在距离大选还有两周时，候选人对竞争对手进行恶意的攻击诋毁，以期撼动竞选阵营。这样的孤注一掷大大增加了风险，降低了期望值，最后造成的损失也许会比以前多得多。但是通过增加随机性，获胜的机会也增加了。兵临城下，所有人都会想着破釜沉舟、背水一战。

研究人员发现，穷人更有可能"为了钱"买彩票。[15] 对他们来说，彩票不是一种有趣的消费方式，而是一种获取财富的高风险途径。没错，从期望值来看，买彩票的确是亏本买卖，但如果一个人已经亏了很多，他也许不介意冒着亏更多的风险放手一搏。

耶！今天，我成年了！我有了选举权，可以抽烟，可以买彩票，可以参军啦。

7. 刚满 18 岁的孩子

嗨，瞧那个排队买彩票的年轻人，他是彩票店里的新面孔，此情此景是否让你想起自己的青葱岁月，产生怀旧之情？

或者它会让你纳闷："既然彩票这种产品都已经令人上瘾到了要禁止未成年人购买的地步，为什么每个州都在销售呢？"

嗯，回答这个问题之前，我们先看看另一个人……

我买这张彩票不是为了自己，而是为了这个国家。

8. 尽职的纳税人

向我们的下一位朋友问好吧，这是一位平民英雄，一位尽忠职守的纳税人。

不论州政府征税时的态度多么亲民友好，应该都没有人会喜欢自己的财产被征收的感觉。在美国，各个州政府尝试了对林林总总的东西征税（收入、零售、房地产、礼物、遗产、香烟等），但没有一种税能为纳税人带来实在的乐趣。直到 20 世纪 70 至 80 年代，这些州政府无意间从一个古老的思维妙计中得到了灵感。

如果能把纳税变成一种游戏，就能吸引人们主动排队纳税。

既然"公民交出 1 美元，政府留下 0.3 美元"是招惹民怨的税收提案，何不试试将它调整为"公民交出 1 美元，政府留下 0.3 美元，将剩余的钱全部赠送给一位随机抽选的公民"呢？一个奇特的现象产生了，愿意交钱的人蜂拥而至。现在你明白了吧？美国政府卖彩票不是为了做慈善，而是为了增加财政收入，因为这是史上最有效的创收计划之一。州政府售出的彩票每年能带来约 300 亿美元的利润，占州预算的 3% 以上。[16]

看穿他们的目的后，是不是觉得他们有些虚伪？[17] 各州的法律都禁止赌博，政府却在便利店肆意经营着与赌博别无二致的彩票事业。举个例子，在 20 世纪 80 年代，"每日数字"彩票曾在各州风靡一时，但这个彩票的创意和模式几乎完全是从当时流行的一款非法赌博游戏照搬过来的。[18]

当然，彩票不能等同于赌博，公平地说，公共彩票至少不会像私营博彩那么容易滋生腐败。苏联解体后，俄罗斯曾经实行过彩票私有化[19]，彩票的经营和销售在脱离严格的监管后一度乱了套，购买者的利益也失去了保障。然而，如果彩票公共化的目的仅仅是保护"赌客"免受剥削，为什么政府卖彩票时还要进行铺天盖地的广告宣传呢？为什么支付这么少就有可能中奖呢？[20]还有，为什么那些花哨的彩票上印着"魔爪"能量饮料的广告？答案不言自明：彩票的设立首要目的是创收。

像我这样一眼看穿彩票动机的"愤青"并不少，各州政府也早已有了应对措施，他们会把彩票收入的用途指定为某项大众事业。"为了大学奖学金或州立公园建设而筹款"的名头当然比"为了政府能有钱花而筹款"要好听多了。这是个来源已久的传统[21]，彩票筹集的资金赞助过15世纪比利时的教堂，也资助过哈佛大学和哥伦比亚大学，甚至还支援过美国独立战争时期的大陆军。

把彩票筹款和福利事业联系起来后，彩票的形象被美化了，许多原本对中奖毫无兴趣的人也愿意参与进来了。这些尽职尽责的纳税人不是抱着碰运气的心态来买彩票的，而是"为了支持一项美好的公益事业"。唉，他们上当了。彩票不过是替代税收的一种方式罢了，政府从彩票中获得的收入难免要用来弥补其他被削减的收入来源[22]。就像喜剧演员约翰·奥利弗（John Oliver）调侃的那样：宣称用某种彩票为某项特定的事业筹集资金，和承诺"我只在游泳池的一个角落小便"[23]差不多，无论你怎么辩解，资金最终都会扩散到政府各项不同的开支中去。

你可能会不解，如果彩票的本质就是税收，它为什么还能这样蓬勃发展呢？其实很简单，不管怎么说，一个"想玩就来参加吧"的游戏，听上去都比"不交钱就坐牢"的税收制度要好太多了。

9. 梦想家

现在，再来认识一下这些对未来充满憧憬的彩票买家吧。他们在我心中的地位十分特殊，就像彩票在他们心中的地位一样。他们就是梦想家。

对梦想家来说，彩票不是中大奖的机会，而是一个幻想中大奖的机会。[24] 只要手里拿着彩票，他们就能在未来的财富和荣耀、香槟和鱼子酱、体育场的豪华包厢和形状滑稽的双座跑车中畅想一番。他们从来不管心理学家说的什么中彩票头奖并不是那么令人快乐[25]，当开着那辆令人失望的普通汽车时，沉浸在中头奖的幻想中能为他们带来几分钟的幸福感，这就足矣。

梦想家展开幻想的首要法则是，彩票的头奖奖金必须多到能为他们的生活带来翻天覆地的变化，让他们提升一个社会经济阶层。[26] 这就是为什么即开型彩票的头奖奖金不多，却能吸引低收入买家。[27] 如果一个人的财务状况差到每周只能勉强凑够生活费，那么 1 万美元就意味着他可以实现财务转型。相比之下，舒适的中产阶级更青睐头奖是数百万美元奖金的彩票游戏——这样的数字才够格点燃他们的白日梦。

如果你在寻求投资机会，那就不能只关注可能的回报而忽略风险和概率，但如果你只想为幻想买一张通行证，那么它就非常有意义。

　　这种梦想主义倾向有助于解释彩票奇怪的规模经济[28]，即大州比小州的彩票卖得更好。道理很简单，我们先简化彩票规则，假设所有彩票收入的一半归国家所有，另一半归中了头奖的人；如果一个州卖出 100 万美元的彩票，那么每个玩家都有百万分之一的机会获得 50 万美元的头奖；而如果一个州能卖出 1 亿美元的彩票，那么中头奖的概率就会降至一亿分之一，但是头奖奖金就会跃升至 5 000 万美元。

50 万。令人淡定
的幻想。

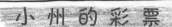

小 州 的 彩 票

头奖： $ 500 000

概率： 百万分之一

5 000 万！我的天哪，还有
什么幻想比这更刺激？

大 州 的 彩 票

头奖： $ 50 000 000

概率： 亿分之一

　　两个州的彩票期望值是一样的：平均每张彩票的价值为 0.5 美元。不过梦想家在心理上会倾向于概率极小的超级大奖。

10. 喜欢刮东西的人

哈哈，别担心，这位买家知道自己在做什么。彩票中的现金奖励和所有关于概率的长篇大论都与他无关，买到在刮刮乐彩票上刮掉涂层的机会，对他来说已经是美妙的享受了。在他眼中，"刮刮乐"的意义真的就是字面意思："刮一刮就很快乐"。

第12章

用硬币抛出的孩子

如果有人问，在我的教学生涯中，让我最震撼、印象最深刻的一件事是什么，我会说是人类遗传学。我说的不是那个不堪回首的 2010 年——我被迫教了一学期十年级的生物课 [1]，而是教师这份工作中最棒的长期福利：了解家庭。

每当你的学生中有一对亲人——亲兄弟姐妹、堂表兄弟姐妹、小姨和同龄的外甥——都会刷新你对生物遗传的随机性的认知。我教过长得像双胞胎的兄弟姐妹，也教过长得像陌生人的双胞胎。家访的夜晚经常让我头脑混乱，每次家访时，我的大脑都会自动对面前的两个成年人启动实时的五官组合程序。我常发现他们的孩子就是一个完美的 Photoshop 作品：他有着爸爸的耳朵和头发，妈妈的眼睛和头型。所有家庭中，孩子的外貌都是父母的组合，但却没有两个家庭的组合方式完全相同。

特征遗传的谜团就这样一击命中了生物学的核心。[2] 当然，正如我的学生会告诉你的那样，我不是个生物学家。我没有 DNA 测序仪，也不懂内含子或组蛋白的专业知识，更准确地说，我对遗传学没有任何思路。作为数学家，我手里有的就是一把硬币，一串数学定理，和一个《电器小英雄》（*The Brave Little Toaster*）式的勇敢信念，我坚信基本原理可以清晰地解释一切。

不过，也许这就够了。

这一章介绍的是概率领域中两个看似风马牛不相及的问题。其一是基因遗传，这可是生物专业研究生都在学的课程；其二是抛硬币，这么鸡毛蒜皮的事儿几乎上不了台面。

这两者能联系起来吗？硬币落地那"叮"的一声，真的足以体现人类基因的复杂性吗？

我可以充满自信地回答："是的"。另外，我确定这样的自信遗传自我的父亲。

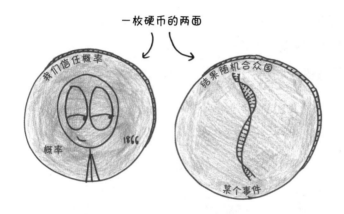

我们先从这两个问题中较简单的开始，请问：抛出一枚硬币后，会发生什么？

答：会得到两种结果，正面朝上和反面朝上，二者发生的概率相等。回答完毕！

嗯，你感受到了吗？将紧迫而棘手的现实世界问题化解为无人问津的小谜题是一种乐趣。尽情享受这种感觉吧，这就是有些人希望成为数学家的原因。

没错，当我们只抛一枚硬币时，不会再有什么更多的变化了。但是如果我们抛的是一对硬币呢？你会发现可能会产生四种等概率的结果：

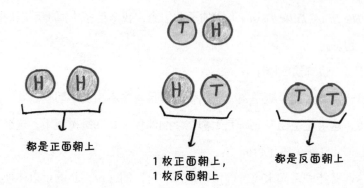

注重细节的人会认为中间两种结果是不同的：先有正面再有反面，或是先有反面再有正面（假如一枚硬币是一便士，另一枚是五便士，确实就不一样了）。但如果你和大多数抛硬币的人一样，就不会在意这个细节，而是把这两个结果都归为"一个正面，一个反面"。那么，这个"一正一反"结果的概率就成了其他结果的两倍。

问题继续：如果我们抛的是三枚硬币呢？

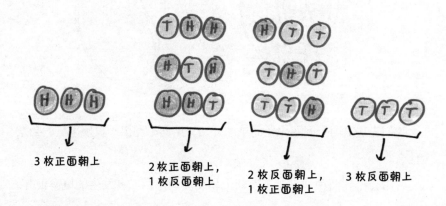

总共会出现八种结果。如果你希望所有硬币都是正面朝上，那么这八种结果中就只有一个是满足你的要求的，所以它的概率是八分之一。但是如果你的目标是两个正面和一个反面，那么有三种结果可以满足你，反面朝上的情况可以出现在第一枚、第二枚或第三枚硬币上，这样的概率是八分之三。

接下来，如果我们抛的是 4 枚硬币呢？如果是 5 枚、7 枚、90 枚呢？

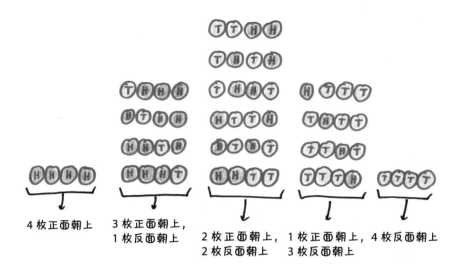

4枚正面朝上　　3枚正面朝上，　2枚正面朝上，　1枚正面朝上，　4枚反面朝上
　　　　　　　　1枚反面朝上　　2枚反面朝上　　3枚反面朝上

　　现在我们探讨的问题已经转变成了一组叫作二项分布（binomial distribution）的概率模型。简单地说，选取一个只有两种互相对立的结果的事件（比如正面或反面，赢或输，1或0），重复事件若干次，并计算每个结果发生的次数，就是二项分布试验。在研究这个数学的分支理论时，我们看到了两个明显的趋势。

　　第一个趋势是，随着硬币数量的增加，复杂性会剧增。一枚额外的硬币会使可能的结果数量翻倍，从2到4，再到8，再到16。但这只是个开端。如果是10枚硬币，就会有超过1 000种可能。如果是50枚硬币，我们将面对的是2^{50}个可能的结果：超过1 000万亿。这种剧烈的增长模式被称为组合爆炸（combinatorial explosion）——物体数量的线性增长导致它们组合方式的数量呈指数增长。看似简单的一把硬币，却能产生不计其数的变化类型。

　　第二个趋势则指向了另一个方向：复杂性激增，但极端情况会消失。上面提到的四枚硬币只产生了2个"极端"结果（全部正面朝上或全部反面朝上），另有14个"普通"结果（有的正面朝上，有的反面朝上）。我们抛的硬币越多，极端情况出现的可能性就越小，当硬币足够多时，我们就会发现自己身陷"正面朝上和反面朝上数量几乎相等"的沼泽中不能自拔。

硬币的数量	可能出现的结果总数	"极端"结果出现可能性（正面朝上的概率大于 75% 或小于 25%）
1	2	100%
5	32	37.5%
10	1 024	10.9%
20	100 万	4.1%
30	10 亿	0.5%
40	1 万亿	0.2%
100	100 万万万万万亿	0.000 06%

出现这一结果的原因很简单。普通的结果之所以普通，正是因为实现它们的方式很多。相较之下，极端的结果之所以极端，正是因为它们太单一，只能通过非常少的方式实现[3]。

当我们抛 46 枚硬币时，在所有的组合方式中，只有一种能够实现全部硬币正面朝上。

但是，如果你想要 45 个正面和 1 个反面，心想事成的可能性就会成倍地增加：反面朝上的硬币可以是第 1 枚，也可以是第 2 枚、第 3 枚、第 4 枚、第 5 枚……第 46 枚。一共有 46 种组合方式。

如果你期待的是 44 个正面和 2 个反面，那就更容易实现了。反面朝上的硬币可以是第 1 枚和第 2 枚、第 1 枚和第 3 枚、第 1 枚和第 4 枚……第 1 枚和第 46 枚，也可以是第 2 枚和第 3 枚、第 2 枚和第 4 枚、第 2 枚和第 5 枚……第 45 枚和第 46 枚，总共有 1 000 多种可能的组合方式。别急，这还是热身阶段呢。可能性最大的结果——23 个正面朝上和 23 个反面朝上能以 8 万亿种不同的方式出现。

我不是预言家，但如果你抛了 46 枚硬币，我就能预测出以下情况：

1. 正面朝上的硬币为 16 到 30 枚。[4]

2. 你抛出的硬币顺序是独一无二的，在人类的历史上，没有任何一位抛了 46 枚硬币的人曾经掷过和你一样的顺序：这是万年一遇的事件，在人类历史中独一无二。

然而，不知怎的，第一点（你抛出的结果处于所有可能性的中间区域）会让人忽略了第二点（你抛出的结果史无前例）。对我们来说，硬币的顺序是可以互换的，只要那些顺序大致上平衡，我们都不会特别留意，正如我们不会特别记得暴风雪中的某一片雪花一样。

但是，如果我们还想知道这片雪花的具体结构呢？如果每枚硬币的正面和反面都对应着决定命运的路口呢？如果我们不仅要考虑有多少硬币正面朝上，还要考虑到底是哪些硬币正面朝上呢？

那么，在 70 万亿种可能的组合方式中出现的任何一种，都会让我们觉得如此不可思议，它出现的可能性是那么小，简直是一个奇迹。我们目不转睛地看着它，仿佛看着一颗星星从天而降，正好落在我们的手中。那 46 枚硬币是珍稀的瑰宝，珍贵得如同……一个新生的婴儿。

于是，我们要面对的就是本章开头提出的那个难题：遗传学。

我们身体里的每个细胞都含有 23 对染色体，你可以把它们想象成一套 23 卷的配方手册，你的身体就是按照这些手册构建的。每一卷手册都有两个版本：一个来自母亲，另一个来自父亲。

当然，你父母的体内也各有两版手册：一份复制自你的祖父／外祖父，一份复制自你的祖母／外祖母。他们如何决定把哪个版本传给你呢？好吧，我把这个过程戏剧化地简化了——他们抛了一枚硬币，正面朝上，就把祖父／外祖父的基因传给你，反面朝上，就把祖母／外祖母的基因传给你。

你的父母各重复了 23 次抛硬币的过程，选出了每一卷配方手册，最终得到的结果就是⋯⋯你。

在这个简化的模型中，每对夫妇可以产生 2^{46} 个，也就是约 70 万亿个不同的孩子。与抛硬币不同的是，这里的顺序细节很重要。我遗传了母亲浓密的头发和对阅读的兴趣，遗传了父亲的步态和井井有条。如果我遗传了他们其他的特质——比如父亲的卷发和母亲的身高（或者说是母亲的小个子）——那么我就会是一个不同的人，我就变成了我的兄弟姐妹。

在基因的遗传中，"一正一反"和"一反一正"是不一样的，顺序很重要。

这个模型预测了我们会在兄弟姐妹间看到不同程度的相似性。在一种极端情况下，弟弟妹妹每次抛硬币的结果可能都和哥哥姐姐一模一样，虽然这些兄弟姐妹的出生时间相隔了好几年，但本质上和同卵双胞胎无异。

而在另一种极端情况下，弟弟妹妹抛出的硬币没有一枚结果和哥哥姐姐相同，这样的兄弟姐妹就像菲利普·K.迪克在一部惊悚小说里描绘的那样，是基因上的陌生人，他们之间的血缘关系并不比他们父母之间的血缘关系更亲密。

当然，这两种极端情况都是几乎不可能发生的。可能性更大的情况是，兄弟姐妹的 23 对、46 条染色体中，大约有一半（也许多一点儿，也许少一点儿）是相同的。根据我们的二项分布模型，在绝大多数兄弟姐妹之间，相同的染色体有 18~28 条。

兄弟姐妹的相同点

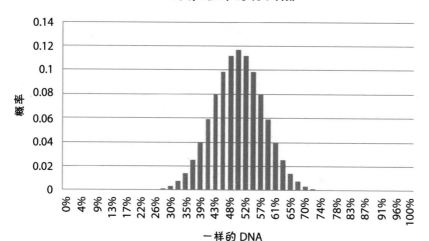

一样的 DNA

事实上，布莱恩·贝廷格（Blaine Bettinger）[5] 在网上专栏"遗传系谱学家"（*The Genetic Genealogist*）中收集了近 800 对兄弟姐妹的数据，结果与我们的粗略预测完全吻合：

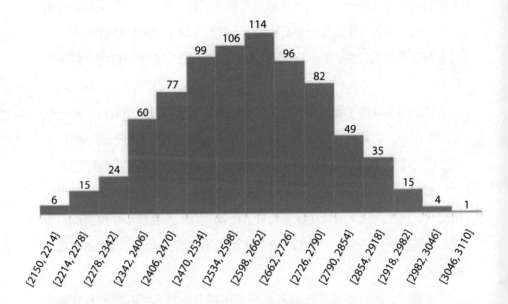

要注意的是，在以上分析中，我剔除了遗传学里一个非常重要的因素：基因互换（crossing over），也叫基因重组（recombination）。这个因素非常重要，所以如果有生物学家正在火冒三丈地撕这本书，我也没什么可埋怨的。

根据我刚才的假设，染色体在遗传过程中是完好无损的，但就像我在教生物的时候说的许多话一样，这并不准确。每对染色体在选择其中的一条进行复制之前，会发生某些部位的拼接和交换——比如，两条染色体可能会互换中间的三分之一。因此，一个父亲遗传给后代的染色体可能主要来自祖父，但它的某些片段可能来自祖母。

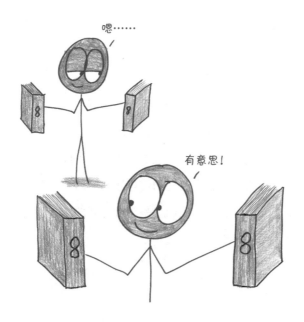

每条染色体在遗传给后代前，大约要经历两次互换[6]。因此，为了提高模型的准确性，我们可以将抛硬币的次数增加到 3 倍（因为两次互换会把一条染色体分成 3 段）。

这会为后代可能性的数量带来什么影响呢？记着，物体数量的线性增长可以导致它们的组合数量的指数增长。所以后代的种类数量远远大于原来的 3 倍。事实上，它从 2^{46}（或 70 万亿）增长到了 2^{138}（这已经无法用汉字表达了）。

简而言之，一个新生儿和一把硬币有诸多相似之处。我当然不是让你把婴儿的生命定价为 0.46 美元。我是想说，你应该感叹，在不起眼的 0.46 美元零钱背后，隐藏着和婴儿诞生一样伟大的奇迹。

　　在探究家族遗传的过程中，你可能会觉得基因的遗传就像液体的混合，比如蓝色和黄色的颜料混匀后得到绿色，但它们不是这样的。家族的遗传就像一沓扑克牌，每张牌代表不同的性状特征，每个孩子的诞生都是再来一局，重新洗牌。遗传学是一场组合的游戏：兄弟姐妹之间的相像程度既有趣又捉摸不定，但都可以追溯到基因的组合爆炸。只要我们抛出足够多的硬币，那些极端的、特别的结果（全部正面朝上或全部反面朝上）就会开始模糊和混合，图表上锐利的棱角逐渐被磨平，变成像人类一般流动的状态。这样就有了我们，我们就是组合计算的结果，是游戏中的一次洗牌，是抛硬币得到的孩子。

第13章

概率在不同
职业中的角色

说人类对概率的理解太"差"未免有些刻薄，而且这种说法把问题简单化了。概率是现代数学一个精妙的分支，概率的世界中布满了悖论陷阱，即使是一个非常基础的问题也可能让专家陷入困境。嘲笑普通人不懂概率就像念叨他们不善于飞行、不能在海里生活或者防火性能不佳一样滑稽。

毕竟，公平地说，人类在概率问题上简直一无是处。

丹尼尔·卡尼曼和阿莫斯·特沃斯基在心理学研究中发现，人们对事件的不确定性缺乏准确的认知，他们常常高估那些小到可以忽略的概率，又低估大到接近必然的概率。

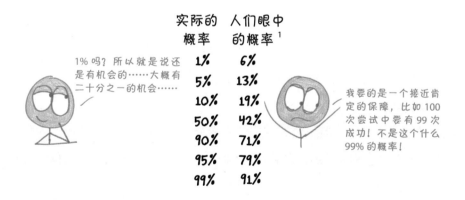

实际的概率	人们眼中的概率[1]
1%	6%
5%	13%
10%	19%
50%	42%
90%	71%
95%	79%
99%	91%

（左）1%吗？所以就是说还是有机会的……大概有二十分之一的机会……

（右）我要的是一个接近肯定的保障，比如100次尝试中要有99次成功！不是这个什么99%的概率！

感觉这也没什么大不了的，对吧？你可能会想，概率真的会影响现实生活吗？我们并没有用一生去追求知识性的工具，这些工具可能会让我们在每一刻都要面对的不确定性旋涡中获得一丝丝安稳。

好吧，保险起见，本章是一篇关于不同的人如何看待不确定性的便携指南。概率很难，但这并不代表我们不能从中得到乐趣。

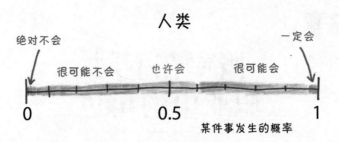

哈喽，人类！你有眼睛、鼻子等各种感觉器官。你会做梦、会笑、会撒尿，当然你不一定是按这个顺序习得这些技能的。

此外，你生活在一个一切都无法确定的世界里。

举个简单的例子：请问你所在的太阳系中有多少颗行星？现在，你会回答说"八个"；在1930年到2006年年初，你的回答会是"九个"（包括冥王星），但如果是在19世纪50年代，你可能会写12本书，分别详细地介绍水星、金星、地球、火星、木星、土星、天王星、海王星、谷神星、智神星、婚神星和灶神星（现在你会将后面四颗称作"小行星"）；如果是在公元前360年，你可能会说出七颗行星：水星、金星、火星、木星、土星、月球和太阳（现在你不会把最后两颗称作行星）。

随着新数据和新理论的出现，你的想法会不断改变。这就是典型的人类行为：当学习和探索知识时，你有很多好想法，但不能保证这些想法会永远正确。你知道，老师、科学家、政治家，甚至你的感觉器官……都可能欺骗你。

概率是不确定性的语言。它会量化你知道的、你怀疑的、你怀疑你知道的和你知道你怀疑的，它用一种清晰、定量的语言表达这些信心的细微差别。至少，我是这么想的……

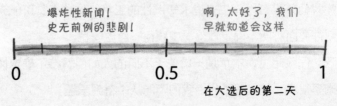

哈喽，政治新闻记者！你的工作是报道即将到来和刚刚落幕的大选。在没有选举的日子里，你也会写些关于"政策"和"治理"之类的文章。

不过，你看起来似乎很困惑——一些几乎不可能发生的事情竟然也能发生。

这个世界以前不是这样的。曾几何时，你会把选举看作充满无限可能的神奇时刻。你故意淡化最有可能的结果，以便制造悬念，让人们觉得每场选举都是靠最后半天的冲刺赢得的。2004 年大选之夜，乔治·W. 布什以 10 万张选票的优势在俄亥俄州选区中领先，这时明明只剩下不到 10 万张选票没有计数，你却说这场选举依然"难分伯仲"。当概率模型算出巴拉克·奥巴马在 2012 年赢得大选的机会高达 90% 时，你仍说这场竞选"胜负难料"。

可是后来，在 2016 年的大选中，唐纳德·特朗普击败了希拉里·克林顿[2]，你的世界观被颠覆了。第二天醒来时，你觉得自己经历了一个量子奇点，就像看到了一只凭空出现的兔子。但对于概率学家内特·西尔弗（Nate Silver）和他的同道中人来说，这只是一个中等程度的意外，一个发生概率为三分之一的事件，就像掷骰子掷到了 5 个点或 6 个点一样，没什么稀奇的。

投资银行家

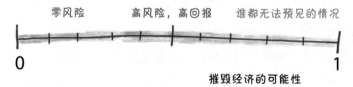

零风险　　　　高风险，高回报　　　谁都无法预见的情况

0　　　　　　　　　　　　　　　　　　　　　　　　1

摧毁经济的可能性

哈喽，投资银行家！你把资产存入银行，也为银行投入资产，你的西装比我的车还值钱。

直到 20 世纪 70 年代，你的工作还相当无聊。[3] 你就是个资金的漏斗，把钱投进"股票"或"债券"。股票惊险刺激，债券平淡无味，而你是人类与它们之间的纽带。

而到了现在，你的工作就和没经过安全检查的过山车一样刺激。从

20世纪70、80年代起，你开始发明复杂的、大家都不太理解的金融工具，尤其不理解的是政府的监管机构。这些金融工具有时会为你带来巨额的利润，但有时又会让你的百年企业轰然倒闭，如同导致了恐龙灭绝的行星一般，给整个经济体留下巨大的创伤。真是惊心动魄！

公平地说，资本配置在资本主义中是一项非常重要的工作，有创造大量价值的潜力。如果你为刻薄的数学老师看不起你的专业而生气，花点时间算算你的工资超过那些刻薄的数学老师的可能性，我想你会发现自己的心情一下子就好起来了。

地方新闻主播

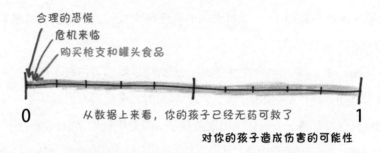

合理的恐慌
危机来临
购买枪支和罐头食品

0　　　　从数据上来看，你的孩子已经无药可救了　　　　1

对你的孩子造成伤害的可能性

哈喽，新闻主播！你有一头漂亮的头发，发音标准，经常需要和搭档开些做作的玩笑。

你也会被一些几乎不可能发生的事情所困扰。

你报道的通常是危险的寒潮、当地的谋杀案、空气中的致癌物，还有会像电影《异形》里的怪物一样粘在宝宝小胖脸上的劣质玩具。表面上，你报道这些是为了向听众提供资讯，但事实上，你这样做不过是为了引起他们的注意。如果你真的希望人们能够提高警惕，关注统计数据中对儿童成长最大的威胁，就应该提醒人们注意枪支和游泳池造成的家庭事故。可你非但没这么做，反而生动地描绘了绑架和鳄鱼攻击这类概率小而又小的事件。你知道，我们无法把注意力从这些可怕的事情中移开——尤其是当它们被人为发酵的时候。

天气预报员

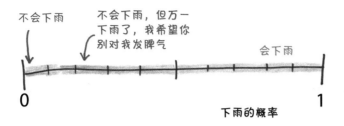

哈喽，天气预报员！作为电视上的天气预言家，你带着坚定的手势播报天气情况，每次播报的结束语都是"现在，我们把现场交回直播间"。

不过，为了避免人们因天气不如意而迁怒于你，你有时候会在概率上做点小手脚。

当然，你是希望实话实说的。当你说有 80% 的可能性下雨时，你说的就是事实：根据以往的统计，80% 的这种日子都会下雨。但当下雨的可能性降低时，你就会把这个数字放大，毕竟你会担心有人在忘带雨伞后将天气的变化归咎于你，甚至在网上吐槽和谩骂。所以当你说有 20% 的可能性下雨时，其实下雨的概率只有 10%，你提高了下雨的概率[4]，从而降低自己遭受网络暴力的概率。

或许有一天，人们能更好地理解概率，你也不再害怕说出真相。人们似乎认为"10%"的意思就是"不会发生"。如果他们接受了它的真正含义（每十次中会发生一次），你就不必对真实的概率守口如瓶，可以诚实地说出实际的概率了。而在那之前，你的天气预报还是只能半真半假。

现在，我们把现场交回读者。

哲学家

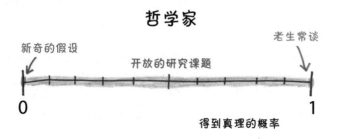

哈喽，哲学家！你是个怪人，读的书奇怪，写的书更奇怪，和你一块儿混迹于酒吧的朋友中既有基督教牧师，也有犹太教教士。

特立独行的你，自然不会被概率吓唬住。

你喜欢把"很可能"留给经验主义者，转而挖掘其他人认为"几乎不可能"的想法，你问的问题和思考的观点都与常人不同，因为这些想法深奥又晦涩，而且还很可能是错的。但这就是你对这个世界的意义所在！在哲学发展的巅峰时期，哲学家带领着人类发现了诸多全新的领域。比如，从亚里士多德到威廉·詹姆斯，心理学发源于哲学。即使在哲学最糟糕的阶段，哲学家的思考和质疑也能激发和鼓舞我们，这是其他学科都无法望其项背的。

《碟中谍》电影中的特工

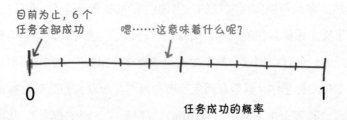

哈喽，《碟中谍》（*Mission : Impossible*）特工！你要完成"不可能的任务"。你是个传奇人物，悬吊在天花板上潜入上锁的金库，戴着吸盘手套攀爬摩天大楼的外墙，向双面间谍解释自己三重间谍的真实身份。

不过，你似乎也不明白"不可能"到底意味着什么。

"不可能"既不代表"像季度收益报告那样规整而无趣"，也不代表"非常罕见""相当困难"或"哟，幸好刀锋停在了离汤姆·克鲁斯眼睛一毫米远的地方"。它的意思是"一丝可能性都不存在"。然而，这种"不可能"却一直在发生。《碟中谍》系列电影的标题有多不诚实，电影主题曲的旋律就有多动听。

不过，你不是唯一犯这类错误的人。这种似是而非的问题在小说界十分常见。《胜利之光》（*Friday Night Lights*）是我最喜欢的电视剧之一，这部剧描绘了得克萨斯州一个小镇的平凡生活，探索了普通人的人性挣扎。然而，即便是在这个看起来可信度很高的故事里，千载难逢的戏码也在每场橄榄球比赛中屡屡上演：长达 80 米的触地传球、球门线上低级失误，或者本该进门的球被横梁弹飞。这不禁让我陷入了思考：到底是我们把不可能的幻想投射到了电视屏幕上呢，还是电视屏幕把这些幻想植入了我们的内心？

"千年隼号"船长

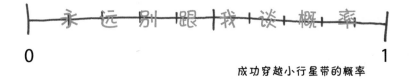

成功穿越小行星带的概率

哈喽，"千年隼号"的船长！你是一方恶霸，却心地善良。你的生活伴侣是一只 2.43 米高、身披弹药袋的太空狗。

还有，你完全拒绝谈概率。

你不是深思熟虑的人。作为一个走私犯，一个帝国杀手，拼的就是速度和蛮勇。你杀害格里多（Greedo）时果断地一击致命，而对手正是死于自己的犹豫不决。你的一生都在枪林弹雨中度过，战场上没有概率学家。对你来说，花费力气去计算概率是一种拖累人的行为，就像允许旁边有个神经质的金色机器人不停地絮叨："天哪！不能这样！""主人，有句话我不知该不该说……"

我想，每个人心中都有你的影子。有条件冷静而仔细地进行评估时，概率对我们很有用，但有时候我们也需要必胜的信念，哪怕这种信念并没有坚实的、可以定量的事实支撑。在需要依靠本能行动的时刻，如果总是受缚于看似可信的概率，我们的灵魂将永远在需要冒险时裹足不前。在这种时候，我们要做的其实是忘掉数字，坚信自己。

第14章

千奇百怪的保险

那些只有你想不到，没有保险商想不到的投保方案

尽管对长大这件事儿有一万个不情愿，画画也依然毫无长进，我终究还是长成了一个大人。长大，就意味着喝不加糖的咖啡，系一本正经的领带，孩子们开始叫我"先生"。还有更让人沮丧的呢：不知道从哪天起，我竟然开始认真考虑买保险了！什么健康保险啦，牙科保险啦，家庭保险啦，汽车保险啦，这可都是我以前不屑一顾的。过不了多久，我可能就要严肃地给领带上一份"擦不掉的咖啡渍险"了。

幸好，我还是从沉闷枯燥的成人世界里挖掘出了一些趣事。比如说，保险销售的不是看得见、摸得着的商品，而是一个心理药方。没错，他们提供给消费者的就是一份心安。就算是我这种没什么远见的家伙，也可以从他们那儿为长远的未来买一份安稳。

无聊的传统保险还是留给大人们去研究吧。在这一章，我们就来看看那些奇特又另类的保险方案。欢迎跟我一起从全新的角度了解保险，探索这个古怪行业中的数学奥秘：买了保险，就能实现双赢吗？我们是不是中了保险公司的圈套？数学会怎样操纵这场保险人和被保险人之间的博弈？当然，讨论保险的同时，我们顺便还可以聊聊橄榄球和外星人。

不论我们如何长大，都应该知道，保险和成长一样，尽管看起来既古怪又愚蠢，但其实很有用。[1]

1. 货船失事保险

一艘船只要在水上航行，就有发生事故的风险。早在 5000 多年前，中国商人就开始用船运货[2]，沿着河岸做生意。如果一切顺利，船和货如期抵达，那自然万事大吉，但如果船在路上遭遇了急流，或是触了礁，船损货毁，那一船货物可就被送到河床里去了，河床当然不会愿意为它们掏腰包。

命运就这样甩出了两张牌：成功，只是稳赚不赔；失败，则面临终极灾难。前者吸引人们加入游戏，而后者会让玩家血本无归。

面对这样的难题时，中国古代的商人是怎么做的呢？

非常简单：分散风险。他们不再用同一艘船运输全部货物，而是把这些货物分成好几份，分别装在不同的船上。如此一来，每个商人在每艘船上的东西都不多，就算有某艘船遭遇了什么意外，也没有人会倾家荡产。通过合作，他们成功地把一个小概率的高风险事件转变成了一个大概率的低风险事件。

这种分散风险的行为可以追溯到人类有文字记录之前。在一个集体中，一人有难，往往众人相帮，因为每个人都知道，自己也会有需要大家支援的那一天。帮助别人通常是举手之劳，付出这一点儿可控的代价就可以有效消除潜在的风险。

现代社会，"团结的集体"已经被"以营利为目的的保险公司"所取代。旧时的社会互助实施原则（比如，绝对不帮那些平时一毛不拔的吝啬鬼）演化成了精确的公式运算（比如，根据不同的危险因素设置不同的保险比例）。就这样，随着历史的推进，社会秩序演变成了数学秩序。

100 个箱子，1 艘船

风险太大了！

损失	可能性
一点儿都没丢	99%
全都丢了	1%

100 个箱子，100 艘船

损失	可能性
没有损失	36.6%
1/100	37.0%
2/100	18.5%
3/100	6.1%
4/100	1.5%
5/100	0.3%

很可能会丢点儿东西，但肯定不会啥都没了

总的说来，现代保险的运作方式和 5 000 年前没什么两样，我们还是会寻找面临着同样风险的伙伴，交换生命中的某些"货物"，互相帮忙装载，分散船只失事的风险。这样，当沿着人生的河流驾船前行时，我们就能心安了，因为没有什么意外会让我们的人生沉船。

2. "国王保障"险

现在，请跟着我一起穿越时空，把目标地点和时间设置为"伊朗，公元前 400 年的波斯新年"[3]。

我们来到皇宫，看到国王在百官和公证人的簇拥下，迎接排成一条长队的到访者。队列中的每个人都带来了一份礼物，这份礼物由专门的会计人员迅速传阅后完成评估和记录。没错，我们正在见证的是最欢乐的庆祝仪式：保险注册。

如果你捐赠的物品价值超过 10 000 达利克①，你的名字就会被记录在一个特别的荣誉账簿上。当有需要时，你将收到 20 000 达利克。尽管捐赠的礼物较小时通常不能得到这样的保障，但仍可能得到可观的回报。比如

————————

① Darics，古代伊朗流通的金币。

那个只捐了一个苹果的穷人，他遇到困难的时候，就可以得到一个装满金币的苹果工艺品。

重点当然不是这个奢华的水果工艺品，而是这一场景可以帮我们从一种更残酷的角度来理解保险：保险就是富人向穷人出售一些对抗风险的恢复力。

当坏事发生在富人身上时，他们能从容应对。如果你是一个国王，一个亿万富翁，或者是山姆·沃尔顿 ① 的孙子，那么你在生病时可以轻松地付清医药费，在车坏了时可以爽快地买一辆新车，然后继续生活。但是当坏事发生在穷人身上时，他们的生活却可能就此分崩离析。他们可能会因为付不起通勤费而失业、负债或在生病时放弃治疗。当不幸来临时，富人可以很快振作起来、渡过难关，而穷人则会深陷苦难的旋涡，再也无法重新站起来。

因此，尽管这样的逻辑有些讽刺，但保险确实就这么诞生了。无力承担风险的穷人通过付钱给富人，从而提高自己对风险的承受能力。

3."天哪，我的员工都中了彩票"险

① 沃尔玛集团的创始人。

这是一个常见的场景：职员们凑钱一起买彩票，期待有一天中奖了就能集体辞职，为了将来不工作，他们共同努力着。假设他们真的中奖了，那可怜的老板会怎么样呢？某天早上醒来，他发现整个部门的员工都突然辞职了，虽然没有天灾，但这样的"人祸"也够呛了。

身为老板却被员工集体抛弃了？不要害怕，还是有解决之道的。

20 世纪 90 年代，超过 1 000 家英国企业投资了国家彩票应急保险计划。[4] 万一员工中了彩票头奖，保险的赔偿将帮助弥补公司的收入损失，并承担新员工招聘、再培训和雇用临时工等费用。

（我认为经营这些彩票的政府也应该出售保险计划。就像哥斯拉保险公司也应该提供哥斯拉喷火险一样。）

你可能也猜到了，期望值是对保险公司有利的，但保险公司的利润一定会让你大吃一惊。[5] 一张彩票中头奖的概率是 1 400 万∶1，而支付比率最高是 1 000∶1。小企业的情况更糟。对于只有两个员工的小企业，即使每个员工都购买了 10 000 张彩票，期望值仍然是不利于企业的。

支付比率	保险范围内的员工数	为了使期望值相等 ↓ 每位员工购买彩票数
$\dfrac{1}{1\,000}$	100	140
$\dfrac{1}{500}$	2	140 000

最好的结果（保费 300 英镑）

最差的结果（保费 50 英镑）

当然了，保险公司不可能只收取和期望值相当的价格。他们还必须考虑自己的成本，更不用说所涉及的风险了。如果将利润率定得过低，那么当有超过理论数量的客户要求赔付时，该保险公司就会面临破产。

　　至于那些忧心忡忡的老板，还有更好的选择吗？如果你不能为这些员工中奖投保，那就加入他们，和他们一起凑钱买彩票本身就是一项保险计划：如果他们赢了，你也会得到一部分的奖金，作为他们离职的补偿。[6]

4."多胞胎"险

　　在我看来，照顾"1 个"婴儿就已经非常累人了，同时生"2 个"婴儿大概就会把家里变成战场，而一次生"3 个"婴儿更是怎么也无法想象的——这是分娩中的天文数字。所以当得知每 67 个孕妇中就有 1 个会生出多胞胎时，我感到很震惊。在英国，和我一样担心生出多胞胎的准父母可以购买"多胞胎"险[7]。

　　根据保险方案的规定，当你生出双胞胎时，保险公司将支付 5 000 英镑。

　　分析师兼个人财务顾问郭大卫（David Kuo）对这个保险计划嗤之以鼻："你还不如把钱拿去赌马。"我明白他的意思：这个计划的期望值非常低。对于一个年龄低于 25 岁且没有双胞胎家族史的母亲，最低保险费是 210 英镑。如果有 100 个这样的母亲买了这个保险，保险公司将可以收到 21 000 英镑，并（很可能）只需要赔付 5 000 英镑。这样的利润率是很可观的，没错，我的意思就是"这些投保的客户就是在浪费钱"。

对于有较大可能性生出双胞胎的父母，情况也好不到哪里去。一个 34 岁且本人就是双胞胎之一的母亲需要支付 700 英镑的保费，而保险的支付比率只有 7 比 1。

此外，如果你接受过生育治疗，或者已经做过了怀孕 11 周的超声波检查，就没有购买资格了。

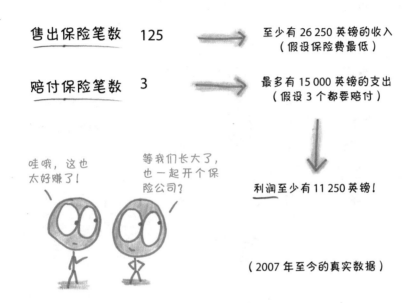

售出保险笔数　125　→　至少有 26 250 英镑的收入（假设保险费最低）

赔付保险笔数　3　→　最多有 15 000 英镑的支出（假设 3 个都要赔付）

利润至少有 11 250 英镑！

哇哦，这也太好赚了！

等我们长大了，也一起开个保险公司？

（2007 年至今的真实数据）

我发现有必要把保险区分成两类：财务保险和心理保险[8]。

常见的那些保险产品——健康保险、人寿保险、汽车保险，等等——可以帮助投保方避免金融危机，属于财务保险。而相较之下，心理保险对冲的风险更温和。就拿旅游保险来说，你可能买得起飞机票（废话，你已经付过了），但如果假期被迫取消，心情一定会不太好。通过抵消经济成本，保险可以缓解不悦的情绪。

尽管这不是一本自助理财书（数学和糟糕的投资建议），我还是要提出一条建议：要警惕心理保险。

想象一下，如果多胞胎保险公司提供了一系列其他计划，你会不会支付 200 英镑投保产后抑郁症？会不会担心孩子会是自闭症儿童，养育的成本更高？会不会担心孩子会患有唐氏综合征或者慢性疾病？每种风险听上去都值得防范。但是如果为每个风险都购买 200 英镑的保险，最终保费的累计成本将超过风险出现时保险公司赔付的金额。如果你能负担得起这么多种保险的费用，那么你本来就能承受它所承保的风险。

还有一个更浅显的例子：对于一件价值不高于 20 美元的 T 恤，只要支付 3 美元，我就可以为其投保。出于保护衣柜库存的心理，你投保了 15 件最心爱的 T 恤。当你的狗或双胞胎孩子咬烂了其中一件时，我会快递一件新的给你替换。然而，如果这种情况每年只会出现一次，你将为不超过 20 美元的服务支付 45 美元，那为什么不把钱留着，直接再买一件 T 恤呢？

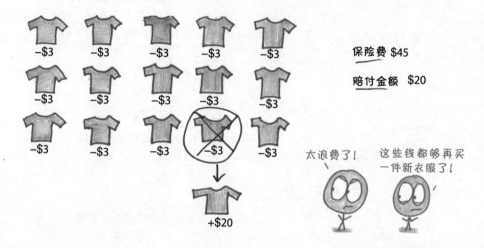

这就是所有心理保险的基本问题：为什么要花这么多钱来规避一个自己原本就能承受的风险呢？

5. "外星人绑架" 险

1987 年，佛罗里达州一个叫麦克·圣·劳伦斯（Mike St. Lawrence）的家伙推出了一项价值 19.95 美元的外星人绑架保险[9]。它提供了 1 000 万美元的理赔金额，按每年 1 美元的保险费用支付（直至保费付满或参保人死亡，以先完成者为准）。它还为被绑架者的亲属提供"精神治疗"和"终身陪护"的服务（"仅限于直系亲属"）。这个保险的口号是："放开我——我买保险了。"如果申请者被问到"你是认真对待这个保险的吗"或者"你父母结婚前有亲戚关系吗"时的回答为"是"，就会被这个保险方案拒绝。这个保险的讽刺意味实在是明显。

但后来，一家英国公司开始正经地销售外星人绑架保险。[10] 他们很快就售出了 37 000 笔保险费为 100 英镑的绑架险，然后（惊喜地发现）一笔都没有赔付！这就是将近 4 000 000 英镑的纯利润。一位管理合伙人表示："我从不担心那些意志薄弱的人不愿意花钱。"

这个愚蠢的故事指向了一个真正的危险：心理保险会很快变成纯粹的掠夺。在我们购买恐惧的防范措施时，我们也从保险公司那儿买来了恐惧。

6. 挂科险

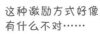

如果你在加州大学伯克利分校攻读数学博士学位，就要参加一场叫作"Qual"的高难度资格考试，在"Qual"中，你得独自面对三位专家教授长达三个小时的口头提问。虽然考试的准备过程很累，但通过率很高——至少有 90%——因为只有当你准备好后才会安排考试。专家教授和你一样，都不希望你再来补考一次。

因此，"Qual"考试的失败符合以下标准[11]：（1）概率很低；（2）给人带来痛苦；（3）很多人都要参加这个考试；（4）存在一定的随机性。看起来，投保的时机似乎成熟了。

什么时候该卖保险呢？

保险企业家的清单

嗯……"电视剧烂尾"险怎么样？

1. 风险发生的概率很低。

发生的概率没有我想象的低。

2. 风险给人带来痛苦。

毫无疑问。

3. 很多人都面临这样的风险。

好几百万人！

4. 风险存在一定的随机性。

不，它集中在喜欢过度夸大的人群身上。

一些博士生提出了一个主意：每位考生支付5美元到一个共用账户中。如果有人没通过考试，钱就都给没通过的人。而如果每个人都通过了考试，大家就用这些钱喝一轮庆功酒。

是不是研究生设计的每种金融工具最后都会以某种方式在酒中把作用发挥得淋漓尽致呢？或许这才是最好的心理保险吧。

7."一杆进洞奖"险

这类华而不实的比赛大概是非常有美国特色的了：奖励 1 万美元的半场投篮，奖励 3 万美元的掷骰子，奖励 100 万美元的一杆进洞。当商家推出这样的促销噱头时，风险是微乎其微的。

也许有人会赢。

但事实证明，这样的市场就是最理想的卖保险情况。作为概率商人，保险公司的偿付能力依赖于精确的计算：在发生概率为 $\frac{1}{100}$ 的事件中，50 比 1 的支付比率就能使他们保持盈利；而在发生概率为 $\frac{1}{50}$ 的事件中，100 比 1 的支付比率会让他们破产。对于家庭、生命和健康保险来说，保险精算的复杂性相当高，保险公司很容易计算错误。

但上述奖金呢，就完全没问题了！

还是以一杆进洞为例。业余高尔夫球手大约在每 12 500 次尝试中才能成功 1 次，所以当奖金是 1 万美元时，组织比赛的公司在球手的每次参赛上平均花费 0.8 美元。某公司向球手收取参赛费 2.81 美元 / 次，获得了可观的利润。这家公司同时还为 100 万美元的一杆进洞奖购买了 300 美元的保险[12]，这对双方来说都是一笔不错的交易：该公司的风险被分担，而保险公司的预期价值成本仅为 80 美元。

这家公司还为 NBA 球迷的 1.6 万美元半场投篮奖金购买了 800 美元的保险。除非球迷获胜的概率超过 $\frac{1}{50}$（相当于 NBA 球员在比赛中的水准），否则对于投保公司和保险公司来说依然是一笔划算的交易。也可以看看哈雷戴维森公司（Harley-Davidson）的例子，如果顾客能掷出 6 个字母骰子，正好拼出 "H-A-R-L-E-Y"，就能得到 3 万美元的奖金，而这家公司为这 3 万美元购买了保险。每个参赛者的期望值仅为 0.64 美元，而公司向他们每人收取 1.5 美元。这比其他的保险精算简单多了。

陪付的概率	$\dfrac{1}{12\ 500}$
陪付比	$\dfrac{1}{3\ 500}$
陪付的概率	$\dfrac{1}{200}$
陪付比	$\dfrac{1}{50}$
陪付的概率	$\dfrac{1}{46\ 656}$
陪付比	$\dfrac{1}{20\ 000}$

但这种保险也不是毫无风险的。2007 年，波士顿地区的零售商乔丹家具进行了一场很有吸引力的促销活动：如果红袜队能在 10 月举行的世界职业棒球大赛蝉联冠军，那么顾客在 4 月或 5 月购买任何沙发、桌子、床或床垫的钱将全额退还。在这个活动中，销售量接近 3 万件，销售额约为 2 000 万美元。[13]

最终，红袜队真的赢了。在乔丹家具工作的红袜球迷也兴奋不已，毕竟他们买了保险。

而保险公司的人呢？当然不高兴了。

8.“婚礼变心”险

现在请和我一起做个心理试验。一个陌生人递给你一枚硬币，你抛出它后隐瞒了结果，请问正面的概率是多少？

- 路人甲：“我不知道……50%？”
- 那个给你硬币并知道它被动过手脚，可能会偏向正面的人：“70%！”
- 偷偷看过了一眼结果的你：“100%。”

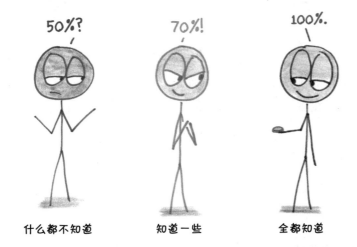

大家说得都没错。不确定性是对知识的一种度量，每个人都对自己已知的信息给出了合理的考量和分析。事实上，每一种可能性都应该加上一个脚注：“就我所知。”

这种动态的不确定性可能成为保险公司的噩梦。如果他们是随机的路人，而买保险的人却偷偷看了一眼硬币呢？

Wedsure 婚礼保险公司为各种各样的婚礼失败提供保险[14]：损坏的新娘礼服、被盗的礼物、未到场的摄影师、集体食物中毒等。但他们最吸引人眼球的保险方案也是出现问题最多的：“婚礼变心”险。

1998 年，一位记者问这家公司的老板罗布·纽克西奥（Rob Nuccio），

如果有人知道这两个人不应该结婚的原因，现在就说出来，或者永远放弃你的保险索赔。

是否考虑为因后悔而取消的婚礼提供保险方案。对方笑答："这太容易让我们被结婚的双方骗保了，如果你心里存在这个问题，那就不要结婚。"然而，2007 年他改变了主意，提供了这样的保险：在至少提前 120 天通知的情况下，向第三方（而非夫妇本人）提供保险赔付。[15] 但纽克西奥说："一个问题出现了，新娘的母亲向我们提出索赔要求，但她事先就知道她的女儿不宜结婚。"不用说，每个母亲都比保险公司更了解自己女儿的心事，她们偷看了那枚硬币。这件事发生后，纽克西奥将时间范围的要求扩大到 180 天，后来又增加到 270 天，最后定为 365 天。

这是保险公司最常遇到的核心问题，购买保险的人通常知道保险公司无法知道的细节。对此，保险公司有五种可能的解决方案：

1. 将利润率设置为高于正常水平。

2. 采取详细的应用规程弥补双方对细节了解的差异。

3. 同时提供便宜的低覆盖选项和昂贵的高覆盖选项，高风险人群自然会被后者吸引。

4 . 比客户更了解所投保的风险。[16]

5. 停止为这种风险投保。

9. "保险公司"险

什么意思？你不付钱？我可是买了保险的！

嘿，我们也想不到你和邻居的家都会在同一天被飓风摧毁啊！

和投保人的信息不对称让保险公司感到担心，但还不至于让他们夜半惊醒。保险公司真正的噩梦其实是：依赖。

再回想一下中国商人，他们把商品分散在一百艘船上。但是如果沉船事故不是一个个地发生，而是一起发生呢？如果 99% 的日子里没有船沉，而在 1% 的日子里所有的船都沉了呢？那么保险就失去作用了，我们面临的个人风险无法通过再分配而减轻。每个人都拿着一张糟糕透顶的彩票去交换另一张同样糟糕的彩票。命运碎片的交换变得毫无用处，当我们倒下的时候，大家都会一起倒下。

这是依赖。对保险公司来说，这是万劫不复的深渊。例如，卡特里娜飓风一次造成了 410 亿美元的损失，远远超过当年约 20 亿美元的保险费。在这种情况下，所有鸡蛋都放在一个大篮子里，保险公司面临的风险和被保险人是相同的。

解决这一问题的办法是继续扩大交换命运的规模：保险公司也购买保险，这就叫作"再保险"[17]。来自不同地区的保险公司看上去是在交易资产，实际是在交换客户，这样使一个地方的公司可以建立起一个分散的风险投资组合。

因此，如果你的财富分散到一百条船上还不足以对抗风险的话，试试将它们分散到一百条河上。

10."大学橄榄球运动员退步"险

再来一次角色扮演吧：你是一个大学的橄榄球明星，球迷在赤裸的胸膛涂上你们球队的颜色，你拥有的技能价值数百万美元。但你并不能一次得到自己所价值的报酬，而且你随时可能因为受伤而开始走下坡路。这就像你的身体是一张中了头奖的彩票，但你却不能马上把它兑换成现金，要把它扔进洗衣机里洗几次，还得祈祷彩票上的中奖号码不要褪色。

孩子，你打算怎么办呢？

你可以为让你结束职业生涯的伤病投保[18]，但这还不够。如果伤病只是阻碍了你的职业生涯，却没有结束它呢？如果它使你错过首轮选秀（签700万美元合约），成为第六轮选秀的球员（签100万美元合约）呢，你该怎么办？超过80%的薪酬会化为乌有，而由于你的职业生涯还没结束，前期支出的昂贵保险费（每100万美元的保险费用是1万美元）也毫无用处。

这就是顶级球员开始购买"身价降低"保险的原因。[19]尽管它并不便宜，赔付金每增加100万美元，保险费将增加4 000美元。但考虑到高价值的前景，这是非常值得的，比如橄榄球角卫伊夫·埃克普－奥洛姆（Ifo Ekpre-Olomu）和近端锋杰克·布特（Jake Butt）[20]都得到了赔偿。毫无疑问，以后还会有更多球员通过这一保险得到赔付金。

11. 健康险

我把最特别的保险产品留到最后：健康保险[21]。

这有什么特别的呢？首先在于它的复杂性。免赔额、保险范围限制、既有病症、自费比例、可变保费……尽管它不像脑外科手术那么复杂，却事关脑外科手术的资金来源，因此同样令人如履薄冰。其次，随着医疗水平和对健康预测能力的提高，医疗保险能否继续发挥作用，本身就是一个令人头疼的问题。

看看这个简单的医疗保健模型：假设我们每人抛 10 枚硬币。如果你得到的结果是 10 个都正面朝上，那么你就患上了可怕的"10 个正面病"，这种病将需要 50 万美元的医药费。

每个人患上重病的概率约是千分之一，但如果每人都拿出 800 美元来买保险，问题就解决了。对保险公司来说，这就意味着在每 1 000 人中可以收取 80 万美元，但只需要支付 50 万美元。保险公司从中获利，而我们通过购买保险实现风险对冲，可以有效地防止个人破产。这是个双赢的局面。

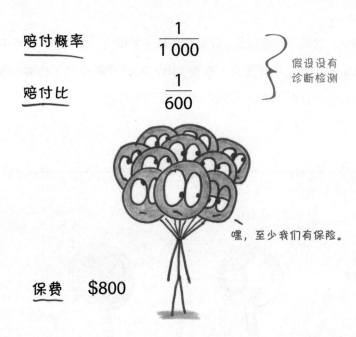

但是，如果我们知道了更多关于健康的信息呢？如果在决定是否购买保险计划之前，我们可以先看一下前 5 枚硬币，会得到怎样的结果呢？

现在，每 1 000 人中大约有 970 人至少看到了 1 个反面朝上，他们松了一口气：安全了，没有购买保险的必要。但是剩下的 30 个人紧张了起来，他们其中有一个人可能患有可怕的疾病，这 30 人预计总共将支出 50 万美元。即使重新平均分配成本，每人仍要承担上万美元的损失。这样的保险不再能够提供任何安心了。

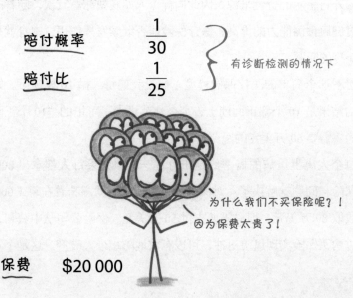

当我们看到前面 5 枚硬币时，我们的不确定性降低了，而不确定性降低到一定程度时，保险就会崩溃。如果我们事先知道谁会遭受损失——谁的船会沉没，谁的员工会中彩票，谁会受伤、最终无法进入全美橄榄球联盟（NFL）——那么保险就不会存在了。因为只有真正会遭遇损失的人愿意一起分担风险。

在现代医疗系统中，这样的问题正在逐年显现，基因检测和统计学的发展正在威胁着保险的基本逻辑。

针对这个问题，我想不到行之有效的对策。如果将保险费根据不同客户的患病概率进行个性化设置，那么有些人只需支付几分钱，而另一些人的保费几乎与医疗费用一样高，但如果向每个人收取同样的费用，就将原本用于对冲个人风险的互惠项目变成了补贴特定人群的集体慈善项目，这很难让投保人接受。这也是美国的医疗保健制度仍然存在这么大争议的原因之一。

作为一名教师，我倾向于认为所有的知识都是一份礼物。但保险让情况变得复杂起来。对命运的无知会迫使人们互相合作、共同对抗命运，我们就是这样在不确定性中建立了民主制度的，而现在，新的知识和信息如洪水猛兽般威胁和冲击着这种平衡。

第 15 章

如何用一枚骰子
击溃全球经济？

1. 见鬼的招聘会

2008 年 9 月，对我来说，可以到处蹭吃免费比萨饼的大学生活到了最后一年。我多少还是知道大学毕业后，只有有了工作和薪水才能买到比萨饼的，于是决定参加一年一度的招聘会。在往年的招聘会上，学校的体育馆里总会摆满雇主的摊位，并提供免费赠品（这个比较吸引人）和工作的申请机会。

然而，当我到达招聘会现场时，我的眼前是一个空荡荡的体育馆，就像一个鬼城。投资银行突然一致认为，现在或许不是招聘的好时机。

我知道这是为什么。一个月前，全球金融系统冻结，出现大片死机，而且仍未重启成功。华尔街上演着莎士比亚悲剧的最后一幕：拥有百年历史的金融机构蒙上了尘埃，剑插在其中，发出喘息的死亡独白。记者们的报道充斥着诸如"最糟糕""衰退""自大萧条以来"这类的字眼，就连比萨饼皮都沾染了焦虑的气息。

在这一章中，我们将进入关于概率的最后一课，这可能是最难的一课。许多想成为概率学家的人都喜欢"独立"这个诱人的概念，把我们的世界想象成独立事件的集合。但如果概率要面对世界的不确定性，它就必须面对世界的互联性：包括这个世界的叙事线索和因果链。

举一个简单的例子：掷两个骰子后得到的两个数字之和，与掷一个骰子再将数字翻倍有什么区别？

在这两种情况下，最后得到的数字都是最小为 2（两个 1），最大为 12（两个 6）。

对于两个独立的骰子，极值只能以少数的几种方式展开（例如，只有两种组合能得到 3），而中间值可以以多种方式展开（例如，有 6 种不同的组合可以得到 7）。因此，中间值更有可能出现。

那么，如果只投掷一个骰子再将数字翻倍会怎样呢？现在，"第二轮"翻倍得到的数字完全取决于第一轮投掷的数字，我们眼前是伪装成两个事件的单个事件，极值出现的概率和中间值出现的概率是一样的。

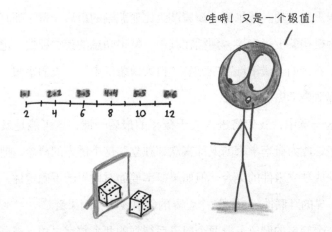

两种投掷方式的差别显而易见，独立事件突出了极值的特别性，而非独立事件则放大了极值的概率。

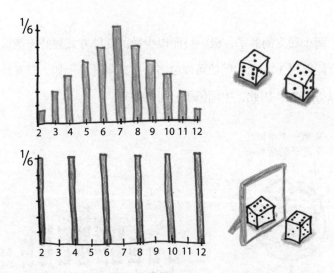

再进一步来看，我们把骰子的数量从 2 个增加到 100 万个。现在，结果的范围变成了从最小的 100 万（所有骰子都掷出"1"）到最大的 600 万（所有骰子都掷出"6"）。

如果每个骰子掷出的结果都独立于其他 999 999 个骰子，会怎样呢？我们会发现自己处于长期稳定趋势的世界中，兴奋的 6 和失望的 1 出现的比例相等。此外，所有骰子的总和极有可能正好落在中间，而不是两个极端。更确切地说，有 99.999 999 5% 的概率落在 349 万到 351 万之间，但几乎不可能得到最小值 100 万，这个概率小于"天文数字"分之一。

但是，如果我们不是掷 100 万个骰子呢？如果我们只掷一个骰子，然后将它的值乘以 100 万，结果会怎样？由于第二个步骤完全依赖于第一个步骤，无法提供任何概率的平衡，我们还是会得到随机的结果。在这个方案中，得到最小值 100 万就不是"猪会飞"的荒谬命题了，得到 100 万的概率高达六分之一。

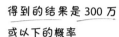

嗯……非常稳定。

得到的结果是 300 万或以下的概率

100 万个独立的骰子

如果真的发生了，这会是宇宙历史中最罕见的事。

一个骰子的数字乘以 100 万

$\dfrac{1}{2}$

太不稳定了！

保险、多样化投资组合和篮子里鸡蛋的配置都依赖于同一个基本原则：通过组合事件来克服风险。只买一只股票是一场赌博，将多只股票组合起来，就得到了一项投资。

但这一切都取决于独立性。如果把鸡蛋分散在几个篮子里，却把篮子捆在一起，再装到同一辆小货车上，这样的组合就毫无意义了。现实世界中的事件是互相关联的，是无数个反馈回路和多米诺骨牌的集合，因此存在很多极值。在这个世界上，招聘会要么像节日，要么像葬礼，二者之间几乎没有交集；所有银行要么一起蓬勃发展，要么一起突然倒闭。

2. 万物皆有价

快问快答：华尔街银行的基本业务是什么？[1]

    A. 通过资本的智能配置推动世界经济发展

    B. 用从工人阶级口袋里抢来的血汗钱购买意大利西装

    C. 为商品定价

如果你的答案是 A，那么你应该是在华尔街工作。（嘿，这西服不错！是在意大利买的吗？）如果你的答案是 B，那么我很荣幸你在读我的书，桑德斯参议员①。如果你的答案是C，那么你已经对本章的关键主题很熟悉了：金融部门的基本功能是决定事物的价值，这些事物包括股票、债券、期货、网页制作公司的合同、标准巴黎障碍期权、信用违约互换等。无论是要购买、销售，还是在网上搜索这些东西是不是我编造的，你都想知道这些东西的价值，毕竟你的生计就靠它了。

当然，问题在于定价并不容易。

以债券为例。债券就是承诺会把钱偿还给你的债务。假设某人借钱买房，并承诺在五年内偿还 10 万美元。

那么，这张欠条对你来说值多少钱？

好吧，我们从第一项定价挑战开始：为时间定价。在金融行业"把握当下"的逻辑中，今天的 1 美元比明天的 1 美元更有价值。原因有二，首先是通货膨胀（会逐渐降低 1 美元的价值），其次是机会成本（如果明智地投资了 1 美元，下一年就会升值）。粗略估算，今天的 1 美元相当于明年的 1.07 美元。再继续计算下去，一年年累计相乘，你就会发现今天的 1 美元相当于 5 年后的 1.40 美元。

----

① 指伯尼·桑德斯（Bernie Sanders），他信奉社会主义。

N 年后	今天的 1 美元价值
0	$1.00
1	$1.07
2	$1.14
3	$1.23
4	$1.31
5	$1.40

哈。最好现在就能拿到我的钱，这样它们就会增多了。

因此，在 5 年后只能拿回 10 万美元听起来并不太诱人，因为 5 年后的 10 万美元就相当于今天的 7.1 万美元。

这就是债券的真实价格吗？我们的分析是不是到这里就可以结束了，就此摆脱那些讨厌的华尔街气息对我们的影响？唉，才刚开始呢。我们还必须为风险定价：谁欠我们的债，我们能指望他们吗？如果欠债的是一个信用记录完美的双职工中产家庭，那我们还有机会。但是，如果我们的债务人是一个游手好闲的人，比如说，一个对比萨上瘾的刚毕业的大学生，他的爱好是画很糟糕的画，那么我们的债券可能会变得一文不值。

我们该如何调整价格？

非常简单：根据期望值。如果借出的钱有 90% 的概率得到偿还，那么债券的价值就是原来的 90%。

得到偿还的 可能性	10 万美元 债券的价值
100%	$71 000
90%	$64 000
75%	$53 000
50%	$36 000
25%	$18 000
10%	$7 000

非常合理。概率一半时，价格也是一半。

定价的过程还没结束。违约与否，不是非黑即白的，并不意味着债务人要么全部偿还，要么什么也不偿还。在现实中，法院和律师会进行干预，敲定一项协议，让债权人获得欠款的一部分，可能是 1 美元中的几美分，或者是接近全部。这样，我们的债券就像一张高风险的彩票，你要怎么给这么多品种的产品定价呢？

还是要根据期望值，在有理有据地估测 [2] 可能会得到的回报比例后，我们可以想象购买数百万这样的债券，再计算所有这些债券的长期平均值，而不是一味猜测这种债券不得而知的价格。

偿还的百分比	债券的价值	概率		
100%	$71 000	0.5		
80%	$57 000	0.1		
60%	$43 000	0.1		平均值
40%	$29 000	0.1		$50 000
20%	$14 000	0.1		
0%	没有价值	0.1		

现在我们得出结果了，债券的定价应该为 50 000 美元。

在华尔街，给商品定价是基本的日常工作，对金融机构的生存至关重要。然而，数十年来，银行觉得有把握轻松评估的商品基本上只有股票（公司的一部分）和债券（债务的一部分）。各种"衍生品"是不包括在内的，这些"衍生品"既不是股票也不是债券，而是这二者的变种后代。它们游走在金融业的边缘，就像一个坐落在体面银行旁边的小赌场。

20 世纪 70 年代，翻天覆地的变化发生了：定量分析（quantitative analysis）。借助数学建模的力量，数量分析专家们找到了为衍生品定价的方法——即便是那些和苏斯博士（Dr. Seuss）[①] 一样古怪的衍生品。其中最复杂的是 CDO——担保债务凭证 [3]。

---

① 美国著名儿童文学作家，以创作绘本闻名。

虽然它们的种类有很多，但最常见的组成结构是这样的：

1. 将数千份抵押贷款（就像我们之前定价的那份一样）打包成一份。

2. 将这些组合分成几层（称为"部分"），从"低风险"到"高风险"不等。

3. 当获得大量利息时，低风险部分的所有者首先得到利息，高风险部分的所有者最后得到利息。

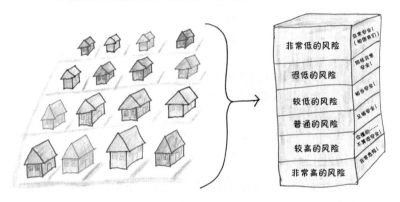

担保债务凭证提供了一份风险和回报的组合菜单，这份菜单可以提供任何口味。你愿意为一个安全的保障额外付出一些代价吗？尝尝美味的最上层吧。想寻找更便宜、风险更高的方案？那就试试最下面这一层的辛辣口味，你会喜欢的。或者，你希望风险和回报介于两者之间？好的，我和主厨说一下，他会准备好的。

投资者们咂巴着嘴，敲着桌子，想了解更多的菜式……直到 2008 年 9 月，他们收到了账单。

3. 房子的问题

让我们回到 1936 年，当时超现实主义画家勒内·马格利特画了一系列名为《房子的问题》的作品[4]。这些草图展示了一些位于特殊地点的房屋：架在树枝上，藏在悬崖的洞穴里，建在巨大的沟壑里。在我最喜欢的一幅画中，一所看起来很普通的房子矗立在空旷的平原上，它的两个邻居是一对巨大的骰子。

（不要被我的艺术才能骗了；这是一份近乎
完美的临摹作品，不是原作）

马格利特的这幅画是什么意思呢？这可是那个曾经画过一只鸟抓住女士的鞋子，并把它命名为《上帝不是圣人》（*God Is No Saint*）的男人，我认为他是在挑战人们把家视为安全象征的想法。我没有故意吓你，但房子是一种危险和不稳定的东西，存在着风险。房子可能是你一生中最大的投资，价格相当于你年薪的好几倍，让你欠下了一辈子的债务。这所房子不是稳定的象征，而是可能性的象征。

在马格利特的视觉双关语出现的 70 年后，华尔街也面临着一个关于债券定价的小问题，问题是确定各种抵押贷款之间的关系。我说过，你和我是独立的个体。如果我欠债不还，也许对你没有影响。然而另一方面，由于我们处在共同的经济形势下，都逃不过经济大衰退，正如我们摆脱不了夏季流行歌曲一样。所以，如果我欠债不还，就意味着你可能也有危险。用华尔街的话来说，问题在于这样欠债不仅是一种特殊风险，还是一种系统性风险[5]。

我们的房子是成千上万个独立的骰子吗？还是它们就是同一个骰子，只是上面的数字被两面相对的镜子反射了几千次？

想象一下，有一个债券（按现实世界的标准来看很小）是根据我们此前讨论的 1 000 种抵押贷款构建的。因为单价为 5 万美元，所以 1 000 种抵押贷款的总价应该是 5 000 万美元。

现在，如果各项抵押贷款是独立的，华尔街的精英们就可以安心睡觉了。当然，我们的投资有可能比预期低 100 万美元，而损失 200 万美元的可能性非常小，500 万美元的损失则是几乎不可能的，其概率小于十亿分之一。如果这样的独立性是稳定的，就几乎消除了灾难性损失的可能性。

如果完全独立……

啊，这么稳定真好。

投资价值	最终价值不高于投资价值的概率
4 900 万美元	13%
4 800 万美元	1%
4 700 万美元	0.02%
4 600 万美元	0.000 08%
4 500 万美元	0.000 000 08%

而反过来想，如果所有房子都和某一次投掷骰子的结果相关联，那么华尔街的精英们就将浑身冷汗、夜夜噩梦了。不难想象，不久前的稳定局面会在刹那间变得非常危险。在这笔交易中，我们的投资损失近一半的概率高达三分之一，而损失一切的概率达到了可怕的十分之一。

如果完全非独立……

事情可能会很糟，非常糟。

投资价值	最终价值不高于投资价值的概率
4 300 万美元	40%
2 800 万美元	30%
1 400 万美元	20%
0	10%

当然了，这两种假设都不太符合现实。我们的生活既不可能和别人始终同步，也不可能完全独立，连屋外的天气都和邻居不同。相反，我们的生活介于两者之间，我们和其他人的未来微妙地交织在一起。很明显，当我们之中有人欠债不还时，其他人欠债不还的可能性会增加——只是会增加多少？又是在什么条件下增加的呢？这些是概率模型可能面临的最微妙的挑战。

如果部分非独立……

投资价值	概率
？？？	？？？
？？？	？？？
？？？	？？？
？？？	？？？

对此，华尔街提出的解决方案之一就是臭名昭著的"高斯连接函数"（Gaussian copula）[6]。这个函数衍生自人寿保险的计算公式，原本用于校正一对夫妻中一方在另一方死亡后幸存的概率，用"房子"代替"配偶"，用"欠债不还"代替"死亡"，就得到了一个计算抵押贷款之间依赖关系的模型。

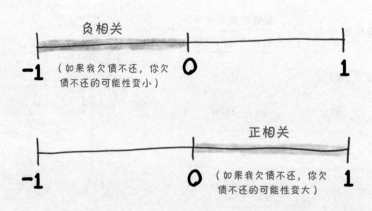

负相关
−1 （如果我欠债不还，你欠债不还的可能性变小） 0 1

正相关
−1 0 （如果我欠债不还，你欠债不还的可能性变大） 1

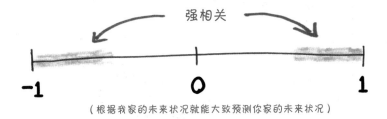

（根据我家的未来状况就能大致预测你家的未来状况）

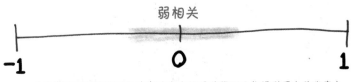

（我家的未来状况对于你家的未来状况的预测只能提供很少的线索）

这个函数公式用一个数字来表示两个抵押贷款之间的关系：−1 和 1 之间的相关系数。

值得肯定的是，连接函数是一种巧妙、简单而优雅的数学方法。然而，全球经济却并不是这么简单的，通过事后分析，连接函数（以及类似的方法）的缺陷显而易见。

首先，数据是片面的。华尔街的电脑里有的是各个城市的房价数据表，但大部分的数据都是最近同一时期的数据，碰巧在此期间房价稳步上涨。而这些模型大大提升了华尔街精英的信心，仿佛他们已经完成了整个美国房地产历史的研究。事实上，他们看到的不过是同一个骰子掷出的数字乘以 100 万后的结果罢了。

其次，这个函数模型原本是为夫妻建立的（因此英文为 "copula"），但是房子和夫妻不同，并不是成对的，而是以松散的全国性市场的形式存在。一个单一的变化，比如当飙升的房价跌至谷底，就可以同时影响到这个国家的每一笔抵押贷款。当所有房子的命运以若隐若现的巨型多米诺骨牌的形式存在时，只担心一个多米诺骨牌会撞倒它旁边的邻居是非常愚蠢的。

你最好别撞到我！

嘿，你才别撞倒我！

最后，如果你对统计学词汇有些了解，就会特别警惕"高斯分布"（正态分布）这个术语。在数学中，当你把许多独立的事件相加时，这个词就会出现，但这就是问题所在——这些事件不是独立的。

在以上所有方面，华尔街都忽视了马格利特所看到的风险，最终导致了一场这位画家从未料想过的超现实灾难。不过，我们还没讨论到这个问题最糟糕的部分。尽管定价失误的债务抵押债券价值高达数万亿美元，造成了惨重的经济损失，但仍不足以解释 2008 年 9 月的金融危机。究竟是什么导致了金融危机的全面爆发？致命的那一拳来自何处？这其实是一个范围更大的概率失败案例。

4. 要么加倍、要么归零的 60 万亿美元

如果你读过上一章，你就会知道为整个家庭的幸福和欢笑购买保险是有意义的。我不能承受失去房子的痛苦（否则比萨饼要送到哪里？），所以我愿意每个月支付一点儿额外的费用，这样如果房子不幸被烧毁，我还可以得到一大笔钱。通过为房子投保，我消除了自己面临的风险，保险公司实现了盈利，又是一个双赢的交易。

但是，我想到一个奇怪的漏洞：如果你给我的房子投保怎么办？

你可以按我说的试试，平时定期支付小额款项，当灾难发生时，就会为你带来一大笔意外之财。这复制了保险的金融结构，但和保险的目的却不同，这只是一场赌博，一场非赢即输的零和游戏。如果我的房子被烧毁，就是你赢；如果我的房子安全，保险公司就会赢。更奇怪的是，如果成千上万的人都这么做，每个人都为我的房子买保险，那么一旦我的房子被烧毁了，他们是不是都躺赢了呢？

你的房子看起来不错。

如果发生什么意外的话，就可惜了。

嘿，孩子们，需要火柴吗？

如果真是这样，当我开始收到匿名的礼物时，比如便宜的鞭炮和手榴弹，我可能会惴惴不安。但在这种情况下，我不是唯一一个辗转反侧的人：保险公司甚至比我更害怕。如果我的房子被烧毁了，他们就只能手捧灰烬，准备支付巨额的赔偿款。

这就是为什么没有保险公司会同意这种情况。95% 的轻松获利机会无法抵消 5% 的彻底破产概率。

可惜没人向华尔街的精英们指出这一点。

对华尔街来说，厄运伴随着三个字母的首字母缩略词：CDS。它代表"信用违约互换"（credit default swap）[7]，大致上可以看作一种 CDO 的保险方案。由客户定期支付适度的费用，只要 CDO 继续支付利息，就什么都不会发生，但当抵押贷款违约达到一定数量时，CDS 就意味着一笔巨额的支出。

到目前为止，一切都很合理。但猜猜华尔街接下来都做了些什么？他们为每一个 CDO 都出售了数十个 CDS。这和用同一栋房子卖了几十份保单几乎没有区别，当然，上面的金额要比房子的保单大得多。到 2008 年年初，这一数字已经达到 60 万亿美元，大概相当于全球的生产总值。

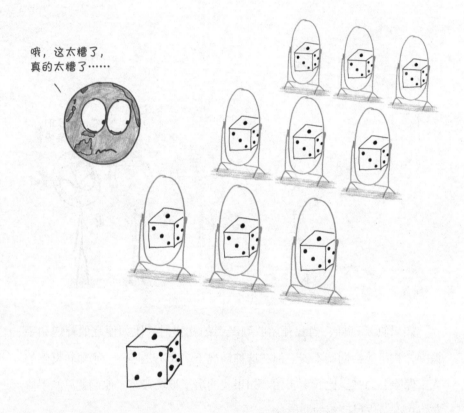

现在我们来快速回顾一下，CDO 原本设计的目的是实现 100 万个骰子投掷结果的稳定性，而实际上，它们却体现了单个骰子投掷结果的脆弱性。CDS 不断地翻倍，直到这场赌博的规模大到足以危及整个世界经济。这一切自然引发了一个问题：

华尔街的精英怎么会这么愚蠢呢？[8]

你从最顶尖的大学里招聘到最优秀的人才，为他们购买价值百万美元的超级计算机，给他们支付丰厚的薪水，让他们每周工作 90 个小时……可是当你走进办公室时，却发现他们在一边尖叫，一边把叉子塞进墙上的插座里？

我希望我能将这些"独立 VS 非独立"的错误当作一次性的异常情况，只属于 CDO 和 CDS 的特殊情况。但天不遂人愿，事态是非常严峻的，这种错误一直延伸到金融市场的核心。

5. 我们都将化作灰烬

冒着被称为新自由主义的"托儿"的风险，我要阐述自己的信念：市场经济是一种非常好的经济体制。我还要再说得更进一步：它的运行和调控真的很有效。

比方说，这个星球上恰好有一种叫作"苹果"的美味水果。我们应该如何分配它们？如果农民种的苹果比消费者想要的多，我们会发现成堆的美味苹果腐烂在街头。如果消费者想要的苹果比农民种的多，我们就会看到陌生人为了抢到最后一个苹果打得不可开交。然而，尽管困难重重，我们还是设法种出了适量的苹果。

这其中有什么诀窍吗？诀窍就是价格。虽然我们认为价格决定了我们的行为（"太贵了，所以我不会买"），但事实正好相反，我们每个人的选择都会对价格产生微小的影响。如果有足够多的人拒绝购买，价格就会下降；如果有足够多的人拒绝出售，价格就会上涨。价格是我们所有独立判断和决定的总和。

因此，与其他独立事件的总和一样，价格往往会产生平衡、稳定、合理的结果。亚里士多德称之为"群体的智慧"[9]，亚当·斯密称之为"看不见的手"，我把它叫作"独立的骰子又来了，但是这次，骰子是我们自己"。

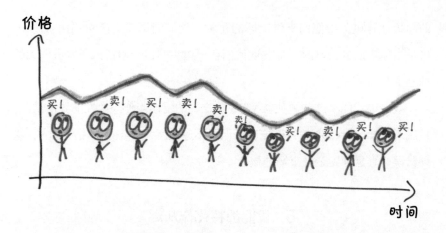

理论上，市场既然对苹果有用，对 CDO 也应该有用。有些人会高估它们的价值，而另一些人会低估它们的价值。但最终，一个充斥着独立投资者的市场将推动价格走向稳定的均衡状态。

但还有一个问题：绝大多数时候，投资者的行为往往不像数百万个独立的骰子，而更像是一个骰子乘以数百万倍。

以 1987 年的股市崩盘为例。[10] 当年 10 月 19 日，房价暴跌，跌幅超过 20%。这一切来得毫无预兆：没有撼动市场的新闻，没有引人注目的破产，美联储主席也没有发表："噢，天哪，我现在有点儿慌"……市场就这样崩溃了。直到后来进行了复盘分析，人们才发现一个特殊的触发因素：许多华尔街公司都依赖于同样的投资组合管理基本理论，许多人甚至使用的是相同的软件。当市场下滑时，他们不约而同地出售了同样的资产，导致价格不断下跌，形成了恶性循环。

投资组合管理的全部目的就是通过多样化带来安全，但如果每个人都以完全相同的方式进行多样化，那么最终的市场就不能实现多样化。

如果投资者是自己独立判断价格的，那么每日的价格变化应该遵循钟形正态分布：有时候涨一点儿，有时候跌一点儿，但几乎不会涨得太快或太远。唉，但事实却不是如此。市场的波动大多遵循幂律分布，伴随着偶尔的大幅下跌。在遭遇地震、恐怖袭击以及高度敏感系统被严重破坏时，我们也会使用这一数学模型。

市场的变化并不像许多骰子的数字相加那样随机，而是像雪崩一样随机。

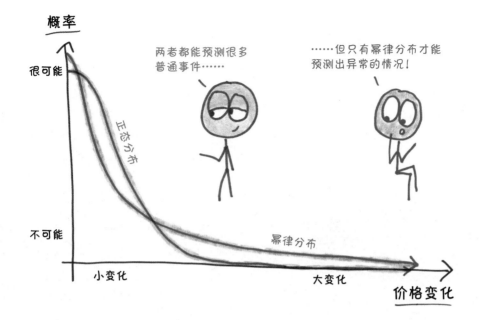

在 2008 年金融危机之前，许多银行都依赖于为数不多的几种模型（如高斯连接函数模型）。他们没有新的见解，而是围绕着一个单一的策略。甚至连评级机构——其目的和职责是提供独立分析——也只是照搬银行本身的说法，也没有独立意见。就这样，裁判成了啦啦队队长。

那么，回到 2008 年 9 月，为什么我到达在体育馆举办的招聘会时，却发现昏暗的体育馆只有一半的摊位有人？换句话说，为什么金融体系会崩溃？

好吧，这是相当复杂的。正如在大多数失败案例中一样，无能是失败的原因之一（只要来我烤面包的现场看看就知道了），但错误的激励、盲目的乐观、赤裸裸的贪婪、令人眼花缭乱的复杂性、政府功能失调和利率也都是原因。这个简短的章节只讲述了故事的一小部分，围绕着一个特定的主题：进行独立假设的危险性在于，有时候非独立性才是真正占据主导地位的。

当非独立性占据了主导地位时，抵押贷款都一起违约，全部的 CDS 都要同时赔付，市场中的参与者围绕着类似的定价策略共同行动。

你想用一对骰子摧毁经济吗？说实话，这很简单。只要骗自己，你投掷的是一百万对骰子，然后把你的财富全部押在这对骰子上。

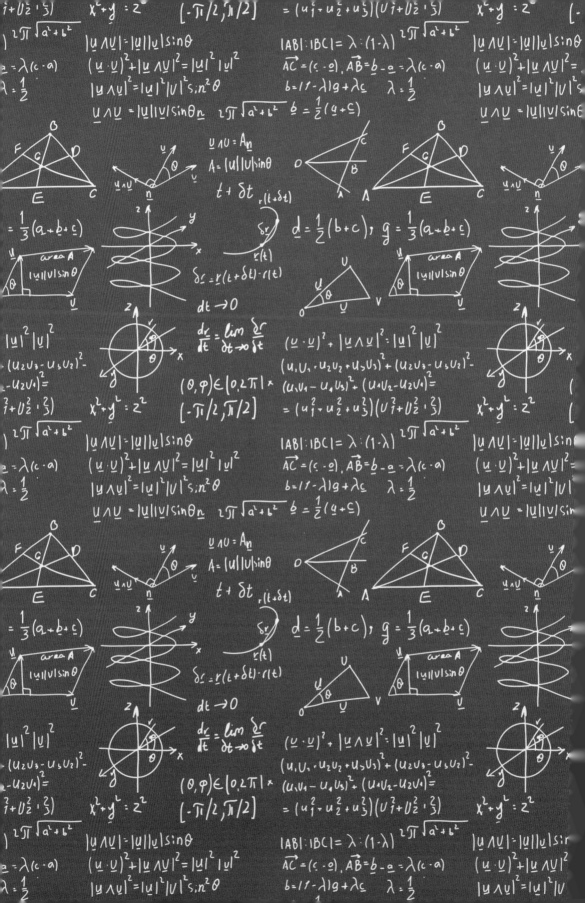

第四部分

统计学：
诚实说谎的艺术

曾经有一项针对医学专业人士的调查[1]，要求调查对象将临床诊断法与统计方法进行对比，以下是他们用来形容这两种不同方法的词语：

临床诊断法的特点包括……

动态的	模式化的	真实的
全球化的	有组织的	生动的
有意义的	丰富的	实在的
整体的	深刻的	自然的
精细的	真诚的	逼真的
容易共情的	灵敏的	能理解的
结构性的	复杂的	

生活是一张网，"存在"就是其中的一条线。

统计方法的特点包括……

机械的	专制的	肤浅的
原子论的	死板的	僵硬的
叠加的	迂腐的	枯燥的
已定的	分裂的	学术的
人造的	琐碎的	伪科学的
不完整的	强迫的	盲目的
不真实的	静态的	

生活不过是在那张叫作"存在"的地毯上的灰尘。

请允许我代表世界各地的统计学家说一句——扎心了。

我承认，整个统计学项目具有某种还原性，会把野性的、不可预测的世界驯服成温顺的一行行数字。因此，以怀疑和谨慎的态度对待所有统计数据是非常重要的。从本质上来说，统计数据是对现实的压缩、截取、提炼和简化。

当然，这确实就是他们力量的来源。

为什么科学论文有摘要？为什么新闻有标题？为什么动作片的预告片会把所有精彩和最炸裂的镜头都剪辑出来？因为简化在生活中是非常重要的，没人有时间整天欣赏现实璀璨的千变万化。因为我们还有很多地方要去，还有很多文章要浏览，还有很多视频要看。我不会为了7月要去一个新城市就去找一本专门描写湿热气候的小说来读，而是会查一下当地温度。这样的统计数据并不是"生动的""深刻的"或"结构性的"（我也不明白这个词是什么意思），但它简单、明了、有用。通过浓缩和简化世界的信息，统计学给了我们一个把握全世界的机会。

然而，统计学还可以做更多的事。统计还会对信息进行分类、推断和预测，使我们能够建立起强大的现实模型。没错，整个过程的关键是简化，简化意味着省略细节，进而意味着和现实有出入——也可以算是一种谎言。但在最好的情况下，统计数据是一种诚实的谎言，这需要人类思维中所有美好的品质，包括好奇心和同理心。

这样的话，统计数据和简笔画就差不多了，它们都是对现实拙劣的描绘，也许缺鼻子少眼睛，但它们都在以自己独特的方式讲述着事实。

第16章

为什么不要相信统计数据

以及为什么还是要用它们

　　好的，让我们一起来解决这两个问题。历史上的顶级智士都说过，统计数据是不可信的谎言，不是吗？

我在网上搜索到的名言	通过更深入的搜索，我发现的真相
"谎言有三种：谎言、该死的谎言和统计数据。"——马克·吐温	人们常常误以为这句名言出自马克·吐温，这也挺公平的，因为马克·吐温自己也误以为这句话出自本杰明·迪斯雷利。实际上，这句话的出处是未知的。
"任何不是你自己捏造的数据，都别相信。"（或者："我只相信那些我篡改过的数据。"）——温斯顿·丘吉尔	这是对丘吉尔的诽谤，它可能出自纳粹宣传部长约瑟夫·戈培尔。
"87% 的统计数据是当场编造的。"	"87% 的名言是当场被误传的。"——奥斯卡·王尔德
"统计数据有两种，一种是你查阅的数据，另一种是你编造的数据。"——雷克斯·斯托特	雷克斯·斯托特是一位小说家。他没这么说过，是他笔下的一个角色说的。
"统计数据之于政客，就像路灯之于醉汉——用来支撑自己而不是照明方向。"——安德鲁·朗格	这个是真的，而且说得很好。
"总有一天，统计思维将和读写能力一样成为公民必需的能力。"—— 赫伯特·乔治·威尔斯	唉，就连统计专业数据中也有这种误用的问题。实际上，威尔斯说的是"可以想见有那么一天，计算的能力，考虑平均值、最大值和最小值的能力会变得和读写能力一样必需。"

　　所以，我要说的是什么？是的，数字会骗人。但是文字也可以，更不用说图片、手势、嘻哈音乐剧和筹款邮件了。我们的道德体系谴责的是说

谎者，而不是他们为谎言选择的媒介。

　　对我来说，对统计学最有趣的批评不是针对统计学家的不诚实，而是针对数学本身。我们可以通过了解统计数据的缺陷，通过观察每个统计数据捕捉的对象以及故意忽略的对象来提高统计数据的价值。也许到那时，我们就能成为赫伯特·乔治·威尔斯所设想的那种公民。[1]

1. 平均数

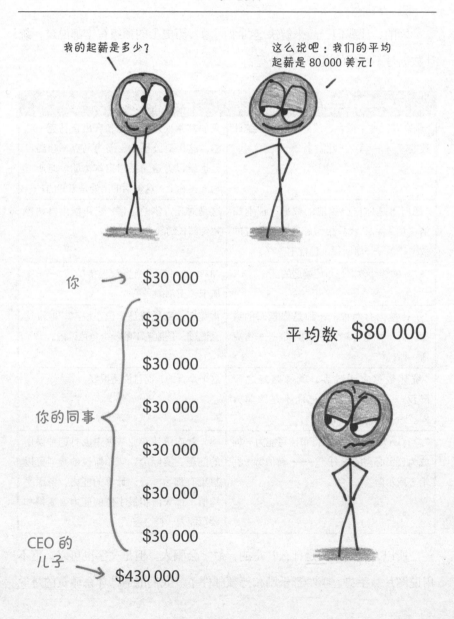

我的起薪是多少？

这么说吧：我们的平均起薪是 80 000 美元！

你 → $30 000

$30 000

$30 000

$30 000

你的同事 { $30 000

$30 000

$30 000

$30 000

CEO 的儿子 → $430 000

平均数 $80 000

计算方法：把所有的数据相加后，再除以数据的个数。

适用范围：平均数（又称为"均值"）满足了统计学的一个基本需求——捕捉一个群体的"集中趋势"。那个篮球队的队员有多高？你们一天卖多少个甜筒冰激凌？这个班考得怎么样？如果你试图用一个单一值来概括整个总体，那么平均数是明智的第一选择。

不可信之处：平均值只考虑两条信息，总数和为总数做贡献的人数。

如果你参与过一批海盗宝藏的分配，那么你就会发现其中的陷阱：分享这些宝藏的方法可以有很多。每个人该分配多少？是平均分配还是有侧重地分配？如果我吃了一整张比萨饼，却什么都没给你留下，但我们"平均"每人吃了半张比萨饼，这样公平吗？或者，你可以在晚宴上和客人们说，每个人"平均"都有一个卵巢和一个睾丸，这不会让谈话陷入尴尬的境地吗？（我试过，会的。）

人类关心分配方式，平均值却对此毫不在意。

平均：3 个硬币。

平均：3 个硬币。

不过呢，平均数倒是有一个可取之处，就是容易计算。假设你三次考试的成绩分别是 87、88 和 96（是的，你前两次考得不够好）。那么考试的平均分是多少呢？不要过分纠结于加法和除法，只要重新分配就可以了。从最近的一次考试分数中拿出 6 分，分 3 分给第一次考试，分 2 分给第二次考试，这样三次考试的分数就是 90、90、90，还剩下 1 分，将这孤独的 1 分拆分成三份再分配到三次考试中，就得出了你的平均分：$90\frac{1}{3}$，是不是很容易呢？

2. 中位数

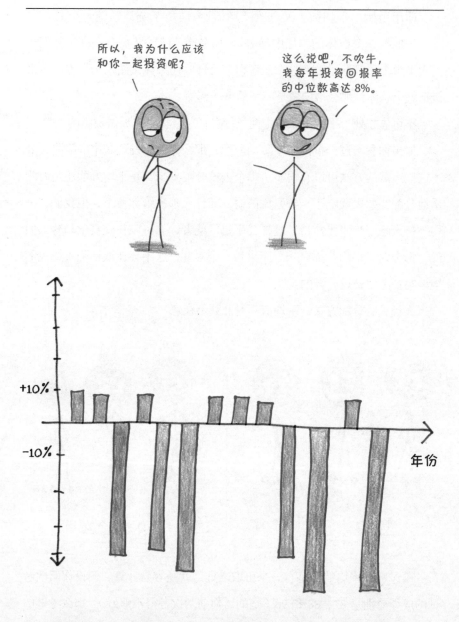

计算方法：把所有数据从高到低排序后，找出中间的一个作为中位数，数据的一半在中位数以下，一半在中位数以上。

适用范围：和平均值一样，中位数也能体现总体数据的集中趋势，而二者的不同之处在于，中位数对极端值的灵敏度很差，或者更确切地说，它完全不灵敏。

就拿家庭收入来说，在美国，富裕家庭的收入可能是贫穷家庭的数十倍（甚至数百倍）。平均值是假设每个家庭在总收入中有平等的份额，极端值会拉扯这个平均份额，让平均值偏离多数数据的值。美国家庭收入的平均值是 75 000 美元。[2]

而中位数会抵抗极端值的拉力，不受极端值的影响。相反，它体现出的是在美国绝对的中等家庭收入，这是一个完美的中点，有一半的家庭比这更富裕，而另一半家庭比这更贫穷。美国家庭收入的中位数接近 58 000 美元，这比平均值更能体现"典型"美国家庭的收入水平。

不可信之处：一旦找到了中位数，你就知道有一半的数据在其上，另一半数据在其下。但是这些点离中位数有多远呢？如果你只盯着一张饼的中心，而不管其他部分有多大或多小，就无法了解这张饼的真实情况。

一位风险投资家投资新企业时，她预计大多数企业都会失败，但十分之一的企业会赚得盆满钵满，这完全能弥补失败的企业带来的微小损失。然而，中位数忽略了这种动态的变化，只盯着中间的"典型"数据，它大喊："创业的典型结果是失败，快停止投资吧！"

与此同时，一家保险公司建立了一个谨慎的投资组合，其中发生概率为千分之一的罕见灾难带来的损失可能会远高于多年积累的微薄利润。但中位数会忽略潜在的危险，它在欢呼："嘿，保险的典型结果是不会发生危险，我们会获得利润，这个方案永远不要停！"

因此，你会发现统计报告中常常既有中位数，又有平均值。中位数体现的是数据中的典型数值，而平均数展示整体的水平。中位数和平均值就像两个不完美的目击者，他们共同讲述的故事会比单独讲述的故事更完整，而且更接近事实。

3. 众数

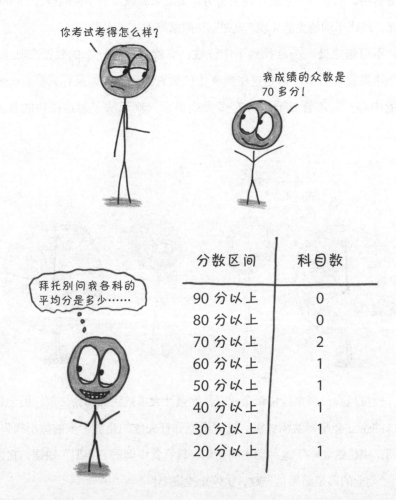

分数区间	科目数
90 分以上	0
80 分以上	0
70 分以上	2
60 分以上	1
50 分以上	1
40 分以上	1
30 分以上	1
20 分以上	1

计算方法：众数是统计数据中重复次数最多的数值，代表数据中的潮流。

但如果每个值都是唯一的，没有重复呢？在这种情况下，可以将数据分类，并将最常见的类别称为"众数组"。

适用范围：众数在民意调查和制作非数字类型数据表的方面优势明显。如果你想总结人们最喜欢的颜色，就不可能用"合计颜色"来计算平均值。或者假设你在主持一场竞选，如果你把选票按照从"最自由的"到"最保守的"排序，然后让处在最中间的候选人当选，公民会抓狂的。

不可信之处：中位数忽略了整体性，平均数忽略了分配方式，而众数则把整体性和分配方式都忽略了，应该说，它几乎忽略了其他全部信息。

众数代表的是一组数据中出现次数最多的值，但出现次数最多并不意味着最有代表性。比如说，美国的工资众数是0——不是因为大多数美国人破产或失业，而是因为工薪阶层的收入从1美元到1亿美元之间，数字是分散的。而所有没有工资的人收入都是相同的数字——0。因此，这一数据不能说明任何问题。事实上，在每个国家的工资众数都是0。

将数据分类后，使用"众数组"并不能完全解决这一问题，只是给了展示数据的人一手遮天的权力，他们可以根据自己的想法划分类别边界。通过不同的划分方式，他们可以把美国家庭收入的众数组"设定"为1万至2万美元（每1万美元为一个类别），或2万至4万美元（每2万美元为一个类别），或3.8万至9.2万美元（每个纳税等级为一个类别）。

尽管用的是完全相同的一组数据集和完全相同的统计数据，但由于画家对画框的选择不同，画像完全变了。

4. 百分位数

结果	可能性
+$100	90%
−$10	9%
−$1 000 000	1%

计算方法：中位数将一组数据一分为二，而百分位数是一个有调光开关的中位数。第 50 个百分位数就是中位数本身（一半的数据在其上，一半的数据在其下）。

但你也可以选择其他的百分位数。比如，第 90 个百分位数位于这组数据的顶部：只有 10% 的数据位于其上，而 90% 的数据位于其下。与此同时，第 3 个百分位数位于数据集的底部：只有 3% 的数据低于这个值，而 97% 的数据高于这个值。

适用范围：百分位数是非常灵活和方便的，非常适合在排序中使用。这就是为什么标准化考试通常以百分位数的形式给出分数。类似"我答对了 72% 的问题"这样的原始分数提供的信息是不够的，因为这些题目的难度是未知的。然而，如果你说"我在第 80 百分位"就体现了你的水平：你考得比 80% 的考生好，比 20% 的考生差。

不可信之处：百分位数和中位数的缺点是一样的，它们可以告诉你有多少数据位于某个点的上方或下方，但不会告诉你这些数据的距离有多远。

在金融行业中，百分位数常用于衡量投资的风险。人们将可能的结果从赢利到亏损进行排序，然后选择一个百分位（通常是第 5 个），将其定义为"风险值"（VaR, value at risk）。设定 VaR 的目的是了解最坏的情况，但实际上，还有 5% 的可能会比这更糟。而 VaR 却不能让人看出"更糟"的程度，我们仍然不知道最糟的情况是再多损失几分钱，还是数十亿美元。

通过观察更多作为 VaR 的百分位数（例如，第 3、第 1 或第 0.1 个百分位数），我们可以更好地看到各种可能性，但从本质上来讲，百分位数无法体现最剧烈和极端的损失。因此，真正最糟的情况总是在百分位数的盲区。

5. 变化百分比

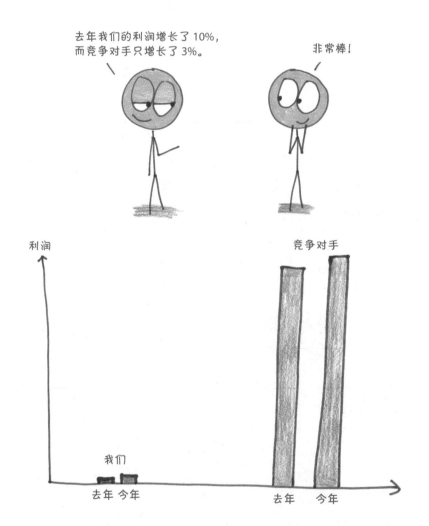

计算方法：用变化除以原来的总数。

适用范围：变化百分比有利于我们正确地结合整体看待事物，它用在整体中的占比表现收益和损失。

想象一下，我今天赚到了 100 美元。如果我最初只有 200 美元，那么这笔收入就意味着我的财富迎来了 50% 的增长，非常值得我跳夏威夷草裙舞庆祝了。但如果我本来就有 2 万美元，那么这笔新收入就只是 0.5% 的增长，我大概只会微笑着挥挥手，并没有太多的兴奋。

当你看到一个增长的百分比时，学会结合整体看待事物是至关重要的。如果 70 年前的美国人听说美国去年的 GDP 增长了 5 000 亿美元，他们会惊叹不已，但如果是听说它增长了 3%，就会觉得没什么了不起的了。

不可信之处：嘿，我常以发展的眼光看事情，但对于变化百分比而言，尽管它在努力地展现发展的趋势，但很多时候其实并无作用。

我住在英国的时候，有时候只要 1 英镑就能买到原价 2 英镑的番茄酱[3]。那种感觉就像中了头彩：节省了 50%！我拖着一打番茄酱回家，足够蘸几个月的意大利饺了。后来，我要买机票去美国参加婚礼，因为晚了一周购买，价格上涨了 5%。"啊，好吧，也就是多了一点儿。"我很轻易地就接受了这样的涨价。

你可以看到问题在哪儿了，我的直觉是小事聪明，大事糊涂。番茄酱的"超大折扣"为我省了 12 英镑，而机票价格的"小小上涨"让我多花了 30 英镑。但是呢，不管是在 20 美元的超市小票还是在 20 万美元的贷款协议书上，1美元都是1美元。廉价商品价格的大幅下跌与贵价消费品价格的小幅上涨相比，其实是微不足道的。

6. 极差

计算方法：极差是一组数据中，最大值和最小值之间的差值。

适用范围：平均数、中位数和众数体现的都是数据的"集中趋势"，目标都是将一组多样化的数据分解为一个具有代表性的数值。而极差的目标则相反，不是掩盖分歧，而是量化和显示分歧，以衡量数据的波动范围。

极差的主要优点在于简单。它把一组数据想象成一个波长从"最小"排列到"最大"的光谱，并告诉我们这个光谱的宽度，是一种对多样性的粗略总结。

不可信之处：如果把数据比作切成一块块的蛋糕，极差只关心最大和最小的两块蛋糕，而忽略了很多关键信息，比如所有中等切块的大小。它们是更接近最大值还是更接近最小值？还是均匀分布在最大值与最小值之间的范围内？极差既不知道也不关心。

数据集越大，极差的可信度就越低，因为它忽略了数百万个中间值，只关注到两个最极端的异常值。如果你是一个外星人，从统计数据中了解到地球成年人身高的极差约为 2 米（史上最矮成年人的身高不到 60 厘米，最高的接近 2.7 米），你可能会在访问地球时失望地发现，在地球上遇到的几乎都是我们这些身高 1.5 米到 1.8 米的普通人。

7. 方差和标准差

这些结果糟透了！

没错，看起来是很糟，但这组数据的方差很大，别急着做出判断。

标准差可以粗略地告诉你，一组数据中的数据离均值有多远。

计算方法：（1）求数据集的均值；（2）求出每个数据点离均值的距离；（3）求出这些距离的平方；（4）求这些距离的平方的平均值。这就得到了这组数据中，每个数据与平均数之差的平方的平均数，也就是方差。

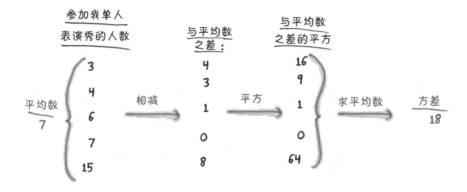

把方差开平方根后[4]，得到的就是标准差。标准差比方差更直观，因为方差的单位带有奇怪的平方，"美元的平方"是什么意思？没有人知道。

由于方差和标准差经常一起出现，所以我也将这二者放在一块儿讨论。

适用范围：和极差一样，方差和标准差都可以量化数据集的多样性，但是，我得带着慈爱的老父亲的公正态度说一句——它们比极差做得更好。极差是一种快速的权宜之计，方差则是统计学的中流砥柱。如果说极差是简单的双音符小调，方差就是复杂的交响乐，可以从数据集的每个成员中提取信息。

方差的计算虽然错综复杂，但经过检视还是可以发现逻辑。它取决于每个数据与均值之差，"方差大"意味着数据分布广泛，"方差小"则是指数据的集中程度高。

不可信之处：当然，每个数据都对方差有贡献，但具体的贡献大小是体现不出来的。

尤其是当数据中存在极端值时，单个极端值就能极大地提高方差。由于在计算中有求平方这一步，单个极端值（例如，差值为 12 时，$12^2 = 144$）比 12 个与平均值较为接近的数据（例如，差值为 3，$3^2 = 9$，十二个这样的数据也只有 108）对方差的贡献还大。

方差还有一个让人困惑的特性（不算是缺点，只是违反直觉）。学生们常会认为有很多不同值的数据集（如 1、2、3、4、5、6）比有重复值的数据集（如 1、1、1、6、6、6）更"分散"，但其实方差对"多样性"不感兴趣，它关心的只是各个数据到均值的距离。

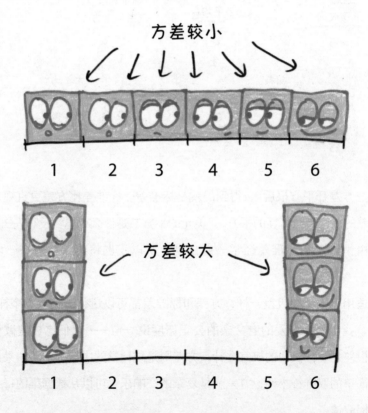

从方差的角度来看，后一组（重复的、离均值较远的值）的离散度大于前一组（不重复但离均值较近的值）的离散度。

8. 相关系数

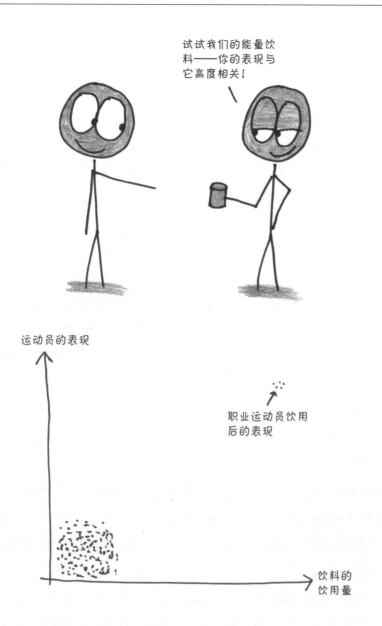

计算方法：相关系数用于量化两个变量之间的关系。例如，一个人的身高和体重，或一辆车的价格和销量，或一部电影的预算和票房收入。

相关系数的最大值为 1（"哇，它们是完全正相关的"），中间值为 0

（"啊，它们之间完全没有联系"），最小值为 −1（"嗯，它们是完全负相关的"）。

好吧，这就是个简单的总结。要了解相关系数实际上是如何工作的，请查看尾注。[5]

适用范围：富裕国家的人们更幸福吗？大量打击轻罪罪犯能预防犯罪吗？红酒是能延长寿命，还是只能延长晚宴？以上这类问题都涉及变量对之间的关系，涉及想象的原因和推测的结果之间的关系。理想情况下，你可以通过实验来回答这些问题。给 100 人提供红酒，100 人提供葡萄汁，看哪一组活得更久。但是这样的研究耗时耗财，而且还不道德——想想那个不能喝酒的对照组有多可怜。

相关系数让我们能够从侧面解决这样的问题。可以找一群人，监测他们的葡萄酒摄入量和寿命，看看这些饮酒者是不是活得更长。诚然，即使是很强的相关性也不能确定因果关系，也许葡萄酒可以延年益寿，也许人们年纪大了以后会更喜欢喝酒，也许两者都是由第三个变量驱动的（例如，富人都活得更长，买得起更多的葡萄酒），这些我们都不可能知道。

即便如此，相关系数的研究还是提供了一个很好的起点，求相关系数既省时又省力，而且支持大数据集。尽管结果还不够精确，但已经是非常有用的线索了。

不可信之处：相关系数是所有统计总结中最强势的，它将数百或数千个数据（每个数据都有两个变量）浓缩成一个介于 −1 和 1 之间的数字，省略了很多信息。这是一个数学上的奇怪概念，被称为安斯库姆四重奏（Anscombe's quartet）。

现在，让我们走进安斯库姆魔法学院，这里的学生已经花了几个星期的时间准备四门课的考试：魔药课、变形课、魔咒课和黑魔法防御术课。对于每门考试，我们将考虑两个变量，分别为每个学生花在学习上的时间和该学生在考试中的分数（满分 13 分）。

从汇总的数据来看，你会认为这四个考试没什么不同：

平均学习时数	**9**	
学习时数方差	**11**	
平均分	**7.50**	精确到小数点后 2 位
分数方差	**4.125**	精确到最近的 0.125
相关系数	**0.816**	精确到小数点后 3 位

但是……行吧，先看看。（每个点代表一个学生）

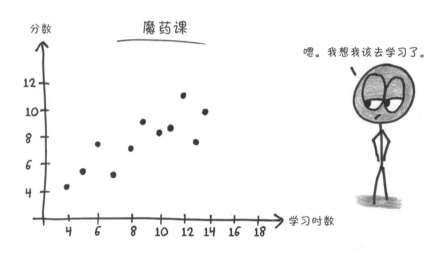

首先是魔药课，和我对考试的印象非常符合——多学习就能提高成绩。但这也不是绝对的，也会出现一些干扰相关性的小意外。因此，相关系数是 0.816。

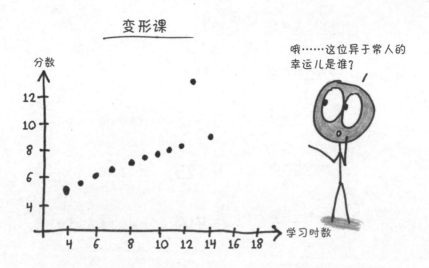

其次是变形课，变形课的分数遵循一个完美的线性关系，每多学习 1 个小时，考试成绩就会高 0.35 分——除了一个例外的孩子，他把相关系数从完美的 1 降到了 0.816。

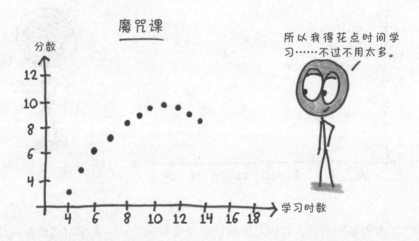

魔咒课考试遵循的模式更确定些——学习时间变长可以提高分数，但边际收益递减。当学习时数达到 10 小时后，更长的学习时间就会开始影响你的成绩（也许是因为影响了你的睡眠）。不过可别忘了，相关系数是用来检测线性关系的，不能体现二次函数的变量关系，因此相关系数是 0.816。

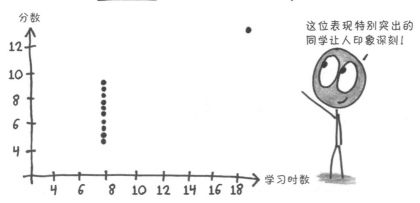

黑魔法防御术课

这位表现特别突出的同学让人印象深刻！

最后，在黑魔法防御术课中，除了一个学生外，其他学生的学习时间都是 8 个小时，拿到的分数却都不同，这就意味着学习时间不能帮助预测分数。由于那个例外的勤奋学生在学习时数达到 19 个小时后，取得了令人难以置信的最好成绩，这个单一的数据把学习时数和分数的相关系数从 0 提高到了……

0.816。

每一门课程的考试都遵循自己独特的逻辑和模式，但是相关系数却完全相同，忽略了它们的差异性。

这正是我要说的，统计学的本质：

统计学是一个不完美的目击证人，
它讲述的虽然是事实，但不是全部的事实。

欢迎引用我这句"名言"。或者，如果你喜欢传统的方法，也可以用自己的话转述，但别忘了署我的名字哦。

第 17 章

最后一位打击率 0.400 的传奇球员

打击率的兴衰

棒球自诞生以来就一直是一种数字游戏。在维基百科中，足足有 122 种棒球统计数据，从 DICE（defense-independent component ERA[①]，纯粹防御率）到 FIP（fielding independent pitching，不考虑守备的投球统计量），再到 VORP（value over replacement player，替换球员比较值），但恐怕这些也不过是冰山一角。我怀疑在棒球中，任意三个随机字母都代表一种数据，都会有人对这些统计数据做了详细的记录。

ILL-innings lost to lollygagging
因为误时间而输的局数

ETV-enjoyability on television
在电视上的好看程度

CTD-catch, throw, dance
接，投，跳舞的次数

VHW-very high waistbands
系得非常高的腰带

NGS-noogies
用指关节戳人的头

BFD-best friends on defense
最好的防御伙伴

是时候和 ILL 说再见了，孩子们。下次你的 VHW 拖累我们队的 ETV 时，我要给你一串 NGS，直到你的 BFD 也分辨不出 CTD 是多少。

本章只介绍一项统计数据，从它毫不起眼的诞生到逐渐式微的现状，都将在这一章详细探讨。这个数据就是 BA——不是波士顿口音（Boston accents），

---

① earned run average 的缩写，意为"投手防御率"。

也不是被吸收的啤酒（beer absorbed），而是打击率（batting average）。

打击率曾经是棒球场上最重要的数据指标，而今统计学家却认为它庸俗，不屑地把它看作野蛮时代的遗迹。打击率是否到了该退休的时候？还是说这个"腿脚不灵的老兵"身上仍闪烁着一丝有魔力的火花？

1. 表格中的闪电

1856年，来自英国的亨利·查德威克（Henry Chadwick）——一位《纽约时报》的板球记者，在一次偶然的情况下观看了棒球比赛，并迅速迷上了这项体育运动。"在棒球赛中，一切都如同闪电般具有冲击力。"[1] 聊起棒球，他就滔滔不绝，只有板球球迷才能做到这一点。查德威克就像一只被乌龟的活力所吸引的树懒，很快就把自己的一生奉献给了这项美国人的消遣。他加入了棒球规则委员会，撰写了第一本关于这项运动的书，并编辑了第一份棒球年鉴。但是，查德威克之所以被誉为"棒球之父"，是因为一些更基本的东西：统计数据。

查德威克发明了"技术统计表"，这是一种用来追踪比赛关键事件的表格。通过浏览一栏栏数字——得分、击球数、出局数等，你几乎可以了解每一局比赛的进展。统计表里的数据与长期预测能力无关，但其中用数字讲述的故事却决定了球员得到的是荣誉还是责骂，被视为英雄还是恶棍。这些统计表记录了每场比赛的天气状况，突出了关键事件，在广播、动态摄影或职业棒球大联盟网站出现之前，提供了让人们了解赛况的途径，它们就是 19 世纪 70 年代的《体育中心报》。

查德威克关于"打击率"的灵感来自板球，板球只有两个垒，球员每次成功从一个垒到达另一个垒即得一分。板球运动员不停地击球，直到击球手出局为止，好的击球手在出局前能得好几十分（史上最高纪录是 400 分[2]）。

因此，板球的打击率被定义为"出局前平均得分"。一个优秀球员的"出局前平均得分"可以保持在 50 甚至 60 分。

然而，在棒球中，击球手本来就只需要击中一次球，所以这个定义并不能体现击球手的能力。查德威克像数学家一样仔细地研究了这些规则，在确定现在的打击率概念之前，先做了一些别的尝试。

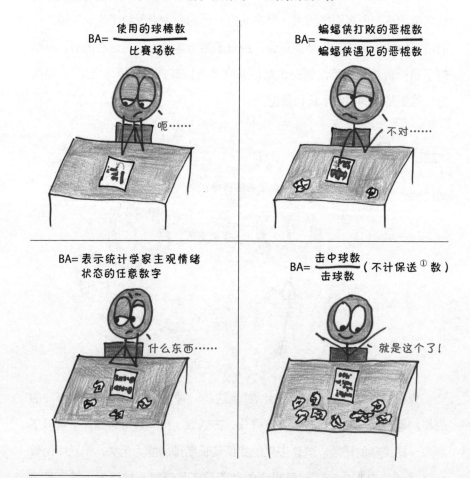

① 保送，让打者上垒的通称。包括四坏球（保送一垒）和触身球（保送一垒）。

　　打击率的设计初衷是用一个简单的分数来衡量成功率：安打①数除以安打数加出局数。查德威克称之为"衡量击球水平的真正标准"³。

　　尽管打击率的理论数值从 0.000（没有一次安打）到 1.000（每次都安打）不等，但实际上，几乎所有球员的打击率都集中在 0.200 到 0.350，这样的差距并不是很大。最强的棒球球员（打击率为 0.300）和最弱的球员（打击率为 0.275）在每 40 次尝试中只会有 1 次安打数的差距，肉眼是难以分辨他们的区别的。即使在整个赛季中，一个"较差"的球员完全可能靠运气胜过一个"较好"的球员。

打击率是 0.300 的击球员击中的球数会比打击率是 0.275 的击球员高吗？

击球数为 10　　　　击球数为 100　　　　击球数为 1 000

①　安打，指打者把投手投出来的球击出到界内，使打者本身能至少安全上到一垒的情形。

因此，这时候就要依靠统计数据来分辨了。球员的打击率就像一段记录了植物从发芽到开花全过程的静态视频，它把超出感官察觉范围的真相告诉了我们。这不是瓶中闪电，而是表格中的闪电。

统计学就像概率一样，架起了两个世界的桥梁。在现实生活中，每一天的糟糕和幸运都是随机出现的。而在现实之外，还有一个有着稳定平均值和平稳趋势的长期天堂。概率从长期的世界开始，算计着某个事件可能在某一天发生。统计数据则正好相反，它从日常的混乱开始，努力推断数据那看不见的长期分布态势。

换句话来说，概率学家是对着一沓背面朝上的牌，描述可能抽到的牌；统计学家则是看着手中抽到的牌，试图推断那一沓牌的性质。

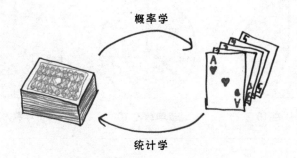

棒球为人们对击球结果的推断提供了足够的数据，这一点也许是体育运动中独一无二的。在每个有 162 场比赛的赛季中，一个击球手要面对大约 24 000 个投球。而其他的运动都几乎不可能提供同样丰富的数据，比如足球——除非在整个赛季中，每 5 秒就重新开球一次[4]。棒球更妙的地方在于，其他团队运动都是多人混战，但每个棒球运动员都单独击球，数据是独立而清晰的。

这是打击率的闪光点，但就像我们之前说的，每一种统计数据都会遗漏些什么——而在这一次，遗漏的信息是至关重要的。

2. 老人和上垒率

1952 年，《生活》杂志刊载了海明威《老人与海》的初版[5]。这期杂志售出 500 万册，作者也因此获得了诺贝尔奖。

1954 年 8 月 2 日，《生活》杂志选择将全国性的讨论引向另一个方向：棒球统计数据。匹兹堡海盗队总经理布兰奇·里奇（Branch Rickey）在题为《告别棒球旧观念》[6] 的文章中提出了一个需要 10 页纸才能解开的方程式：

$$\left(\frac{H+BB+HP}{AB+BB+HP} + \frac{3(TB-H)}{4AB} + \frac{R}{H+BB+HP}\right) - \left(\frac{H}{AB} + \frac{BB+HB}{AB+BB+HB} + \frac{ER}{H+BB+HB} - \frac{SO}{8(AB+BB+HB)} - F\right) = G$$

明白了吗？

为什么会不明白？这和内场高飞球的规则一样简单啊……

这个公式本身几乎不符合语法，其中的等号并不意味着"等于"，减号也不是真正的"减去"。尽管如此，这篇文章还是对一些以打击率为主的"过时棒球观念"进行了尖锐的批评和攻击。这段批评的主题 [归功于里奇，但由加拿大统计学家艾伦·罗斯（Allan Roth）代笔] 以两个字母开头：BB，意为"四坏球"（base on balls），更通俗地说，就是"保送"。

棒球运动在 19 世纪 50 年代逐渐成熟，当时在击中球或连续挥棒三次都击球失败之前，击球手都有击球的机会。如果击球手有足够的耐心，比赛的进程会像冷掉糖浆的流速一样缓慢。1858 年，所谓的"好球"（called strikes）诞生了。[7] 当击球手放弃击打看起来可能会被好好击中的球时，会被视为已经挥棒、算作失误。但此时钟摆摆得太远了，小心谨慎的投手不肯投出可以轻易被击中的球。对此，1863 年提出的解决方案是将击球手认为太远而无法击中的球定义为"坏球"，当坏球足够多时[8]，击球手可以直接保送到一垒。

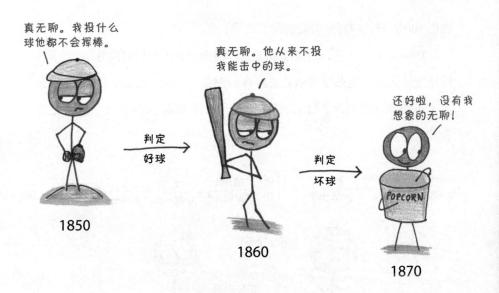

保送难倒了查德威克。在板球中，最接近"保送"的概念是"偏球"。偏球通常被认为是投球手的失误，所以在打击率的统计中，保送被直接忽略了。直到 1910 年，保送才被列入官方数据统计项目。[9]

在今天的棒球赛中，最熟练、最有耐心的击球手保送比例往往高达 18% 或 19%[10]，而那些冲动鲁莽、轻易挥棒的同龄球员保送比例只有 2% 或 3%[11]。因此，里奇方程的第一个参数是我们现在称为"上垒率"（on-base percentage，OBP）的复杂表达式。击球手的上垒率包括击球和保送的数据，换句话来说，就是"没有出局"的比例。

到底哪个统计数据更能预测一支球队的得分呢？是 BA 还是 OBP？从 2017 年的数据来看，BA 和球队得分的相关性不错，系数为 0.73；但 OBP 和球队得分的相关性更强，系数为 0.91。

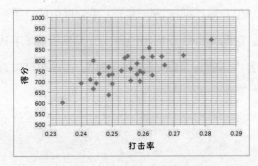

BA 很不错。

但 OBP 更好。

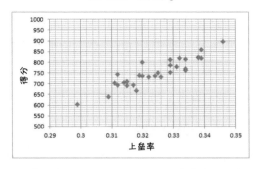

非常强的相关性！

（每个点都代表 2017 赛季的一支参赛队伍）

接下来，里奇（也是罗斯）强调了打击率的另一个缺点。安打有四种情况，从一垒到四垒（全垒打），"垒"数越多，代表球员的水平越高，但打击率却不能分辨这四种情况。因此，里奇方程中第二项等于在"一垒"的基础上再加上超出的垒数。

今天，我们更喜欢用一个相关性的统计数据：长打率（SLG）。SLG 计算的是每一棒的平均垒数，理论上数值最小为 0.000，最大为 4.000（每次都是全垒打）。但实际上，没有一个击球手能在整个赛季中击出超过 1.000 的成绩。

和打击率一样，SLG 也忽略了保送，无视了不同垒数间重要的差别。例如，要在 15 次击球中击出 0.800 的成绩，垒打数就要达到 12（因为 12/15 = 0.8）。很多方式都能实现 12 的垒打数，但不同的方式反映出的球员水平完全不同：

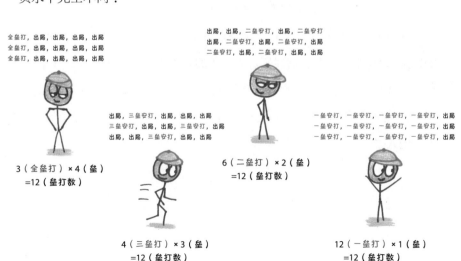

由于 OBP 和 SLG 关注的是比赛的不同方面，人们经常将它们结合起来使用。最常见的用法是将二者直接相加，得到一个名为"上垒加长打率"（OPS）[12] 的统计数据。在 2017 年的数据中，OPS 与得分的相关性达到了惊人的 0.935，比 OBP 或 SLG 都要好。

在《生活》杂志刊登《告别棒球旧观念》50 周年之际 [13]，《纽约时报》向纽约洋基队总经理布莱恩·凯许曼（Brian Cashman）展示了这个公式。凯许曼惊叹："这家伙比他的时代超前了几十年。"他的赞美背后，反映的事实是：就算是洋基队的总经理，也没有读过那篇《告别棒球旧观念》。这也不难理解，为什么在那篇文章发表之后，打击率还在棒球数据中保持了几十年的统治地位，而 OBP 和 SLG 则无人问津，只能相互取暖。说起来，在《生活》杂志里，或许里奇的研究对棒球发展的影响还不如《老人与海》中关于棒球的对话 [14] 呢。

所以，棒球到底还在等什么？

3. 知识推动了曲线

任何事物的变革都有两个必要条件：知识和需求。

对棒球统计的变革而言，这些知识大部分来自作家比尔·詹姆斯。[15]1977 年，还是一名夜间保安的他自行出版了第一份《比尔·詹姆斯的棒球摘要》。这份 68 页的奇特文档主要由统计数据组成，严谨地回答了一系列诸如"哪位投手和接球手被盗垒最多？"的问题。尽管这本书当时的销量只有 75 本，但反响很好。第二年的新版本卖出了 250 本。五年后，詹姆斯和出版商签订了一份对棒球影响深远的出版协议。2006 年，《时代周刊》将詹姆斯（此时他是波士顿红袜队的职员）评价为"地球上最有影响力的人之一"。

詹姆斯敏锐的分析方法引发了棒球界个人技术统计数据的复兴，他称之为"棒球统计学"。这个统计复兴运动的观点之一是，打击率只能作为展现实际结果的一个粗略指标[16]，仅用打击率评价球员就像只用一种原料来推断一顿晚餐的质量一样，不可能面面俱到。如果你真的想评估这顿饭，你需要品尝所有的食材——当然，更好的是，尝尝这道菜。

正如《生活》杂志的档案管理员可以证明的那样，这些知识都已被尘封了多年。把这些知识推到风口浪尖的不仅是詹姆斯，还有不断变化的棒球经济环境所带来的需求。直到 20 世纪 70 年代初，棒球运动员都生活在"保留条款"的阴影下。这就意味着，即使合同到期，球队仍然保留着对球员的所有权。除非得到老东家的许可，否则球员不能在其他任何地方签约（甚至连洽谈也不行）。

1975 年，仲裁者重新定义了保留条款，开启了"自由代理"的时代。随着闸门打开，球员的薪水开始飙升。[17]

1951—1998 年棒球球员最高薪水

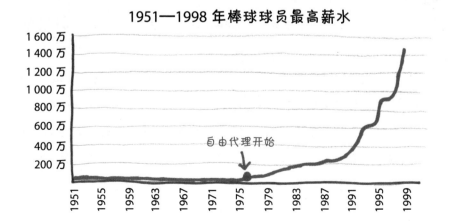

十年前，球队的老板可以像买杂货一样买球员。而这时，杂货店有了经纪人，这些经纪人都想赚更多的钱。新的财务压力本应促使老板们放弃 BA 这类粗糙的衡量标准，转而采用 OBP 和 SLG 等更可靠的数据，但众所周知，棒球是一项缓慢发展的运动（除了富有前瞻性的亨利·查德威克之外）。奥克兰运动家队花了 20 年的时间才认识到 BA 的问题，开始用 OBP 来评估球员。

20 世纪 90 年代初，这些星星之火在奥克兰运动家队的总经理桑迪·奥尔德森（Sandy Alderson）和他的继任者比利·比恩（Billy Beane）的领导下，开始了燎原之势。很快，奥克兰运动家队通过聪明的统计在球员的购买上取得了惊人的成功。2003 年，生活在旧金山的作家迈克尔·刘易斯写了一本关于比利·比恩的书。这本叫作《魔球》的书除了卖出成百上千万本之外，还做到了《生活》杂志无能为力的事——带领人们向一些过时的棒球理念"告别"。在刘易斯的帮助下，OBP 和 SLG 从粉丝的自娱自乐一跃成为棒球运动的主流评价标准。

4. 小数点后 4 位的戏剧

著名的棒球球员泰德·威廉姆斯（Ted Williams）曾经说过："棒球是最鼓励努力的领域，每个人尝试 10 次总能成功 3 次，而且会被认为表现得很好。"[18]

1941 年，威廉姆斯准备冲击一个更高的目标：10 次击球中有 4 次成功。这叫打击率 0.400。这个数字能让他成为一个传奇。在赛季的最后一周到来前，威廉姆斯的成绩达到了 0.406，有望成为 11 年来第一位打击率达到 0.400 的球员。

然而，之后他就没那么顺利了。在接下来的四场比赛里，在 14 次击球中，他只击中了 3 次，这就使他的打击率降到了令人心碎的 0.399 55[19]。

这个数字看起来有点儿假，仿佛是为了测试学生对小数的掌握程度而编造的数字，最后还会提问学生：它算是 0.400 吗？但就在第二天，主流报纸明确地给出了答案：不是 0.400 了。《纽约时报》的报道称："威廉姆斯的打击率是 0.399 6。"《芝加哥论坛报》宣布："威廉姆斯的打击率落到了 0.400 以下。"《费城问询报》则说得更残酷些："威廉姆斯的打击率跌至 0.399。"尽管这不符合四舍五入规则。同时威廉姆斯的家乡报纸《波士顿环球报》也附和了这一说法："现在他的打击率只有 0.399 了。"

你说，我们怎么能拒绝一项对小数点后四位数字都如此认真的运动呢?

1941 年的大论战

那个赛季的最后两场比赛都安排在 9 月 28 日。前一天晚上，威廉姆斯失眠了，他在费城街头徘徊了十多公里。据一位体育记者说，在第一场比赛之前，"他坐在板凳上咬指甲，双手颤抖着"。这位记者在后来的报道里描述："第一次击球时，他抖得像一片树叶。"

但 23 岁的他坚持了下来。那天下午，他挥棒 8 次，击中了 6 次，打击率瞬时提高到 0.405 7。(头条新闻的作者毫不犹豫地称其为 0.406。) 从那以后，将近 80 年过去了，再也没有人的打击率能达到 0.400。[20]

1856 年，亨利·查德威克无意中观看了一场尘土飞扬的、激烈的棒球赛，就这样创造了用于衡量棒球赛标准的数字，这些数字赋予了棒球巨大的影响力。160 多年后的今天，棒球已成为一个繁荣的行业，球队的工资总额高达数亿美元。在 21 世纪的棒球赛中，19 世纪提出的打击率概念早就落后了，在面对更新换代的新型数据武器时，它就像一个试图赤手空拳接住强劲直球的小男孩。

尽管已经被时代淘汰，但 0.400 这个数字仍然保持着它神奇的魅力。每年的 4 月到 5 月，当一个新赛季才刚开始，样本量还小得像刚萌发的绿芽时，我们还是经常可以看到一两个球员的打击率在 0.400 的附近徘徊。尽管不久后，他们的数据就会掉下来，但就在那一周左右的时间里，这片大地上浮动着一丝希望的气息，人们能感觉到传说中 BA 为 0.400 的击球手是真实存在的。相较之下，OBP 为 0.500 和 SLG 为 0.800 的数据永远不会这么让人心跳加速。我们喜欢 0.400，不是因为它对比赛结果的预测能力，也不是因为它在数学上的优雅，而是因为它的吸引力，以及它用三位小数讲故事的方式——如果你想再精确一些，那就是四位小数。

或许未来再也不会有人能达到 0.400 的打击率，又或许明年就有人达到了。但威廉姆斯对此完全不介意，他在 50 年后说："就算我早知道 0.400 是这么难达到的目标，我还是会努力实现的。"[21]

第18章

兵临城下：
科学殿堂的危机
P 值危机

万岁！又到了有趣的科学大求真时间！

先从此开始：你知道吗，当你读到一篇主题为"自由意志并不存在"的文章后，你会变得更有可能在考试中作弊。

你知道吗，当你在纸上绘出两个相距很近的点时，会比绘出两个相隔很远的点时，感觉与家人的感情更亲近。

你知道吗，当摆出某种"强势的姿势"时，你可以在抑制压力激素的同时提高睾丸激素水平，让别人觉得你更自信、更出色。

以上这些小知识并不是我瞎编的，而是由真正的科学家穿着实验服和（或）牛仔裤潜心研究得出的结论。它们在理论的基础上，通过实验进行检验，并接受了同行的审查。这些研究人员严格地遵循着科学的方法，绝对没有故弄玄虚。

然而，这三项科研成果，还有许多从市场营销到医学等领域的、看似严谨的研究成果，都纷纷受到了质疑。它们可能是错的。

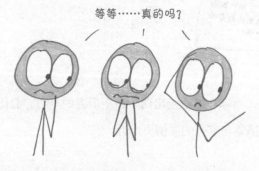

纵观科学界的发展，我们正生活在一个充满危机的时代。经过几十年的努力，许多学者发现自己毕生的研究成果岌岌可危。这个危机的罪魁祸首不是缺乏诚信，不是研究不够完整全面，也不是外界那些反对自由意志的声音；真正的问题已经侵蚀到了研究过程的核心数据。它曾经成就了现代科学，现在却威胁着现代科学的稳定。[1]

---

① PPT（演示文稿）的全称"PowerPoint"可直译为"强势观点"。

1. 揪出混迹在必然中的偶然

我们知道，每一项科学研究都是为了解决一个问题。比如说，引力波真的存在吗？千禧一代厌恶自食其力吗？这种新药能治好反疫苗妄想症吗？不管问题是什么，都有两种可能的事实（"真"和"假"），鉴于证据本身的不可靠性，实验都有两种可能的结果（"阳性"和"阴性"）。因此，实验结果可以分为四类：

问题：世界上真的有鬼吗？

数据显示为"阳性"！真的有！

我们被发现了！

真阳性

数据显示为"阴性"。没有鬼。

开什么玩笑？

假阴性

数据显示为"阳性"！真的有！

假阳性

数据显示为"阴性"。没有鬼。

真阴性

科学家最想要的结果是"**真阳性**"，这样的科学发现可以为他们赢得诺贝尔奖、恋人的亲吻和持续的研究经费。

"**真阴性**"的结果就没那么有趣了。这种结果就像你认为已经打扫好了房子，洗完了衣服，最后却发现都是黄粱美梦。尽管你找到了真相，但内心所渴望的却和眼前的真相截然不同。

但相比之下，"**假阴性**"更让人烦躁。就像明明知道丢失的钥匙大概在哪里，却不知为何就是找不到，你永远也不会知道自己离它有多近。

最后是最可怕的一类：**假阳性**。总的来说，它们是"偶然"的谎言，这些谎言在运气好的时候会被当作真理，可能会藏匿在研究文献中多年未被发现，让科学的发展走了弯路，并产生了大量浪费时间的后续研究。在科学对真理永无止境的追求中，尽管不可能完全避免假阳性，但还是要将其保持在最低限度。

这就是 p 值的作用，设计它的目的就是过滤纯属偶然的巧合。

以一个简单的科研实验为例，实验要解决的问题是"吃巧克力会让人更幸福吗？"我们随机地把热心参与研究的志愿者分成两组，一半人吃巧克力，一半人吃全麦饼干，所有人都用 1（痛苦）到 5（幸福）的数字描述他们的幸福感。我们预测巧克力组得分更高。

但这个设计是有漏洞的：即使巧克力和全麦饼干没有什么区别，两组的分数也几乎不可能完全一样。看看当我从相同数量的研究对象中随机抽取 5 个样本时会发生什么：

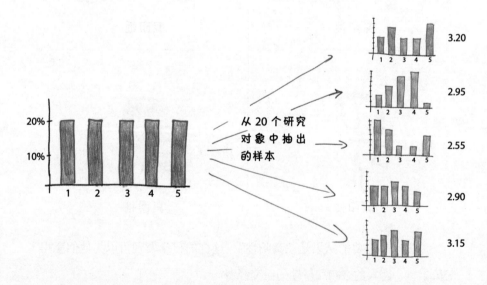

从 20 个研究对象中抽出的样本

由于存在随机性，两个理论上相同的组可能会产生非常不同的结果。如果我们的巧克力组得分更高是纯属巧合呢？我们如何区分真正的幸福感提升效果和毫无意义的偶然巧合？

为了排除巧合事件，p 值包含三个基本因素：

1. **差值的大小。** 微小的差距（比如 3.3 和 3.2）比巨大的差距（比如 4.9 和 1.2）更有可能是偶然。

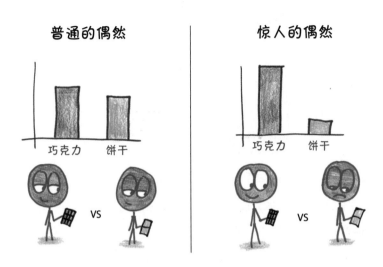

2. **数据集的大小。** 当样本只有两个人时，结果是难以让人信服的。也许我只是碰巧把巧克力给了一个热爱生活的人，把全麦饼干给了一个冷漠的虚无主义者。但是在随机抽取的 2 000 人的样本中，个体差异应该可以消除，即使是很小的差距（3.08 和 3.01）也不可能都是因为偶然。

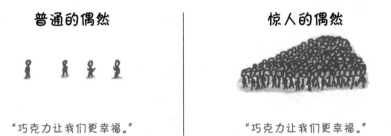

3. **每组的方差。** 当每个志愿者的幸福感评分离散度高、方差高时，很容易因为偶然得到不同的结果。而当评分离散度低、方差低时，偶然就基本不会造成明显的影响。

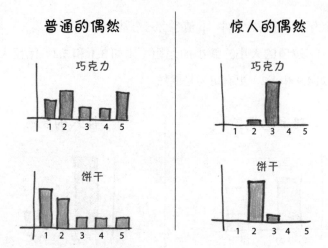

p 值将以上三个因素整合为一个介于 0 和 1 的数字，为这些偶然的离谱程度打分。"数值越低，就表明结果越容易因为偶然偏离正轨。"接近于 0 的 p 值就代表一种非常离谱的偶然，离谱到它可能根本就不是偶然，是存在必然性的。

想了解更有技术性的讨论，请参阅尾注。[2]

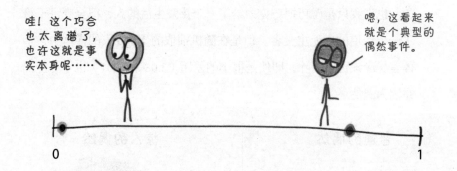

有些 p 值很容易解释，比如说 0.000 001 就意味着百万分之一的巧合。这样的巧合是非常罕见的，在这种极端罕见的情况下，巧克力让人更快乐。

而如果 p 值为 0.5，则表示事件发生的概率是 50%，有一半的情况下会出现这样的结果，它们就像野草一样常见。所以，在这种情况下，巧克力和全麦饼干似乎没什么区别。

在这些截然不同的情况之间，存在一条有争议的边界。如果 p 值等于 0.1 呢？等于 0.01 呢？这些数字是否标志着这些看起来是纯属偶然的巧合存在必然性？虽然说 p 值越低越好，但是到底要多低才够呢？

2. 对巧合过滤器进行校准

1925 年，统计学家罗纳德·埃尔默·费希尔（R. A. Fisher）出版了著作《研究人员的统计方法》（*Statistical Methods for Research Workers*）。[3] 在这本书中，他提出以 0.05 作为统计中的过滤孔径。换句话来说，我们过滤掉 20 次巧合中的 19 次。

为什么只留下剩下的那一次呢？如果你愿意，也可以把这个门槛设得更高。费希尔也不介意考虑 2% 或 1%，但这种为了避免"假阳性"的做法会带来一种新的风险——"假阴性"。剔除的巧合越多，过滤器滤去的真实结果也会越多。

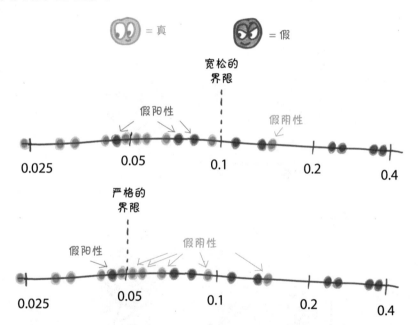

假设你在研究的课题是"男性是否通常都比女性高"，答案应该是"是的"。但如果你的样本中出现了一些偶然呢？如果碰巧选择了一些高于一般女性的女性、矮于一般男性的男性作为样本呢？那么严格的 p 值可能会让你否定这个答案，即使它是正确的。

数字 0.05 作为 p 值时代表的是一个灰色地带，介于监禁无辜者和让罪犯逍遥法外之间。

费希尔并不认为 p 值只能是 0.05。他在职业生涯中，对 p 值的设定是非常灵活的。有一次，他在同一篇论文中接受了一个 p 值等于 0.089 的结果（"有充足的理由怀疑这种分布……不是完全的偶然"），但否定了一个 p 值为 0.093 的结果（"如果真的存在这种关联，那么这种关联还不够强大，显著性不足"）。

在我看来，费希尔这样做不无道理。统计学家不该简单粗暴地把所有事都用统一标准进行评价。如果你告诉我饭后薄荷糖可以治口臭（p = 0.04），我会倾向于相信你；但如果你告诉我饭后薄荷糖可以治疗骨质疏松症（p = 0.04），我就不那么相信了。我承认 4% 的概率很小，但如果骨骼健康与薄荷糖之间真的存在很强的关联，科学家对这种关联忽视了几十年的概率更小。

因此，我们还必须考虑新的证据是否与现有的知识矛盾，不是所有的 p = 0.04 都是一样的。

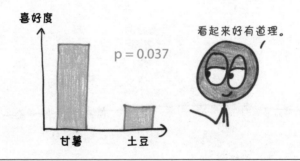

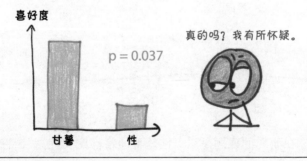

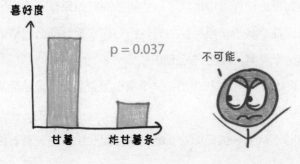

科学家是明白这个道理的。但在科学界这个以标准化和客观性马首是瞻的领域，逐案分析的细微判断很难得到辩护。20 世纪，在心理学和医学等人文科学中，5% 的 p 值逐步从"行业建议"发展到"行业指导"，最终成为"行业标准"。p = 0.049 9？足够显著了。p = 0.050 1？对不起，只能祝你下次好运了。

你可能会问，这是不是意味着有 5% 的认证结果是偶然事件？这么说不准确。应该反过来说，有 5% 的偶然事件会被认证为必然结果。

这是非常可怕的。

把 p 值想象成科学城堡里的守卫者。它欢迎"真阳性"进入城堡，同时要在门口击退"假阳性"敌军。尽管我们知道有 5% 的敌军会混进来，这个比例看上去好像已经够小了。

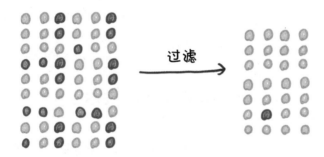

但是，如果进攻的敌军数量是我军的 20 倍呢？那么入侵敌军的 5% 将等于我们军队的全部。

更糟的是，如果进攻的敌军数量是我军的 100 倍呢？他们的 5% 将对我们有压倒性优势。城堡中充斥着假阳性的身影，而真阳性只能躲在角落里瑟瑟发抖。

科学家进行了大量真正答案为"否"的研究，而危险就在这之中。"对口型会让头发变白吗？""穿小丑鞋会引起酸雨吗？"如果科学家得到了100万个垃圾的研究结果，而将显著性水平设为5%，那就是有50 000个结论会被认为是真相。它们会蔓延到各种科学期刊，占据新闻的头版头条，让社交网络上有价值的信息越来越少。

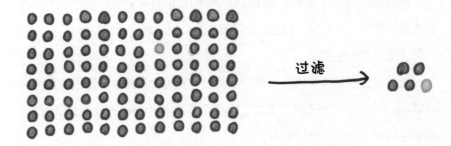

这还不是最令人沮丧的地方，事实上，情况会变得更糟——科学家无意中给这些敌军装备了抓钩和攻城锤。

3. 偶然事件的繁衍生息

2006年，心理学家克里斯汀娜·奥尔森开始留意和记录一种特殊的偏见现象：相较于不幸的人，孩子们更喜欢幸运的人[4]。奥尔森和她的同事发现，这样的偏见跨越了不同的文化[5]，而且从3岁一直到成年都会出现。既适用于那些有点儿坏运气（如摔了个狗啃泥）的人，也适用于遭受大灾难（如飓风）的人。这种效应稳健而持久——是真阳性。

2008年，奥尔森同意指导一个21岁学生的毕业论文[6]——没错，那个学生就是我。在她的大力帮助下，我设计了一个后续调查，研究5岁和8岁的孩子是否会倾向于把玩具给更幸运的人。

我对46个孩子完成测试后，发现答案是否定的。

不仅如此，我的研究结果还和奥尔森的完全相反：我的实验对象似乎更愿意把玩具给不幸的人。这个问题的难度远远没到"科学大求真"级别，一句话就能说清其中的道理：你当然会更愿意把玩具给弄丢了玩具的那个人。因为需要把这次实验结果整成30页的论文，我仔细查看着那些数据。每个实验对象都回答了 8 个问题，问题中包含一系列不同的情况。因此，我可以用几种方法来划分这些数字：

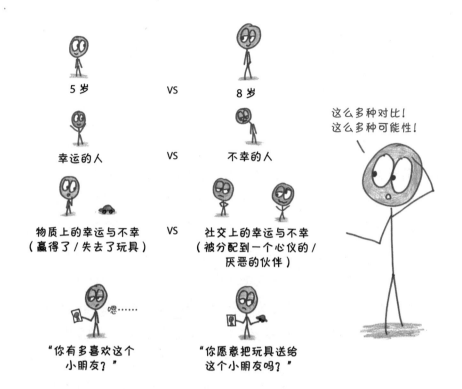

5 岁   VS   8 岁

幸运的人   VS   不幸的人

物质上的幸运与不幸
（赢得了 / 失去了玩具）   VS   社交上的幸运与不幸
（被分配到一个心仪的 /
厌恶的伙伴）

"你有多喜欢这个
小朋友？"   "你愿意把玩具送给
这个小朋友吗？"

这么多种对比！
这么多种可能性！

电子表格的这些行列，就是危险开始的地方。

从表面上来看，我的论文是站在科学城堡城门前的敌军，最关键的 p 值远远高于 0.05。[7]但继续看下去，其他的可能性出现了。如果我只考虑 5 岁的孩子呢？或者只考虑 8 岁的孩子呢？或者只考虑幸运又得到玩具的人？还是只考虑那些不幸又得到玩具的人？性别有影响吗？用满分 6 分的量表表示自己喜欢其他孩子的程度，对于把玩具分给得分至少为 4 的其他孩子，如果 8 岁的女孩比 5 岁的男孩对情境更敏感会怎样呢？

如果，如果，如果……

通过不断地分解数据，我可以将一个实验转换成二十个。在 p 值抵挡了敌军一次、两次，甚至十次后，我都可以再为它换上新的伪装，直到它最终溜进城堡。

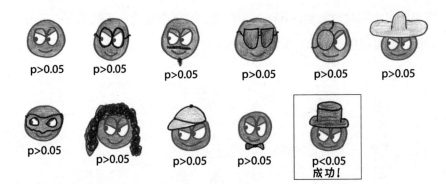

至此，本世纪可能最严重的方法论危机——"p值操控"诞生了。假如我们能找到一群热爱真理的科学家，让他们参加一场竞赛，如果得到阳性的结果就能拿走所有奖品，他们可能都会不由自主地像21岁的我一样，为自己钻空子的行为找借口。"好吧，也许我可以再检查一遍这些数字……""我知道这个结果是对的，只要排除那些异常值就好……""哦，调整了第7个变量后，p值会下降到0.03……"大多数研究都是模棱两可的，有一大堆的变量，还有很多可以站得住脚的解释数据的方法。你会选择将结果确定为"不显著"的方法，还是将p值降低到0.05以下的方法？

这种荒谬的例子并不罕见。在"伪相关性"网站[8]上，泰勒·维根（Tyler Vigen）梳理了数千个变量，发现它们之间有着密切而巧合的一致性。例如，从1999年到2009年，因掉进游泳池而淹死的人数与尼古拉斯·凯奇主演的电影数量有惊人的相关性。

也就是说，只要一直进攻偶然过滤器，p值黑客就能把一些假阳性混进来。

为了验证这一点，我把90人分成三组，为每个受试者分发一种饮料：直饮水、瓶装水或混合水。然后我测量了每个受试者的四个变量：他们跑100米所用时间，他们的智商分数，他们的身高，以及他们对碧昂丝的喜爱程度。接下来，我比较了所有的可能性。喝直饮水的人比喝瓶装水的人跑得快吗？喝瓶装水的人比喝混合水的人更喜欢碧昂丝吗？等等。这项研究花了我八个月的时间。

开个玩笑。我在电子表格中模拟了这个研究，耗时几分钟，运行了50次。

理论上，每个实验对象都是相同的：都是由相同的过程生成的随机数集合。任何出现的差异都是偶然的。尽管如此，通过进行三组受试者和四个变量的比较，我在 50 次试验中获得了 18 个"显著"结果。

p 值并没有只让 20 个偶然结果中的 1 个通过，这些偶然的结果通过的概率超过了三分之一，还有很多漏网之鱼。

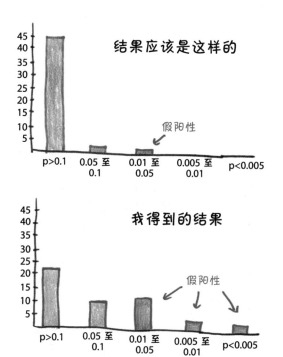

还有些其他方法可以操控 p 值。在 2011 年的一项匿名调查[9]中，有很大一部分心理学家承认自己进行过"有问题的研究实践"：

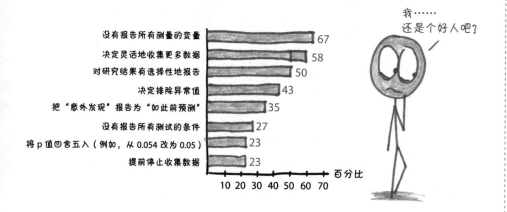

兔子急了也会咬人。当你无法确定初期结果时，你会去收集更多的数据。这看起来似乎无害，对吗？

为了评估这种 p 值操控的威力，我模拟了一项名为"谁是更好的抛硬币者？"的研究。这项研究非常简单：两个"人"（电子表格中的两列模拟数据）各抛 10 枚硬币，然后我们查看是否有其中一个人得到了更多的正面朝上。在 20 次模拟中，我获得了一次显著的结果。这符合 p = 0.05 的要求，让人感觉板上钉钉了。

接下来，我允许自己继续自由实验。再抛一枚硬币，再抛，继续抛，直到 p 值低于 0.05 时（或者我们抛了 1 000 次却还没有成功时），就停止这项实验。

结果改变了。现在，20 次实验中有 12 次取得了显著的成果。

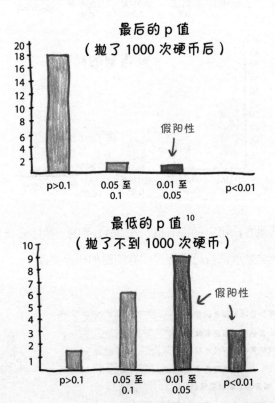

最后的 p 值
（抛了 1000 次硬币后）

最低的 p 值[10]
（抛了不到 1000 次硬币）

这样的把戏不符合科学的严谨态度，但也不能完全算作欺骗。在报告调查结果的论文中，三位作者将这种做法称为"科学竞争的激素，它人为地提高了科研成果，并把科学竞争变成一种军备竞赛，在这种竞赛中，严格遵守规则的研究人员是处于劣势的"。

有什么办法能让比赛更公平呢?

4. 向偶然事件宣战

这样的危机重新点燃了频率学派（frequentists）和贝叶斯学派（Bayesians）统计学家之间的宿怨。

从费希尔开始，频率学派就占了上风。他们的统计模型是中立的，并且遵从极简主义，不增加任何判断和主观评论。例如，p 值并不关注所检验的是一个必然成功的假设还是一个疯狂科学家的假设，而主观分析是得出结果后才进行的。

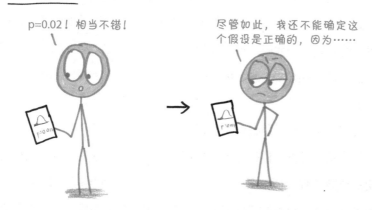

贝叶斯学派则反对这种一视同仁。在面对看起来很合理的假设和看起来很荒谬的假设时，为什么统计学要装作漠不关心，好像所有的 0.05 都一样?

贝叶斯学派的做法是这样的。首先是"先验"，即对假设正确概率的估计。薄荷糖能改善口臭? 正确概率高。薄荷糖能治疗骨质疏松症? 正确概率低。通过贝叶斯公式，你可以把这个估计转化成数学形式。接下来，在开展实验后，统计数据会帮助你更新之前的数据，权衡新的证据和旧的知识。

贝叶斯学派并不关心实验结果能不能通过某个任意的偶然事件的过滤器。他们关心的是数据是否足以说服我们，让我们改变之前的观念。

贝叶斯学派 ： 将判断融入统计中。

这个假设荒谬至极，我觉得这个正确的可能性只有三百万分之一。

实验 →

好吧，正确的概率是六万分之一，这个假设依然不成立。

贝叶斯学派认为，属于他们的时代已经到来。他们断言，频率学派已经摇摇欲坠，是时候开启一个新时代了。频率学派对他们的反击则是提出先验的方式过于武断，很容易被滥用。他们提出了自己的改革方案，比如降低 p 值的阈值[11]，从 0.05（或二十分之一）降低到 0.005（或两百分之一）。

当统计学在被反复讨论的时候，科学也没有袖手旁观。心理学研究人员已经开始了对抗 p 值操控的缓慢而艰难的过程。这是一连串使研究过程透明的革新工程 ： 研究人员需要预先登记研究，列出每一个测量的变量，并预先规定停止数据收集的时间以及排除异常值的规则。这就意味着，如果出现了一个使 p 值小于 0.05、伪装成真阳性的假阳性结果，后续的研究人员也可以浏览研究报告，查看之前的 19 个伪装真阳性失败的结果。一位专家告诉我，真正能解决问题的正是这一系列改革，而不是频率学派和贝叶斯学派纠结的数学哲学。

不管怎样，我的毕业论文遵循了这些标准中的大部分。它列出了所有收集到的变量，没有排除异常值，并明确了分析的探索性质。不过，当我给克里斯汀娜看本书这一章时，她说 ："在 2018 年看到你提起一篇 2009年的论文真的很有意思。现在，我的学生在做毕业课题时都会预先登记他们的假设、样本大小等，看来这些年，我们的进步可真不小！"

所有这些都将减缓敌军通过城门的速度。不过，我们还要解决那些已经混迹入城的敌军。要识别它们，只有一个解决方案：重复实验。

假设有 1 000 人都对 10 次抛硬币的结果进行了预测，他们中可能会有一个人将 10 次结果全部猜对。在你和这位新认识的预言家朋友自拍之前，应该先进行重复实验。让这个人再预测 10 次抛硬币的结果。也许要预测到 30 次、40 次。如果他是真正的预言家，应该能保持 100% 的准确率，而如果他只是碰巧猜中，他预测的准确率将回落到和普通人一样。

所有阳性的结果都可以如法炮制。如果某个发现是真的，那么重复实验会产生相同的结果；如果它是假的，那么之前的结果就会像海市蜃楼一样消失。

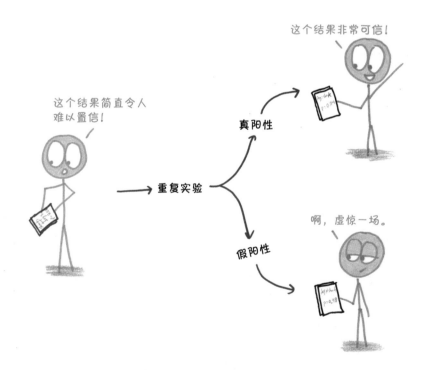

重复实验是一项缓慢而乏味的工作，它耗财耗时，而且产生不了任何新的发现。但心理学家们知道它的重要性，并开始直面困难。一个在 2015 年发表的重要科研项目仔细地复制了 100 项心理学研究的实验。[12] 实验结果发现，100 个样本中有 61 个不能复制，这一发现轰动一时。

在这个严峻的消息中，我看到了科学的进步。学术研究界正冷静地面对现实、承认真相，尽管真相可能很丑陋。现在，社会心理学家希望医学等其他领域的研究人员也能效仿他们的做法。

科学从来都没有被定义为绝对的正确或超乎人性的完美。在科学中，我们应该以健康的怀疑态度检验每一个假设。这场战斗中，统计学是必不可少的盟友。是的，它曾经把科学带到了悬崖边，但我们可以肯定，它未来也会将科学带回正轨。

第 19 章

记分牌争夺战
跑偏的统计数据

在 20 岁到 30 岁这段时间，我大概教了 5 000 节课，其中有其他成年人在场的不超过 15 节。即使在现在这个实行"学校问责制"的时代，课堂仍然是一个昏暗的、缺乏探索的地方。我能理解政客和其他外人对课堂的好奇，他们努力地观察学校的内部运作，希望自己所做的事能给学校带来一些改变，这还挺有意思的。

1. 全美国最优秀的老师

1982 年,《华盛顿邮报》洛杉矶分社社长是杰伊·马修斯（Jay Mathews）[1]，理论上，这意味着他要负责美国西部最重大新闻的报道工作。

而实际上呢，他的走马上任给全美高中生的微积分课带来了翻天覆地的变化。

重磅新闻！随着故事的展开，$\sum\limits_{k=1}^{\infty}\frac{1}{k}$ 正在发散！

嗯……请问我能为你做些什么吗？

终于有一天，马修斯忍不住来到东洛杉矶的詹姆·埃斯卡兰特（Jaime Escalante）老师的教室。这位玻利维亚裔的教师仿佛天生有一种力量，凭借自己的幽默风趣和对学生严厉的爱与殷殷期盼，他帮助加菲尔德高中的学生在美国大学预修课程（AP）微积分考试中取得了傲人的成绩。这些学生家境都不富裕，原本在学习上也没有什么优势。在马修斯调查的 109 人中，只有 35 人的父母有高中文凭。然而，他们在美国最艰难的课程之一中取得了成功。1987 年，这所学校通过 AP 微积分考试的墨西哥裔美国学生占了全美国的四分之一以上。1988 年，埃斯卡兰特成了美国最著名的教师：乔治·布什在总统辩论中提到了他的名字；爱德华·詹姆斯·奥莫斯在电影《为人师表》（*Stand and Deliver*）中饰演的角色以他为原型，并因此获得奥斯卡奖提名；马修斯则把他写进了书里，书名就叫《埃斯卡兰特：美国最好的老师》（*Escalante: The Best Teacher in America*）。

除了微积分里的商法则，马修斯还从埃斯卡兰特身上学到了重要一课：学生在压力下会表现得更出色，一个好的课堂是充满挑战的。因此，马修斯开始搜集统计数据，希望对各学校在这一维度上的表现进行比较。撇开社会经济学和人口统计数据不管，究竟哪些学校为学生创造了更好的挑战环境？

在挑选统计指标时，他没有选用"AP 平均分"，因为他担心在这一统计数据中表现突出的学校，往往是那些只让少数成绩优异的学生参加 AP 考试而把大部分普通学生排除在外的学校。马修斯认为学校不应该试图阻止学生接受智力挑战。他想衡量的是 AP 考试的覆盖范围，而不是它的排他性。

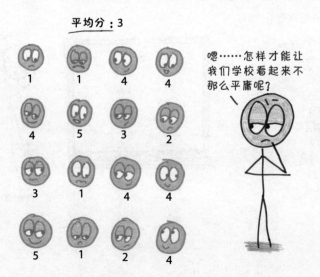

平均分：4.5

嘿嘿，完美。

4 5

4

5

他也没有选择"通过 AP 考试的平均人数"。在他的理解中，考试通过与否往往与社会经济状况有关。AP 课程只是让学生为上大学做更好的准备，无论是否通过，这次经历都比得分更重要。

最后，马修斯选择了更简单的指标：平均每个毕业生参加 AP 考试（和其他同等的大学水平考试）的次数。分数并不重要，重要的是尝试，他将这一指标称为挑战指数。1998 年和 2000 年的《新闻周刊》相继刊登了挑战指数高的学校排行榜，而在 2003 年，这一排行还登上了《新闻周刊》的封面。

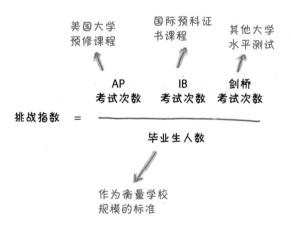

这个排名一公布，便一石激起千层浪。《新闻周刊》的一位读者称之为"天大的讽刺"[2]；一位教育学教授说这个名单"伤害了数千所学校，那些学校的教师每天呕心沥血地为数以百万计的学生提供富有挑战性和适当的教育，但那些学生却出于某些再正常不过的原因永远也不会参加 AP 或 IB 考试。"

20 年过去了。现在，这份名单每年都会出现在《华盛顿邮报》上，马修斯依然坚持己见。他写道："我进行这个排名，正是希望人们会对这份名单进行争论，并在这个过程中思考它所引发的问题。"[3]

也许这让我变成了一条容易上钩的鱼，但我心甘情愿。我认为"挑战指数"提出了一些深刻的问题——不仅关于我们的教育优先事项，还关于量化这个混乱、多面的世界的方法。我们进行量化时是应该选用复杂的方法还是简单的方法？如何权衡复杂性和透明性？最重要的是，像挑战指数这样的统计数据是在试图衡量世界的现状，还是试图改变世界？

2. 糟糕指标的惊悚片

生活中有两种人：一种喜欢简单粗暴的二元划分；另一种不喜欢。既然已经披露出自己是第一种人，就请允许我介绍一个有用的统计区分法：窗口和记分牌。

"窗口"如管中窥豹，是一个反映了现实某一部分的数字。它没有被纳入任何激励计划，它的结果也不会赢得喝彩或招致惩罚。这是一个粗糙、片面、不完美的指标，但对好奇的观察者来说仍然有用。比方说，一位心理学家要求受试者给自己的幸福感打分，分值从 1 到 10。这个数字只是粗略的简化方式，没有人会认为这个数字本身将给自己带来幸福或痛苦。

或者，假如你是一个全球健康研究员，要量化一个国家里每个人的身心健康状况是不可能的。你会看的是那些汇总的统计数据：预期寿命、儿童贫困、人均吃掉的果酱馅饼数——它们不代表整个现实，但它们是了解现实的宝贵窗口。

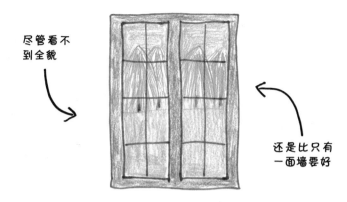

尽管看不到全貌

还是比只有一面墙要好

第二种度量标准是"记分牌"，它报告的是一个明确的、最终的结果。记分牌不是超然的观察数据，而是一种总结和判断，同时也是一种会改变结果的激励机制。

想想篮球比赛的比分就知道了。当然，弱队有时会打败强队，但如果把分数称为"不太完美的团队质量指标"，人们可能会觉得你不太正常。球员们得分不是为了证明团队的质量，因果关系正好相反，提高团队的质量是为了获得更多的分数。记分牌并不是一个粗略的测量，而是人们所期望的结果本身。

或者想想推销员的销售额。这个数字越大，就代表这份工作做得越好。就是这样。

销售记分板

财政季度

3

$61 328

$49 775

别人家的店

自己家的店

啊哦，我得抓紧时间了……马上就到最后一个财政季度了……

一个统计数据起到的作用可以是窗口，也可以是记分牌，这取决于谁在看。作为一名教师，我认为考试成绩是窗口，它们反映了一部分事实，却永远无法全面地表现学生的数学技能（灵活性、创造性，对"正弦"的喜爱度等）。然而，对学生来说，考试就是记分牌。它们并不是用于反映长期结果的模糊指标，而是结果本身。

许多统计数据都是有价值的窗口，但作为记分牌的功能却失调了。以英国救护车的故事为例，20 世纪 90 年代末，英国政府制定了一个明确的考核标准：医护人员接到"立即危及生命"的电话后，在 8 分钟内赶到现场的比例。目标为 75%。[4]

这是个还不错的窗口，但作为记分板却是可怕的。

首先是导致了数据造假。根据记录显示，大量的数据集中在电话打来后的 7 分 59 秒内，在 8 分 1 秒内的几乎没有。更糟的是，它还刺激了怪异的行为。一些救护人员为了在 8 分钟内抵达，完全放弃了救护车，骑着自行车穿过城市。在我看来，一辆在 9 分钟内抵达、专门运送病人的救护车比一辆在 8 分钟内抵达的自行车更有用，但记分牌可不这么认为。

下面让我来阐明这个道理，我将这系列称为糟糕指标惊悚片：

网站点击量

处理电话投诉的时间

我们现在要把 90% 的投诉都在 45 秒内处理完毕！

我们必须成为全国最高效的客服中心！

不好，41 秒了……很高兴和您聊天，永别了！

贫困的定义

正如之前承诺的那样，州长已经在全州彻底消除了贫困。

消除贫困的办法就是官方把"贫困"重新定义为"只吃稀饭、有伦敦东区口音、有音乐天分的孤儿"！

没错，所以这里没有贫困了。

学生的进步

从前期测试和后期测试的结果来看，
学生们的成绩有了显著提高。

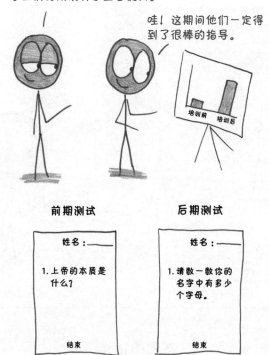

哇！这期间他们一定得
到了很棒的指导。

培训前　培训后

前期测试

姓名：————

1. 上帝的本质是
什么？

结束

后期测试

姓名：————

1. 请数一数你的
名字中有多少
个字母。

结束

营养

来吧，这可是最健康的
零食！0反式脂肪！

糖

产品销售收入

看！这个月的销售收入增加了超级多！

这难道不是因为我们把工程师涂成银色，然后把他们当作"奢华版家用机器奴隶"卖出去了吗？

嗯，如果他们有能力造出合适的家用机器人，我们就不会这么做了。

我只是想知道售价是不是太低了……

救救我！

大学排名

恭喜！客观地说，你的大学是全国最好的大学！

你这么说就是因为一个有钱的校友为每个宿舍都买了一台冰淇淋机，你甚至连我们的教学都没看过。

完全正确，我们认为硬件设施非常重要，就像甜筒需要脆皮支撑起来一样。

聘请雇员

嗯……现在想象有一个盒子围绕着我……

你为什么要雇这个糟糕的哑剧演员？

我和你一样震惊，他出色地通过了电话面试啊。

存活率

别担心。这位医生的病人存活率有 99%，你会得到很好的照顾的。

全面披露：在过去的十年里，我一直专注于脚趾的治疗，而且在这段时间里，我只有三个病人死去。

老师的附加值 [5]

对不起，伙计，你是个糟糕的老师。

可是……为什么？你是怎么得出这个结论的？

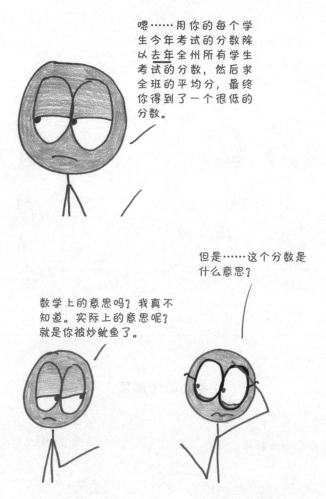

回到马修斯和《新闻周刊》的故事，我很自然地想到一个问题：挑战指数是一种什么样的衡量标准呢？

3. 是窗口还是记分板？

1998 年，马修斯第一次介绍挑战指数时写道：

几乎每位专业的教育工作者都会告诉你，给学校排名会适得其反，是不科学的、有害的、错误的。在这样的评估中，不论选用哪个标准，都将是狭隘和扭曲的……我接受所有这些论点。然而，作为一名记者，同时也是一名家长，我认为在某些情况下，一个排名系统——无论多么有限——都是有用的。[6]

这里的关键词是"有限"。学校具有的复杂性是不可简化的，就像生态系统或日间肥皂剧一样复杂。要用一个指标来度量如此复杂的系统，有两个基本的方法：（1）将多个变量合并到一个复杂的综合评分中；（2）选择一个简单明了的变量。

这让我想起了橄榄球。在橄榄球中，衡量四分卫球员表现的一个简单方法是传球完成率（completion percentage），也就是他的传球被成功接住的次数除以他的传球数。他传出的球有多少被接到？大多数赛季中，联赛冠军队的传球完成率接近 70%，而联赛的平均水平为 60% 多一点儿。

和许多窗口一样，传球完成率介于"简单"和"过于简单"之间。它对保守的 5 码传球和足以扭转战局的 50 码传球一视同仁：二者都"被接住了"；它将传球失误带来的小失落与传球被拦截的不幸相提并论：二者都"没有被接住"。虽然所有的统计数据都有缺陷，但至少这些缺陷是透明的，我们不能指责"传球完成率"是虚假宣传。

而"传球者评分"（passer rating）[7] 则截然不同。这个令人眼花缭乱的古怪统计指标包括了传球尝试次数、传球完成次数、码数、触地得分次数和拦截数，分数范围为从 0 到 $158\frac{1}{3}$。它与团队胜利紧密相关，但我从未见过任何人说自己知道如何计算传球者评分或知道这个指标的盲区在哪里。

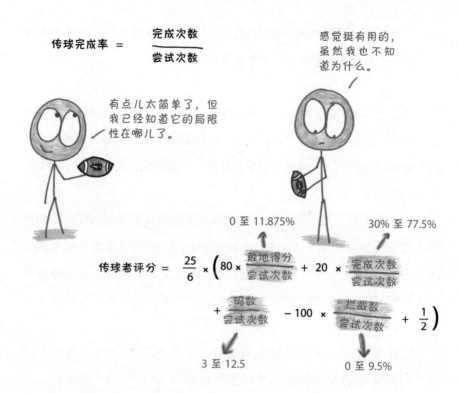

$$传球完成率 = \frac{完成次数}{尝试次数}$$

有点儿太简单了，但我已经知道它的局限性在哪儿了。

感觉挺有用的，虽然我也不知道为什么。

$$传球者评分 = \frac{25}{6} \times \left(80 \times \frac{触地得分}{尝试次数} + 20 \times \frac{完成次数}{尝试次数} + \frac{码数}{尝试次数} - 100 \times \frac{拦截数}{尝试次数} + \frac{1}{2}\right)$$

0 至 11.875%

30% 至 77.5%

3 至 12.5

0 至 9.5%

在橄榄球的传球者评分和传球完成率之间做选择，就是需要我们在复杂和透明之间进行权衡的例子。我很清楚马修斯是那种会选择"传球完成率"的人。在介绍 2009 年《新闻周刊》中的排行榜时，他写道：

> 简明的标准是它的优势之一。每个人都能理解挑战指数的简单算法并参与讨论，而不是像《美国新闻与世界报道》（*U.S. News & World Report*）中的"美国最好的大学"这类排名，其中有太多的因素让人无法理解。[8]

如他所言，挑战指数作为一个粗略的衡量标准，总比什么都没有强，它甚至还坦承了自己的不完美。这是一个诚实的窗口。

然而，当他在全国性的新闻杂志上以"美国最好的高中"为题发表这些统计数据时，你会开始发现这个窗口就成了一个记分牌。

2002 年，美国国家研究委员会写道："这份名单有了自己的生命力。

如今，跻身榜单前 100 名对高中而言变得非常重要，一些没有上榜但有竞争力的高中甚至在自己的网站上发布了声明，解释本校没有上榜的原因。"[9]

威斯康星州密尔沃基市的一名教师说："家长们的意见是最大的。如果我们提供更多的 AP 课程，学校在社区中的地位会上升，还可能进入《新闻周刊》的前 100 名。"[10]

糟糕的记分牌有一个特点，就是它们很容易被利用。在这个案例中，学校可以通过要求更多学生选修 AP 课程，提高挑战指数。马修斯在《华盛顿邮报》的同事瓦莱丽·施特劳斯（Valerie Strauss）写道："因为挑战指数只考虑 AP 考试的参加次数，而不考虑实际的分数，所以学校会让尽可能多的学生参加考试。"[11]

另一个问题在于计算方式。为了方便起见，马修斯没有用"全部学生"作为分母，而是选择将"即将毕业的学生"作为分母。假设每一个学生都能在四年内毕业，那么在数学上二者是等价的。但在高辍学率的情况下，这个数据会出现异常。以任意三个学生为例，如果每人都参加了一次 AP 考试，然后有两名学生辍学，那么根据马修斯的算法，剩下的一位毕业生已经参加了三次 AP 考试。

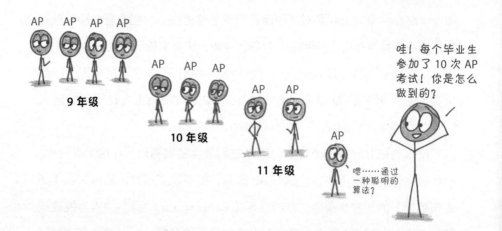

关于挑战指数的故事应该这么讲。最初，它的确是个很好的窗口，通过考虑参加考试次数而不是通过考试的次数，在排除财富和特权的影响后，评估了学校是否为学生营造了一个富有挑战性的环境这一更深层次的问题。尽管它并不完美，但无疑是有价值的。

然而，随着事态的发展，它不再是一位记者为了确定"最具挑战性"的学校而进行的排名，而成了一家著名的新闻杂志公布的"最好"学校的名单。这就产生了反常的激励效果，把好窗口变成了坏记分牌。

故事到这里似乎可以告一段落了，我们可以去看一场橄榄球赛或准备一下 AP 考试，但这将错过这个故事最有趣的转折，以及马修斯正在玩的游戏的真正本质。

4. 放开那只灵长类动物

消费者排名通常有助于为消费者提供具体的选择建议：买哪种车，申请哪所大学，看哪部电影，诸如此类。但目前还不清楚这种逻辑是否适用于全国范围内的高中排名。我要举家从佛罗里达州搬到蒙大拿州，去上《新闻周刊》中被肯定的高中吗？在决定是去伊利诺伊州斯普林菲尔德市的高中还是马萨诸塞州斯普林菲尔德市的高中之前，你会参考统计数据吗？这个指数和排名究竟是为谁编制的呢？[12]

马修斯自己也承认，这很简单，他就是为了排名而排名。

他说："人们是无法抗拒各种排行榜的，具体的内容是什么并不重要——SUV、冰淇淋店、足球队、肥料分配器，什么都好，我们就是想看看谁在上面，谁不在上面。"[13] 2017 年，他写道："我们都是部落里的灵长类动物，无休止地痴迷于等级排序。"[14] 挑战指数利用了灵长类心理学的这种怪癖，将其变成武器，使学校变成更富挑战性的环境。

有批评人士称这是一个很容易被操纵的排行，但马修斯并不介意。事实上，这就是问题的关键：他认为参加考试的学生越多越好，对学生严厉督促、连哄带骗让他们参加考试的学校不是作弊，他们这样做很好。他甚至对"最好"这个称号很满意，在接受《纽约时报》采访时他表示，这个词"在我们的社会中是很有弹性的"[15]。

为了支持观点，马修斯喜欢引用一个 2002 年对得克萨斯州 30 多万名学生的研究。[16] 研究人员对学术能力评估测试（SAT）成绩较低的学生进行了调查，发现在 AP 考试中获得 2 分（不及格）的学生后来的表现要优于没有参加 AP 考试的同龄人。看起来，就算当时没有通过考试，努力本身似乎还是为大学的成功打下了基础。[17]

故事就是这样又出现了反转。马修斯认为，挑战指数是一个有缺陷的窗口，但也是这个国家需要的记分牌。

无论好坏，这份名单的影响是真实的。马修斯将登上排行榜的及格线划为 1.000——平均每个毕业生参加 AP 考试的次数为 1。1998 年，全国只有 1% 的学校及格；截至 2017 年，全国及格的学校增加到了 12%[18]，而在华盛顿特区——马修斯的影响力中心（毕竟，他为《华盛顿邮报》撰稿），这个数字超过了 70%。

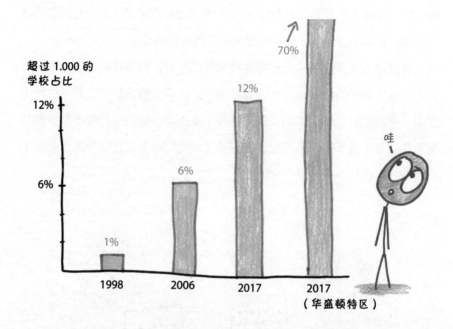

在马修斯看来，挑战指数尖锐地抨击了那种死气沉沉、固执己见的现状："人们都认为有很多富孩子的学校就是好的，而有很多穷孩子的学校就很糟糕。"[19] 他自豪地指着满是来自低收入家庭学生的高排名学校。而至于那些反对意见呢，比如佛罗里达州盖恩斯维尔市东区高中的孩子们中许多人的阅读水平都低于这个年级的正常水平，或者洛杉矶洛克高中的孩子们辍学率惊人，他都驳回了，他说这些学校的努力应该得到认可，而不是指责它们的困难。

每一项统计数据都编织了一个它试图衡量的世界的未来愿景。就挑战指数而言，这一愿景带着对詹姆·埃斯卡兰特的怀念，以及在全国范围内复制他的做法的希望。你对马修斯的统计数据的看法，归根结底，取决于你对他的愿景的看法。[20]

第20章
碎纸机的故事

生命的图书馆里有一头叫作数字人文学（Digital Humanities）的怪兽，它拥有文学评论家的身体、统计学家的头脑，以及心理学家史蒂芬·平克（Steven Pinker）的一头乱发。有些人把它当作射入黑暗洞穴的一束光，并为之欢呼；而另一些人则把它视为流着口水啃着第一版《包法利夫人》的狗，对它不屑一顾。所以，这只怪兽是做什么的呢？

很简单：它将书籍转换成数据集。

1. "可想而知"做错了什么？

去年，我读了本·布拉特（Ben Blatt）的著作《纳博科夫最喜欢的词》[1]，这本令人愉悦的书通过统计技术分析了一些文学领域的伟大作家。第一章题为"简洁'地'用词"，探讨了一个老生常谈的写作建议：少用副词。斯蒂芬·金曾经把副词比作杂草，并警告说："通往地狱的道路是由副词铺成的。"因此，布拉特统计了不同作者的作品中以"–ly"结尾的副词使用频率（firmly "坚定地"，furiously "猛烈地"等），最后发现：

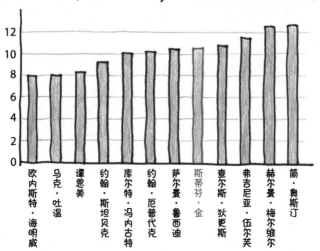

在 1 000 个单词中以 "–ly" 结尾的副词出现次数

欧内斯特·海明威 / 马克·吐温 / 谭恩美 / 约翰·斯坦贝克 / 库尔特·冯内古特 / 约翰·厄普代克 / 萨尔曼·鲁西迪 / 斯蒂芬·金 / 查尔斯·狄更斯 / 弗吉尼亚·伍尔芙 / 赫尔曼·梅尔维尔 / 简·奥斯汀

作为英国最杰出的小说家之一，简·奥斯汀对副词的友好态度似乎充分驳斥了这一观点。但是布拉特指出了一个有趣的规律，在同一个作家的作品中，最伟大的小说[2]往往使用的副词最少。（衡量"伟大"的标准请参见尾注）

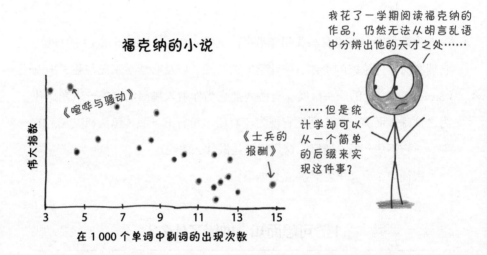

福克纳的小说

《喧哗与骚动》

《士兵的报酬》

伟大指数

在 1 000 个单词中副词的出现次数

我花了一学期阅读福克纳的作品，仍然无法从胡言乱语中分辨出他的天才之处……

……但是统计学却可以从一个简单的后缀来实现这件事？

F. 斯科特·菲茨杰拉德副词最少的小说是《了不起的盖茨比》；托妮·莫里森的是《宠儿》；查尔斯·狄更斯的是《双城记》，紧随其后的是《远大前程》。当然，也有例外——纳博科夫的《洛丽塔》可以说是他最受推崇的小说，而其中的副词频率达到巅峰。但趋势还是很明显的 :低频使用副词让写作更清晰有力，而高频使用副词暗示了内容和节奏不够紧凑。

我想起了大学里的一天，我的室友尼尔什笑着对我说 :"你知道我最喜欢你什么吗？就是你非常爱用'可想而知'（conceivably）这个词，这是你的口头禅之一。"

我愣住了，进行了反省。而从那一刻起，"可想而知"这个词从我的字典里消失了。

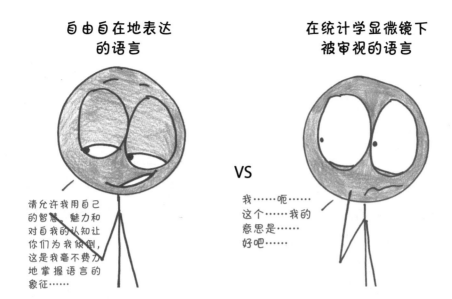

尼尔什为这个词的消失难过了好几个月，而我同时背叛了两个朋友——这个单词和我的室友。我实在无能为力。原本我脑海中那个将意义转化为文字的幽灵是靠本能在工作的，它在阴影中自在地茁壮成长，而当我们把注意力集中到一个特定词的选择上时，会使这个幽灵感到害怕，它便退缩了，再也不用这个词了。

看了布拉特的统计数据后，这种情况再次发生了。我得了副词妄想症。从那以后，我写作的时候就像一个不安的逃亡者，害怕那些以"–ly"结尾的副词会像蜘蛛爬进熟睡时的我嘴里那样溜进我的散文中。我认识到，这是一种生硬的、人为的语言研究方法，更不用说其中幼稚的"相关性等于因果关系"的统计方法了。但是我没办法。简单来说，这就是数字人文学科的希望和危险；而就我而言，重点在于"简单"。

文学作为词的集合，是一个异常丰富的数据集。反之，如果仅仅作为一个词的集合，文学就不再是文学。

统计在运作时会排除上下文，它对洞察力的探索始于意义的消失。作为一个统计爱好者，我被吸引了；而作为一个爱书的人，我却退缩了。丰富的文学语境和冰冷的统计分析之间，能否有和平共处的方式？还是像我担心的那样，它们就是宿敌？

2. 统计学家解放了文化的研究

2010 年，以让－巴蒂斯特·米歇尔（Jean-Baptiste Michel）和埃雷兹·利伯曼·艾登（Erez Lieberman Aiden）为首的 14 位科学家发表了一篇轰动全球的研究文章，文章题为《通过数百万本数字化书籍对文化进行的定量分析》（*Quantitative Analysis of Culture Using Millions of digital Books*）[3]。每当我读到它的开场白时，我都情不自禁地感叹一声"我的天哪"。它的开头是："我们构建了数字化文本的语料库，其中包含的书占世界上印刷图书总数的 4%。"

我的天哪！

与所有统计学研究项目一样，这个研究需要大刀阔斧地简化。文章作者做的第一件事就是将整个数据集——500 万本书，总计 5 000 亿个单词——都分解成他们所谓的"1-gram"。他们解释道："一个 1-gram 就是一串中间没有空格的字符，包括单词（'banana''SCUBA'），也包括数字（'3.14159'）和错别字（'excesss'）。"

句子，段落，论点——它们统统消失了，只剩下一个个文本的碎片。

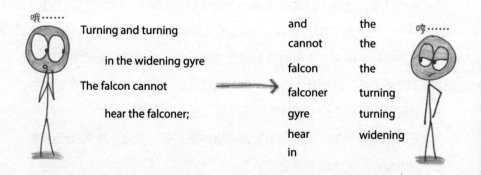

为了探测数据的深度，研究人员汇总了频率为十亿分之一以上的 1-gram。从 20 世纪初期到中期再到末期，他们可以从语料库看出语言的不断发展：

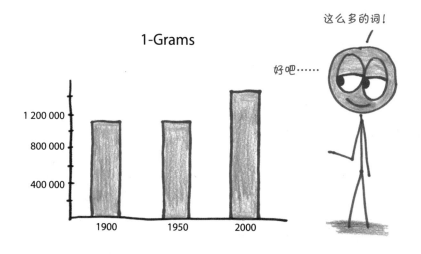

在研究了数据后发现，1900 年的 1-gram 中只有不到一半是真正的单词（不属于数字、拼写错误、缩写等），而 2000 年的 1-gram 中有超过三分之二是真正的单词。从统计的样本中，研究者估算出了每年英语单词的总数：

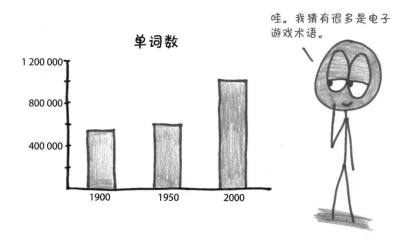

接着，他们在两本常用的词典中查找了这些 1-gram，发现词典编纂者正在努力跟上语言的发展步伐。尤其值得一提的是，这些词典没有收录大多数罕见的 1-gram 单词：

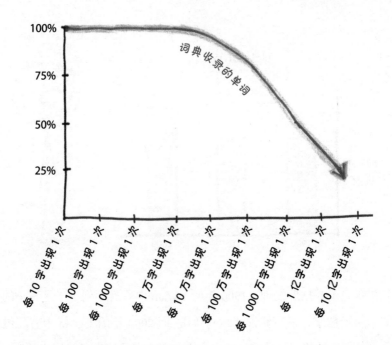

我在平时的阅读中，并没有遇到很多罕见的、词典中没有收录的词汇。那是因为……嗯……它们确实很罕见。然而，语言中充斥着大量默默无闻的、出现频率低于一亿分之一的单词。总的来说，作者估计"52%的英语词汇，也就是英文书中使用的大多数单词，都是由标准参考文献中没有记载的'暗物质'词汇组成"。这些词典只触及了皮毛，漏掉了像"slenthem"（一种金属制作的乐器）这样的珍宝词汇。

对这些研究人员来说，在词汇中的探险还只是热身。接下来，作者们通过跟踪筛选的 1-gram 频率研究了语法的演变、作家成名的轨迹、审查制度的印记和历史记载的转变模式。所有这些只用了十几页就完成了。

这篇文章让我惊掉了下巴。《科学》杂志察觉了这一研究的重要意义，免费向非订阅客户开放这篇文章。《纽约时报》宣称："这是一扇崭新的文化之窗。"[4]

文学学者倾向于研究独特的"经典"，只有少数精英作家能被深入、专注地分析。比如托妮·莫里森和詹姆斯·乔伊斯，还有坐在乔伊斯的键盘上敲下了《芬尼根的守灵夜》（*Finnegans Wake*）的那只猫。但这篇论文指向的是另一种模式：一个包罗万象的"语料库"，在这个语料库中，无论是知名的还是无名的图书，都同样获得研究者的注意。统计数据是推翻文学的寡头制、建立起民主政体的有力工具。

理论上，精读和正典与统计学和语料库，这两种模式并没有无法共存的理由。尽管如此，像"精确测量"[5]这样的短语还是指出了一种冲突。文学的意义能"精确"吗？它们可以被描述为"可测量的"吗？或者说，这些强大的新工具会带领我们离开难以量化的艺术深处，去寻找我们的锤子能打到的钉子吗？

3. 这句话是女人写的

在我来看，散文应该是没有性别的。我的散文像雌雄同体的海绵；弗吉尼亚·伍尔芙的散文则像银河[6]或神的启示。但伍尔芙在《一间自己的房间》表达了相反的观点，她认为早在 1800 年，流行的文学风格就已经演变成男人思想的容器，容纳不了女人的思想。散文的节奏和形式本身就带有某些性别特征。

这个观点在我脑海里萦绕了几个月，直到我在网上看到一个叫"魔幻酱汁"（Apply Magic Sauce）[7]的项目，它可以阅读你复制粘贴上去的文章节选，并通过神秘的分析方法预测作者的性别。

这太有意思了，我必须试试。

我博客的内容	得分	情绪反应
"关于我"页面	90% 女性特质	竟然有点儿正确
最受欢迎的文章（终极井字游戏）	96% 男性特质	不知为何感觉有点儿愧疚
第一篇病毒式流行的文章（数学差是什么感觉）	50% 男性特质，50% 女性特质	太酷了

在眼花缭乱的博客网站上，我花了一个小时复制粘贴了 25 篇博客文章[8]，这些文章写于 2013 年至 2015 年。最终的结果是这样的：

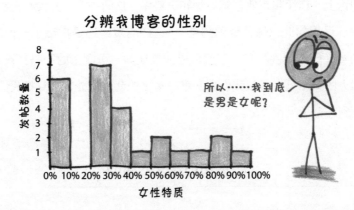

由于"魔幻酱汁"团队对技术是保密的，我开始试图探究这个算法可能的运行模式。它是用图表绘出了我的文章片段吗？它嗅出了我情感中潜在的男权主义吗？它是否像我想象中的弗吉尼亚·伍尔芙那样，渗透到我的思想中，把阅读图书上升为一种阅读灵魂的形式？

不，它很可能只是观察单词的频率。

在 2001 年发表的一篇名为《按作者性别对文字自动进行分类》（*Automatic Categorizing writing text by Author Gender*）的论文[9]中，三位研究人员仅通过计算几个简单单词的出现次数，就成功地将男性和女性作家区分开来，准确率达到 80%。后来的一篇题为《正式书面文本中的性别、体裁和写作风格》（*Gender, Genre, and Writing Style in Formal Written Texts*）[10]的论文用通俗易懂的语言阐述了这些差异。一方面，男性更多地倾向于使用名词限定词（"一个""这""一些""大多"……）；另一方面，女性更喜欢使用代词（"我""他自己""我们的""他们"……）。

非虚构类作品中的单词类型

	代词	名词限定词
男性	2.8%	12.5%
女性	3.9%	11.5%

~太令人惊讶了！

我的天哪！

事实上，甚至连"你"这个平平无奇的单词出现的频率都能透露出作者的性别：

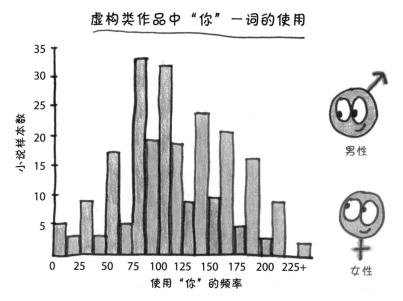

这个数据系统如此简洁，让人们更惊讶于它的准确性。这种方法忽略了所有的上下文、所有的句意，只关注非常小的一部分单词的选择。正如布拉特所指出的那样，它会把"这句话是女人写的"[11]这句话评价为更有可能是男人写的。

然而，如果你把视野扩大到所有的单词，而不仅仅是语法上的小连接词，那么结果就会转向刻板印象。一家名为 CrowdFlower 的数据公司研究出一种用于推断社交网络账户所有者性别的算法，它选出了以下性别预测词汇：[12]

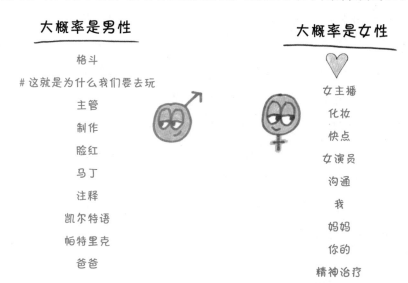

而在《纳博科夫最喜欢的词》中，本·布拉特发现经典文学中最具有性别特征的词是[13]：

大概率是男性	大概率是女性
主厨	枕头
后面	蕾丝
公民	卷发
更大	连衣裙
当然了	瓷器
敌人	短裙
伙伴们	窗帘
国王	杯子
公共的	床单
合同	耸肩

"魔幻酱汁"看起来也依靠了这些线索。当数学家凯茜·奥尼尔使用"魔幻酱汁"的算法测试一名男性写的关于时尚的文章时，结果为 99% 女性特质。当她测试一名女性写的关于数学的文章时，结果是 99% 男性特质。而奥尼尔自己的三篇文章则分别获得了 99%、94% 和 99% 的男性特质评分。"这是个小范围的测试，"她写道，"但我打赌，这个模型代表了一种刻板印象，根据作者选择的主题来确定作者的性别。"[14]

这些结果不准确的例子并没有平复我内心的恐惧。我的男性特质似乎已经渗透到我的思维中，以至于一种算法可以用两种不重叠的方式将它检测出来：其一是我对代词的使用情况；其二是我对欧几里得的喜爱。

我知道，这在某种程度上证明了伍尔芙是对的。她发现了男人和女人正经历着不同的世界，并相信女权的斗争必须从句子的层面开始。[15] 粗糙的统计数据也证实了这一点：女性写作的话题和方式与男性不同。

不过，我还是觉得这一切都有点儿令人沮丧。如果说伍尔芙的写作揭示了她的女性特质，我更愿意认为这些女性特质嵌入了她的智慧和幽默之中，而不是通过她使用名词限定词的频率较低表现出来的。听伍尔芙分辨男性和女性的散文，感觉像是去看一位值得信赖的医生，而如果让算法做同样的事，就让人感觉像在机场被搜身一样。

4. 建筑，砖块和砂浆

写于 1787 年的《联邦党人文集》为美国的治理奠定了基础。文集中充满了政治的智慧、精明的辩论和不受时间影响的名言。如果能把"参加了这部文集的编写"写进简历，那将成为"杀手锏"，但还有一个问题——作者没有署名。

在最初的 77 篇文章中，历史学家认为亚历山大·汉密尔顿写了 43 篇，詹姆斯·麦迪逊写了 14 篇，约翰·杰伊写了 5 篇，几个作者合著了 3 篇，但还有 12 篇的作者仍然是谜。作者是汉密尔顿还是麦迪逊？将近两个世纪后，这个悬案早就失去了讨论的热度。

20 世纪 60 年代，两位统计学家登场了：弗雷德里克·莫斯塔勒（Frederick Mosteller）和戴维·华莱士（David Wallace）。弗雷德里克和戴维都意识到了这个问题的棘手之处。在写作时，汉密尔顿平均每句为 34.55 个单词，而麦迪逊平均每句为 34.59 个单词。"从某些方面来看，"他们写道，"两位作者简直是双胞胎。"[16] 因此，他们采取了优秀的统计学家在面对棘手问题时通常会选择的办法。

他们把《联邦党人文集》撕成了碎片。[17]

上下文？不再考虑了。其中的意义呢？也随之灰飞烟灭。只要《联邦党人文集》仍然是基础文本的集合，它们就毫无用处。它们必须变成一张张字条和一堆堆倾向，换句话来说，一个数据集。

即使在数据集里，大多数的单词也都是没用的。它们出现的频率并不取决于作者，而是取决于主题。比如关于"战争"一词，弗雷德里克和戴维写道："在讨论武装部队时，这个词出现的频率预计会很高。而在关于投票的讨论中，这个词出现的频率很低。"他们给这些词贴上"语境化"的标签，并尽量避免使用它们，因为它们本身的意义太明确，和主题相关性太高了。

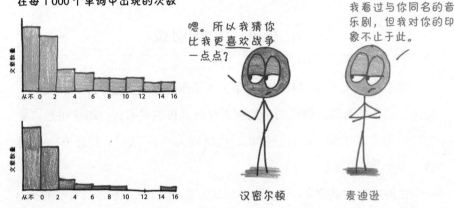

在寻求"无意义"的单词时，对"根据（upon）"这个词的分析押对了宝，麦迪逊几乎从未使用过这个词，但汉密尔顿把它当作万能调味料：

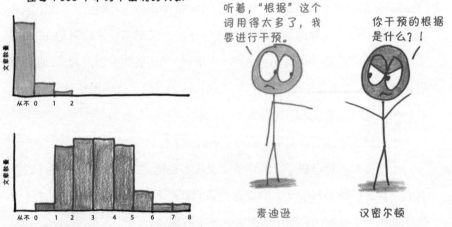

有了这些数据，弗雷德里克和戴维把每个作者都简化成一沓"无意义"单词的扑克牌，在同一沓牌中，每张扑克牌（每个单词）出现的频率是基本一定的。接下来，只要统计某些特定单词在那些作者存疑的文章中的出现频率，他们就可以推断出这篇文章到底属于哪一沓牌。

这是个好办法，他们就这样得出了结论："那 12 篇有争议的文章极有可能都是麦迪逊写的。"

半个世纪以来，这一技术已经成为一个标准的研究方法。人们用它分析过古希腊散文、伊丽莎白一世时期的十四行诗和罗纳德·里根演讲稿的作者。本·布拉特将这个算法运行了近 3 万次，仅通过统计 250 个常用词的频率，验证这个算法在面对一本书的两个真假作者时的分辨能力，结果发现它的成功率为 99.4%。

尽管理智告诉我这没有什么错，但我的情绪还是很抗拒他们这么做。我要怎么才能接受一本书就这样被分解成字节了呢？

2011 年，斯坦福大学文学实验室的学者尝试了一个棘手的跃进试验：从识别文章作者到识别文章体裁。[18] 他们使用了两种方法：词频分析和一种更复杂的句子层面的工具（称为 Docuscope）。出人意料的是，这两种方法都能进行准确的体裁判断。

以下面的文段为例，这是电脑认为在由 250 本小说构成的语料库中最具"哥特风格"的一页：

> He passed over loose stones through a sort of court, till he came to the arch-way; here he stopped, for fear returned upon him. Resuming his courage, however, he went on, still endeavouring to follow the way the figure had passed, and suddenly found himself in an enclosed part of the ruin, whose appearance was more wild and desolate than any he had yet seen. Seized with unconquerable apprehension, he was retiring, when the low voice of a distressed person struck his ear. His heart sunk at the sound, his limbs trembled, and he was utterly unable to move. The sound which appeared to be the last groan of a dying person, was repeated...

> 他踏着那些松动的石板，穿过院子，一直走到拱门那儿，又因为害怕而停住了脚步。过了一会儿，他还是鼓起了勇气，打算顺着那个人影走过的路继续往前，走着走着，突然发现自己置身于废墟中一个封闭的空间，这地方比他所见过的任何地方都要荒凉和死寂。他怀着无法抑制的恐惧正要走开时，一个痛苦低沉的人声在他耳边响起。听到这声音，他的心提到了嗓子眼，四肢发抖，完全动弹不得。那似乎

是垂死之人最后的呻吟，一声又一声……

看到这里，我感觉到了两种不同的恐怖。首先，自然是文段中废墟拱门和死亡呻吟的哥特式恐怖。而另外一种令人不寒而栗的感觉，则是因为一台电脑甚至不用看一眼"拱门""废墟"或"垂死之人最后的呻吟"这些词就能探测到文章的"哥特风格"。仅仅根据代词（"he""him""his"）、助动词（"had""was"）和动词结构（"struck the""heard the"），它就判断出了这段话的风格。

我有些不安，算法比我知道的多太多了。

令我稍感宽慰的是，研究人员给出了一个试探性的结论：没有一个单一的元素可以区分一个作家或流派，也没有一个独有的特征可以让所有其他作家效仿。相反，写作中的特征包括很多方面，从小说的总体结构一直延伸到分子般的音节结构。而统计数据和文学意义是可以在相同的单词序列中共存的。

大多数时候，我是为了建造一个自己的世界而阅读，书中有情节、主题、人物——这是一种高层次的结构，是任何路人都能看到，但统计数据却无法解释的层面。

如果看得再近一些，我就可以看到这个建筑的一砖一瓦，包括句子、句子结构、段落的设计。这是我的高中英语老师教我观察的微观结构，计算机也能学会做同样的事。

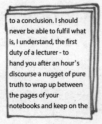

而在这之下还隐藏着砂浆，包括代词、介词、不定冠词。这些纳米级结构对我的眼睛来说太精细了，但对于统计学家的化学分析来说却是理想的研究对象。

... you after an hour's discourse a... =

虽然这只是一个比喻，但这个比喻是我大脑中冥冥响起的声音。我头脑一热，便打开这本书的第一部分（"如何像数学家一样思考"），对以"–ly"结尾的副词频率进行了统计，结果为每 1 000 个单词中有 10 个，和弗吉尼亚·伍尔芙作品中以"–ly"结尾的副词频率差不多，这是一个好预兆。接下来，我忍不住删除了不必要的"–ly"副词，直到频率下降至每 1 000 个单词中 8 个以下，这是属于欧内斯特·海明威和托妮·莫里森的频率。我突然发现，作弊的感觉很棒。

新的统计技术真的能与更古老、更丰富、更人性化的语言理解方式和谐相处吗？是的，这是"可想而知"的。

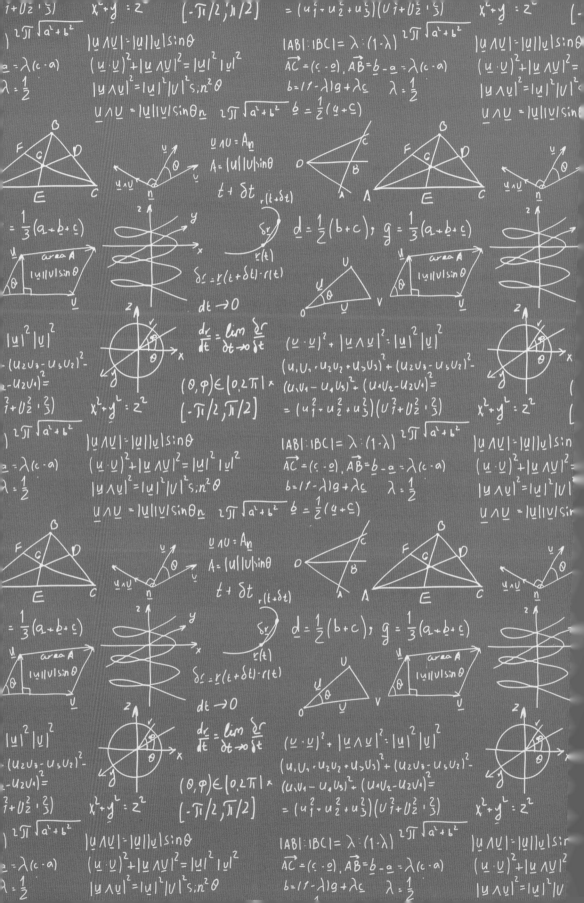

第五部分

转折点：
一步的力量

　　带着计步器的人对自己每天走多少步非常清楚：待在家里的一天只走了 3 000 步；忙忙碌碌的一天走了 12 000 步；被狗熊追逐的一天走了 40 000 步（如果不幸遇到一只跑得快的狗熊，也有可能只走四五步就被扑倒了）。

　　这种计数掩盖了一个我们都知道的事实：并非每一步都是相同的。

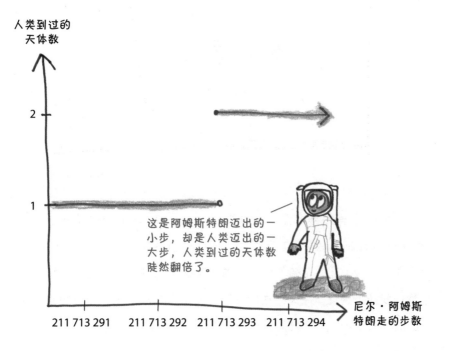

人类到过的
天体数

2

1

这是阿姆斯特朗迈出的一小步，却是人类迈出的一大步，人类到过的天体数陡然翻倍了。

尼尔·阿姆斯特朗走的步数

211 713 291　　211 713 292　　211 713 293　　211 713 294

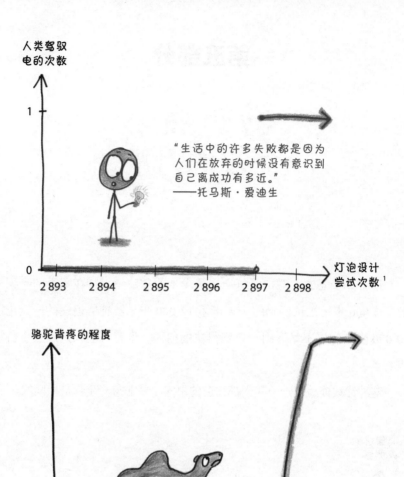

"生活中的许多失败都是因为人们在放弃的时候没有意识到自己离成功有多近。"
——托马斯·爱迪生

在数学中有两种变量：连续变量（continuous variable）和离散变量（discrete variables）。连续变量可以以任何增量变化，无论这个增量多么小。我可以喝 1 升的无糖苏打水，也可以喝 2 升，或是任何介于两者之间能溶掉我牙齿的量。摩天大楼的高度可以是 300 米，也可以是 300.1 米或 300.029 851 7 米。对于任意两个数字来说，无论它们多么接近，我们都可以继续细分它们之间的差异。

相较之下，离散变量的变化是跳跃的。你可以有 1 个或 2 个兄弟姐妹，但不可能有 $1\frac{1}{4}$ 个。当你买一支铅笔时，商店可以收 50 美分或 51 美分，但不能收 50.438 71 美分。[2] 对于离散变量而言，有些数字之间是不能分割的。

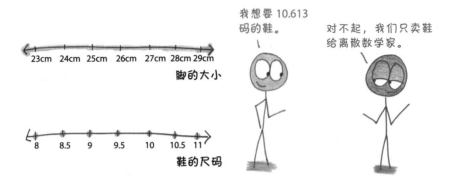

生活是连续变量和离散变量的有趣组合。冰淇淋的量是连续的（给人持续的快乐），但冰淇淋的尺寸则是离散的。工作面试的质量会连续不断变化，但是任何申请产生的工作机会数量都是离散的（0 个或 1 个）。车辆的行驶速度是连续的，但速度的极限则是个单独的离散变量。

这种从连续到离散的转换过程可以将微小的增量放大为巨大的变化。一丁点儿的加速度可能就会让你得到一张超速罚单；在面试中，一个不雅的饱嗝可能会让你失去这份工作；想要多吃一点儿冰淇淋的欲望迫使你点了一桶超大的冰淇淋，尽管这种欲望并不是你的错。

这些就是在一个把"连续"变成"离散"的世界里会发生的事情。对于生命中的每一个转折，都有一个关键的转折点——那是一个无限小的步骤，但它具有改变一切的力量。

第 21 章

最后一粒钻石粉末

大约在 250 年以前，经济学家亚当·斯密提出了一个小孩子也会问的问题：为什么钻石比水贵这么多？[1]

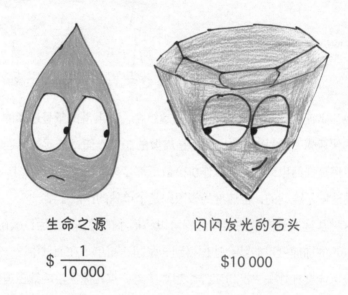

生命之源

$\dfrac{1}{10\,000}$

闪闪发光的石头

$10 000

他用 100 个单词来陈述这个问题，然后又用 13 000 个单词提出了一个价格理论。然而，直到最后，他仍然没有找到答案。如果把自己当作一个刚到地球的外星人，你也会发现这真是个谜。哪个愚蠢的星球会把赋予我们生命的水的价值看得比只有装饰作用的"硬碳块"还低呢？实用性和价格之间真的没有任何联系吗？难道人类已经不讲逻辑到这样无可救药的地步了吗？

对这些问题的探讨改变了经济学。学者们的这段旅程以道德哲学家的精神开始，以数学家无情的严谨结束，他们终究还是通过数学找到了答案。想知道为什么闪亮的石头会比让我们的肾脏功能正常的饮品价格更高吗？

答案很简单，给你一个提示：边际效用。

1. 里昂·瓦尔拉斯说，是时候解决那些问题了

从 18 世纪 70 年代到 19 世纪 70 年代，古典经济学的流行持续了整整一个世纪[2]，在那个世纪里，杰出的头脑为人类的理解开疆拓土，打开了新世界的大门。但我不是来歌颂古典经济学的，我是来取笑它的。古典经济学家致力于证明"劳动价值论"，而这一观点在现代人眼中错漏百出。

这个理论认为，商品的价格是由制造它所需的劳动时间决定的。

为了先梳理出这个假设，让我们回到人们以狩猎采集为生的原始社会。在原始社会，猎杀一头鹿需要 6 个小时，采集一篮浆果需要 3 个小时。根据劳动价值论，成本将取决于一个因素——不是稀缺度、美味度或当前的饮食潮流，而是所需的劳动时间。得到一头鹿需要的时间是一篮浆果的两倍，所以鹿的价格是浆果的两倍。

我觉得他们没把我当回事。

你得学会欲擒故纵。

当然，劳动本身并不是唯一的投入。如果猎鹿需要花哨的长矛（制作时间为 4 小时），而采浆果只需要一个普通的篮子（制作时间为 1 小时），那该怎么办呢？我们就把它们加起来：一只鹿总共需要 6 + 4 = 10 个小时的劳动，而一篮浆果只需要 3 + 1 = 4 个小时的劳动，所以一只鹿的交易价格应该是浆果的 2.5 倍。包括对工人的培训在内，所有的投入都可以进行类似的调整。

在这个理论下，一切都应该换算成劳动，劳动就是一切。

在这种经济学理论中，"供给方"决定价格，而"需求方"决定销量。这个逻辑看起来好像没有什么不对。当我去超市买鹿肉或者去商场买 iPad

时，决定价格的不是我，而是卖家，我唯一能做的决定是买还是不买。

嗯，这个理论看上去似乎很吸引人，也很直观。但是，根据当今最优秀的专家的说法，这是完全错误的。

19 世纪 70 年代，经济学经历了井喷式的发展。那些来自欧洲各国的散漫自由的思想家在思考前辈的成功和奋斗时，开始觉得含糊的思考不够用了。他们试图为经济学找到更坚实的基础，这些基础包括个体心理学、谨慎的经验主义，最重要的是——严谨的数学。

尽管这些新一代的经济学家正在努力解决离散与连续的问题，可事实上，我们在买东西时，是按离散的量购买的，比如说，我购买钻石的数量可以是一颗或两颗，但不能是一或二中间的任何一个数值。

这对经济学来说不是什么好事。因为从数学上来讲，处理那些呈现跨越式变化的量要比处理那些呈现平稳、持续变化的量要困难得多。为了降低分析的难度，这些新经济学家假设，我们可以购买任何数量的产品，也就是数量之间可以有无穷小的间隔。这样，一颗颗钻石变成了一粒粒极微小的钻石粉末。当然，这是一种简化的方式：不符合真正的事实，但非常有用。

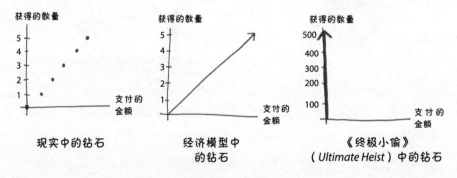

现实中的钻石　　经济模型中的钻石　　《终极小偷》（Ultimate Heist）中的钻石

这开启了一种全新的分析模式：经济学家开始思考商品的边际效用。问题不再是"一篮浆果的平均价值是多少"，而是"如果再增加一篮浆果，它的价值是多少"，或者更好的是问"如果再增加一颗浆果，它的价值是多少"。这是现代经济学的开端，现在被称为"边际革命"。

边际革命的领军人物包括威廉·斯坦利·杰文斯、卡尔·门格尔，以及一位当时看起来不太可能成为英雄的人物——里昂·瓦尔拉斯。在获得

"有史以来最伟大的经济学家"的头衔之前，他的身份五花八门：工程学学生、记者、铁路职员、银行经理，还有浪漫主义小说家。而在 1858 年的一个夏夜，他和父亲去散步，这是一个命运的转折点。当晚，在老瓦尔拉斯苦口婆心的劝说下，里昂决定浪子回头，专注在经济学的研究上。

古典经济学家解决了很多关乎市场和社会本质的重大问题，而边际效用学派则将焦点缩小到在边际上做出微小决定的个人。瓦尔拉斯的目标是将这两个层次的分析统一起来，以微小的数学步骤为基础，建立整个经济的宏观视野。

我将像经济学应该做的那样，从简单的数学着手，从交易相同数量的两种普通商品的两家贸易商开始。然后，理论就开始一步一步地发展起来……①

2. 谈谈松饼、农场、咖啡商店和被轻轻施压的弹簧

又到角色扮演的时间了！你抽中的角色是个农民。

作为农民，你恐怕很快会发现，耕种的土地越多，新耕种的那一亩土地就越贫瘠。

每一块土地都是不一样的。当你开始耕种时，你会先挑选那片最肥沃、最成熟的土壤；因为你已经把最好的那些土地用尽了，所以每一亩新土地的收成都会比以前的略低。直到最后，在你眼前就只剩下一片寸草不生的石头地。

① 由于瓦尔拉斯（Walras）的拼写与读音和"海象"（walrus）相似，作者在这里用海象代表了他的形象。

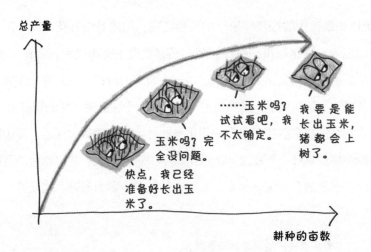

人类的这一发现远远早于边际效用理论。[3]一位古典经济学家曾做过一个机械的类比[4]：

> 土地的生产力就像一个弹簧，如果我们往弹簧上不停地放砝码，弹簧会不断地被压缩，在被下压到一定的程度后，再将从前可以将弹簧下压一寸的砝码放在弹簧上，弹簧却纹丝不动了。

边际效用理论的突破来自将同样的概念从农业延伸到人类心理学。看看我吃玉米松饼的过程就知道了：

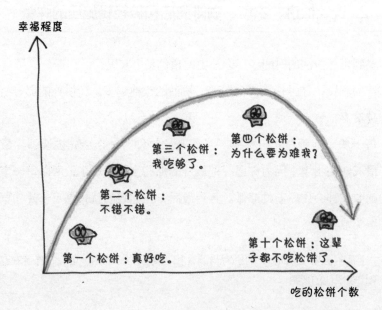

也许所有的松饼都生而平等，但我吃松饼时的感觉却不是这样。我吃得越多，每咬一口就越不开心。不久后，它们就不再让我感到满足，而让我开始觉得恶心。

食物不是特例。同样的道理适用于所有消费品：围巾、SUV，甚至库尔特·冯内古特的小说。无论是它们之中的哪一个，得到第十件相同的物品时，你幸福感的增加值不可能和得到第一件时一样多。每件物品带来的幸福感都取决于你已经有了多少件。今天，经济学家们将其称为"边际效用递减定律"，尽管我更愿意称之为"我没有真正享受《冠军早餐》（*Breakfast of Champions*）① 的原因"。

递减的速度有多快呢？不同的物品是不一样的。正如著名的边际学派经济学家威廉姆·斯坦利·杰文斯所写的：

> 边际效用函数对不同物品来说千差万别。比如说，人们对干面包的渴望是很容易满足的，但对葡萄酒、衣服、漂亮的家具、艺术品，甚至是金钱的欲望就没那么容易满足了。每个人都有某些特别渴望的东西，在自己渴望的东西面前，会变得贪得无厌、永不知足。[5]

这篇文章除了介绍了许多关于威廉姆·斯坦利·杰文斯的情况外，还指向了一种新的经济需求理论——人们做出决定的依据就是边际效用。

假设在我们的经济社会中，只有两种商品：松饼和咖啡。我该如何分配开支呢？在决定花出每一美元之前，我都问自己同样的问题：花在哪儿能更好地提升我的幸福感呢？是花在买松饼上还是花在买咖啡上呢？即使是像我这样的松饼痴迷者，最终也会更喜欢第一杯咖啡而不是第十一块松饼；即使是一个对咖啡因上瘾的经济学家，最终也会更喜欢第一块松饼而不是第十一杯咖啡。

这个逻辑可以归结为一个简单的原则：**在一个完美的预算中，花在每一件商品上的最后 1 美元将产生完全相同的效益。**

---

① 库尔特·冯内古特的一部小说。

最后 1 美元花在买
松饼上的效益

=

最后 1 美元花在买
咖啡上的效益

你看起来很美味哦。

哪里哪里，你看起来
明明和我一样美味。

瓦尔拉斯的这一见解为经济学打下了一个全新的、更符合心理学的根基。正如杰文斯所写："一个真正的经济理论只能通过追溯人类活动的伟大源泉——快乐和痛苦的感觉来获得。"[6] 学者们第一次认识到，"经济"不仅包括有形的交易账簿，还包括无形的偏好和欲望。

此外，边际效用学派还认为卖家的边际效用函数与消费者的类似。举个例子，假设你现在是一家咖啡店的老板，你应该雇用多少人？

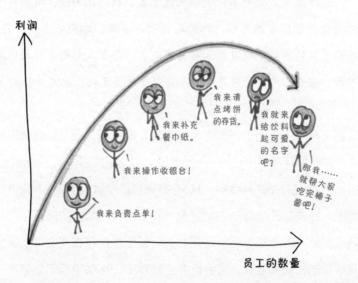

随着生意的扩张，你从每位新员工身上得到的好处越来越少。最终，你发现增加一个工人的成本会超过他所带来的利润。在那个时候，你就会停止招聘。

这种逻辑有助于平衡咖啡店的各种投入。比如，一口气买了 12 台咖啡机却没有招聘足够的员工来做咖啡，或者明明咖啡豆存货不足还把钱先投入广告，这都是吃力不讨好的。如何在这些投入之间合理地协调我们的预算呢？方法很简单：坚持购买，直到你在每项投入上花费的最后 1 美元只能为你增加 1 美元的额外利润。如果花的钱比这个数少，你就会错过潜在的利润；如果再多花一些钱，你的利润就会减少。

最后 1 美元花在雇用员工上的收益	=	最后 1 美元花在资本上的收益	=	最后 1 美元花在材料上的收益	=	$1

在学校里，我学到了经济学在消费者和生产者之间具有镜像对称性。[7] 消费者购买商品的目的是使效用最大化，而生产者购买生产资料的目的是使利润最大化。每个人都在不停地购买，直到下一件商品的边际效益不再与成本相称。对于这个整齐的并行框架，我们得感谢（或者责怪，取决于你对资本主义的看法）边际效用学派。

3. 为什么钻石这么贵，水却那么便宜？

古老的劳动价格理论其实也对了一半。毕竟，从矿里开采钻石比从井里取水要耗费更多的劳动力。尽管如此，仍有一个关键问题没有得到解答：为什么会有人愿意用一大笔钱来换取少量的碳呢？

把自己想象成一个有钱人（也许你经常这么做），你已经有了足够多的水，足以让你痛快地洗澡、给矮牵牛花浇水、维护后院的水上乐园。当我把价值 1 000 美元的水放在你面前时，你会觉得那么多水一文不值。

但是价值 1 000 美元的钻石呢？它对你来说既新奇又闪亮，就像吃了 11 块松饼后喝的第一杯咖啡。

事实上，富人们聚在一起时，这种心态有过之而无不及。市面上在售的第一颗钻石将以荒谬的价格被一位狂热的买家收入囊中（比如 100 000 美元）；第二颗钻石会找到一位稍微不那么热心的买家（99 500 美元）。当那些最狂热的买家都已经买过了钻石后，你就必须降低价格。市场上的钻石越多，最后一颗钻石的效用就越低。

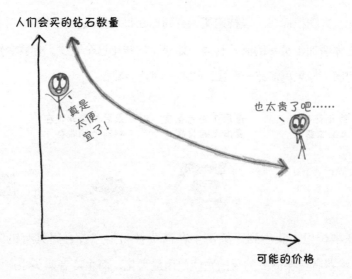

从供应方的角度来看，也有一个平行的原则。如果第一颗钻石的开采价为 500 美元，那么下一颗钻石的开采价将为 502 美元，以此类推，每多开采一颗钻石，开采成本就会增加一点儿。

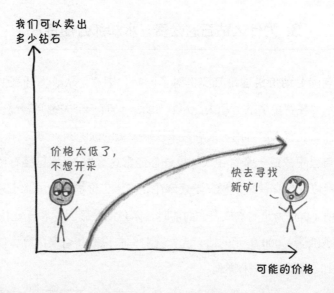

随着市场的增长，这些数字会趋于一致：供应成本一点一点地增加，消费的效用一点一点地下降。最终，它们在一个叫作"市场均衡价格"的点相遇。

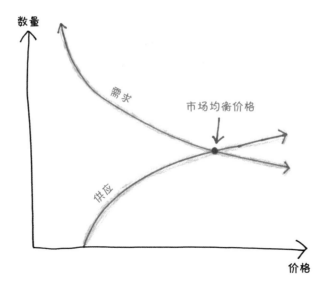

是的，在经济学上，第一杯水的价值远远超过第一粒钻石粉末。但价格并不依赖于第一个增量，甚至也不依赖于平均增量，它们依赖于最后的增量，依赖于最后一粒钻石粉末。

这是一个美妙的理论，而且就像杂志封面模特完美的皮肤一样，不由得引发人们思考：这是真的吗？生产者和消费者在做决定时，真的都在考虑边际效用吗？

嗯，不是的。用自诩独立经济学家的经济学博士约拉姆·鲍曼（Yoram Bauman）的话来说，就是"没有人会在市场这么对老板说：'我要买个橘子，我要再买一个橘子，我还要再买一个橘子……'"[8]

正如进化论不能描述早期哺乳动物的进化动机一样，边际效用理论也不能完全捕捉人们的意识思维过程。它是一个抽象的经济概念，摒弃了现实的细节，提供了一个有用的简化版图谱。衡量一个理论好坏的标准主要在于它的预测能力，而边际效用理论在这一方面表现得尤为出色。我们不一定总能意识到它的存在，但在某种抽象的层面上，我们都是被边际效用支配的生物。

4. 边际革命

边际革命是经济学发展历程中的一个转折点，这个转折点使经济学正式告别了古典时代，也正是从此开始，经济学变得数学化。

最后一位伟大的古典经济学家约翰·穆勒意识到了这个发展的方向。他写道："用数学中的等式来类比这种经济学现象再恰当不过，需求和供应……最终会相等。"[9] 以钻石市场为例。如果需求超过供给，那么买家就会相互竞争，抬高价格；如果供给超过需求，那么卖方就会相互竞争，压低价格。穆勒一语中的："竞争让供求相等。"

尽管穆勒的分析令人信服，但边际效用学派却认为它还不够数学化。杰文斯认为："如果经济学要成为一门真正的科学，它就不能仅仅用类比来解决问题，还必须用真正的方程来推导。"或者正如瓦尔拉斯所说："当同样的事情可以用数学语言说得更简洁、更精确、更清楚的时候，我们为什么还要像约翰·穆勒那样，坚持用日常的语言，用最累赘又不准确的方式解释事情呢？"[10]

瓦尔拉斯沿着这条路大步向前迈进。他的标志性著作《纯粹经济学要义》（*Elements of Pure Economics*）是数学史上的杰作，它在明确的假设基础上，建立了一个全面的市场均衡理论。似乎是为了证明自己符合数学家超凡脱俗、远离现实的特征，他花了 60 页的篇幅来分析人们所能想象到的、最简单的经济现象：两个人交换两种固定数量的商品。这部作品，以史无前例的严谨和深刻的抽象性赢得了赞誉，被称为"唯一一项能与理论物理学成就媲美的经济学成就"[11]。瓦尔拉斯会喜欢这种恭维的。自打那天晚上和父亲散步后，他的主要目标就是把经济学提升为一门严谨的科学。

一个多世纪过去了，它仍然值得一读。我们从书中可以看到，对于瓦尔拉斯和他的追随者来说，数学的轴心是如何运转的。

无论好坏，边际革命在某种程度上使经济学科学化了，这就意味着它变得更深奥晦涩。亚当·斯密和其他古典经济学家的作品是面向受过教育的大众的，而瓦尔拉斯的读者群体则是精通数学的专家，他的远见卓识超过了那些前辈：如今的经济学博士更喜欢录取有一些经济学知识的数学专业毕业生，而不是只受过很少数学训练的经济学专业毕业生。

边际革命还为经济学留下了另一项科学遗产：新经验主义 [12]。如今的研究人员一致认为，经济学理论不能仅仅符合直觉或逻辑，它们还必须与真实世界的观察结果相匹配。

当然，经济学仍然不是物理学。像市场这样的人造系统并不遵循严格的数学规律。在理想状态下，它们也类似于天气和流体湍流等复杂的自然现象，而这些正是数学至今仍然难以理解的系统。

在战胜了其他思想体系的竞争对手后，边际效用理论带来了另一个变化：经济学变得就像它那些自然科学兄弟一样，与历史无关了。[13] 在边际效用学派出现之前的几十年里，各种理论兴衰更替，不断循环。如果你愿意，可以阅读那些思想家的著作，感受他们对经济的整体看法，通过他们的语言消化他们的世界观。今天，经济学家们基本同意这些理论的基础，却不愿再去读那些原始、陈旧的公式。想为他们提供更流畅的现代版吗？倒也没必要了。边际学派使经济学家们不再那么关心历史上的思想家——最终具有讽刺意味的是，他们对边际学派本身也不怎么关心了。

第22章

纳税等级的学问

有时候，只要一句话就能揭露一个常识性错误。"像企鹅一样翱翔。"——不，它们不会飞。"历史上著名的比利时人。"——对不起，比利时最著名的就是华夫饼。[1] "太饱了，不能吃甜点。"——来吧，没有什么合理的理由拒绝纸杯蛋糕。然而，我最喜欢的一句谬误可能你已经听过无数次了：

"跃入上一个纳税等级。"

这句话概括了一种真实、广泛、完全错误的恐惧：如果我只差一点儿就能进入更高的纳税等级，那么加薪是不是会使到手的钱更少了呢？

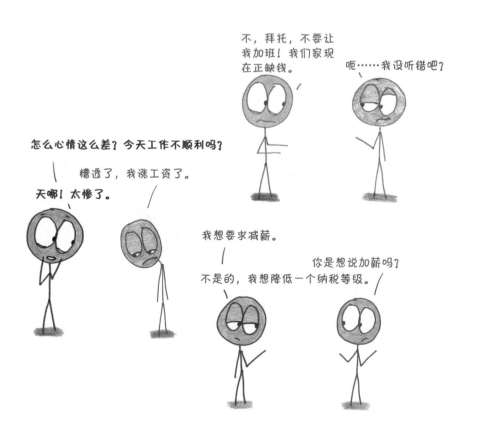

在这一章中，我将解释个人所得税背后的基本数学原理，介绍个人所得税在美国公民生活中所扮演的角色简史，并确定哪些迪士尼人物是它最热心的拥护者。但首先，我想向你们保证，税收等级不会在一夜之间突然提高。可怕的"税收等级的跳跃性"就像比利时名人一样，纯属虚构。

我们的故事始于 1861 年。[2] 随着美国内战的临近，联邦政府开始酝酿快速致富的计划，但这些计划都前景堪忧。长期以来对外国商品征收的关税不再能提供充足的资金，对消费者的购买征税可能会对美国穷人造成更大的打击，进而失去选民。针对富人的财富（包括房产、投资和储蓄）征税将违反宪法禁止"直接"征税的规定。资金短缺的国会该怎么办呢？

他们别无选择。那年 8 月，联邦政府紧急推出一项临时收入税，对于任何超过 800 美元的收入，都要征税 3%。[3]

这种纳税方式的依据是什么呢？就是货币的边际效用递减。你拥有的美元越多，再增加 1 美元对你的意义就越小。因此，同样是被收取 1 美元的税金，有 1 000 美元的人比只有 1 美元的人痛苦要小。由此产生的体系被称为"累进税"，其中较高的收入人群面临较高的边际税率。（提示："累退税"在低收入人群中征收的比例更高，"单一税"对每个人征收的税率是一样的。）

你可以想象早年的美国人，一边刮着他们疯长的胡子，一边担心小小的加薪是否会让他们从免税的行列"跃入"纳税人的行列。毕竟，799.99美元的收入不需要缴税，但 800.01 美元的收入就需要缴税了。那么问题来了，0.02 美元的加薪幅度真的会让你多缴 24 美元的税吗？

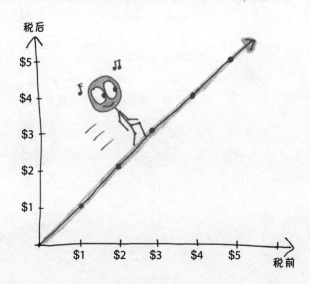

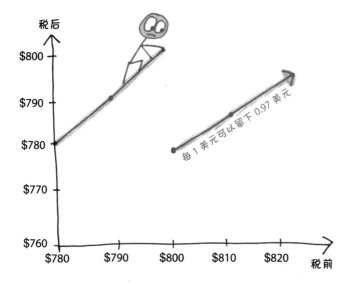

值得庆幸的是，不是这样的。就像现代的个人所得税一样，这种税收并不适用于所有的收入——只适用于边际收入，也就是收入的最后一部分。无论你是贫穷的阿巴拉契亚山区农民还是科尼利厄斯·范德比尔特（铁路时代的比尔·盖茨），你的第一笔 800 美元收入都是免税的。

如果你赚了 801 美元，那么你只需要支付最后一美元的 3%，应纳税额只有 0.03 美元。

如果你赚了 900 美元，那么你将支付最后 100 美元的 3%，应纳税额只有 3 美元。

以此类推。

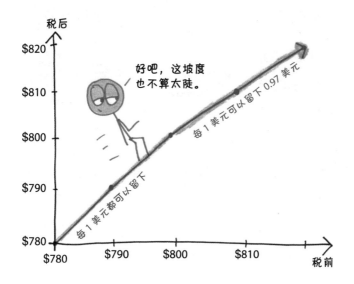

为了使这个道理更加形象，我们想象政府把你的钱分成了几桶，第一桶可以装 800 美元，标着"生活费"。你先把这桶填满，不用缴税。

第二个桶里是"享受费"。一旦第一个桶的容量达到极限，剩下的钱就会流向这里，政府会取走这一桶中的 3%。

1865 年，政府提高了利率，带来了第三个桶：

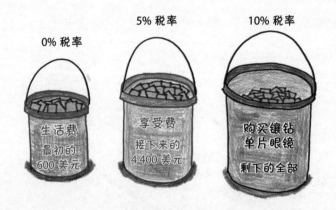

一段时间后，战争结束了。所得税的征收随之中止了几十年，直到 19 世纪末才重新回到人们的视线中。1893 年，金融危机席卷美国，造成了重创；1894 年，所得税的复出力挽狂澜。然而，一年后，最高法院裁定：关于"直接"收税的禁令也适用于所得税。也就是说，所得税的征收是违宪的，这太令人尴尬了。

直到 20 年后，美国才通过宪法修正案恢复了这项税收。但即使在那个时候，它也不是大张旗鼓地回来，而是踮着脚尖偷偷溜回来的。1913 年是长期征收所得税的第一年，只有 2% 的家庭需要缴纳。[4] 边际税率是低得可怜的 7%，而且只适用于超过 50 万美元（考虑到通货膨胀，相当于今天的 1 100 万美元）的部分收入。

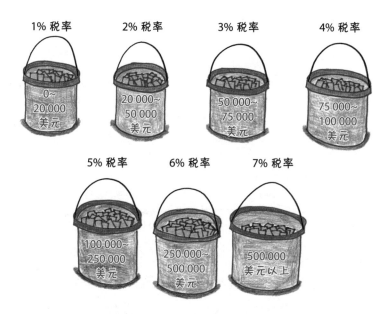

那时候，7 个税收等级对应的就是从 1% 上升到 7% 的税率，都是漂亮的整数，呈现整齐的线性增长。

但为什么就是选这 7 个数呢？说实话，没有原因。

"每个人的判断都有所不同，"伍德罗·威尔逊总统写道，"对超出正常水平的收入进行征税，这是公平的。"[5] 但没有一个严密的数学公式可以规定什么才是"正确"的税率。税率的设定是主观的，充满了猜测、政治角力和价值判断。

当然，比税法武断的法律条文多了去了。在美国，你在 21 岁生日的前一天还不能买酒，但第二天就可以了。从理论上来讲，这项法律完全可以采取逐渐放宽的形式——允许你在 19 岁时买啤酒，20 岁时买葡萄酒，21 岁时买烈性酒——但社会选择了一条清晰简单的界线，而不是一系列复杂又难以执行的梯度规则。

1913 年收入税的制定者却正相反。更有趣的是，他们用这么小的增量把税率分成了 7 个等级。尽管今天我们的税率也有 7 个等级，但最高税率和最低税率之差为 27%，而当时的这个数字只有 6%。政府似乎不相信该体系的边际性质，因此试图避免利率之间的大幅"跳跃"。也许他们是这样想的：

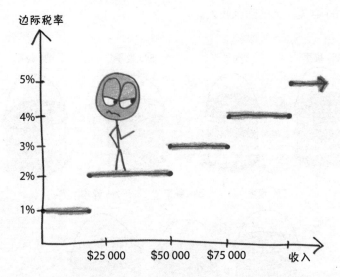

如果我们只关注税率本身，每个等级间的转换就看起来很突兀。因此，议员们努力让这个系统变化得更平稳，让它看起来是循序渐进的。

在我看来，这种做法就是浪费精力。精明的纳税人并不关心税收计划中税率抽象的渐进性，他们只关心钱——包括自己的收入和需要付多少税款，我们在制订计划时，只要保证缴纳税款的金额的增长没有突变，保证不要出现多挣 1 美元，税款就大大增加的情况即可。如下图所示：

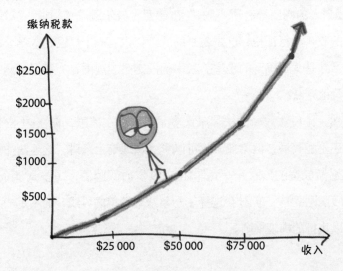

第一个图（边际税率－收入图）中有明显的跳跃性，而第二个图（缴纳税款－收入图）显示的则是一条连续的线。它通过变化的斜率反映了税率的变化：低税率的部分，曲线斜率小，坡度平缓；高税率的部分，曲线斜率大，看上去陡峭。这更好地表现了实际上税收等级转换的方式——不是突然的、跳跃式的改变（也就是数学上的"不连续"），而是从一个斜率变成另一个斜率（也就是数学上的"不可微点"）。

显然，没有人告诉国会这个道理，因为他们在 1918 年的税收计划[6]中把对跳跃式改变的警惕发挥到了荒谬的地步：

收入	边际税收
0 至 $4 000	6%
$4 000 至 $5 000	12%
$5 000 至 $6 000	13%
$6 000 至 $8 000	14%
$8 000 至 $10 000	15%
$10 000 至 $12 000	16%

（以此类推……每个税收等级的收入间隔为 2000 美元，每个税收等级的税率比上一个等级高 1%……直到……）

事情正在往荒谬的方向发展！

$98 000 至 $100 000	60%
$100 000 至 $150 000	64%
$150 000 至 $200 000	68%
$200 000 至 $300 000	72%
$300 000 至 $500 000	75%
$500 000 至 $1 000 000	76%
$1 000 000 以上	77%

事情已经到了荒谬的地步了。

看看这一团糟的数据，你首先会注意到的是，利率已经大幅上升了。在短短五年内，美国最富有人群的边际税率增长了 11 倍。我想这就是当一个国家卷入叫作"一场结束所有战争的战争"（第一次世界大战）的时候必然会发生的事（尽管这种变化比战争持续的时间更长，从那以后，最高税率再也没有跌破过 24%）。

更让我震惊的是当时所分的税收等级数，有 56 个，比美国本土州的个数（48 个）还要多。

这让我想起了我在加州教微积分预科课程时最喜欢布置的一个作业。每年，我都会要求 11 年级的学生设计他们自己的所得税系统。一个叫 J. J. 的勤奋学生[7]决定运用这个"逐步过渡"的想法，于是，他设计了一个边际税率不断变化、没有任何跳跃的系统。

假设边际利率从 0 开始，最终达到 50%（针对收入超过 100 万美元的部分）。我们可以用两个税收等级来实现：

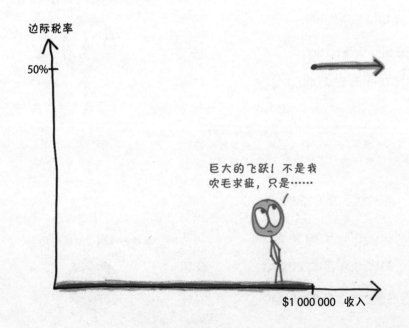

或者你可以用"一战"时期的方法，把它分成 50 个税收等级：

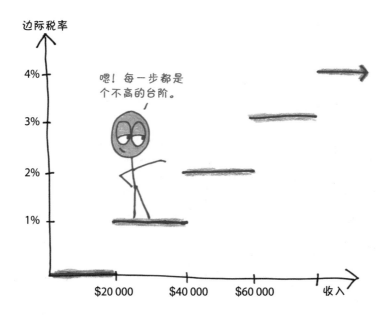

我们还可以继续，把它分成 1 000 个税收等级。

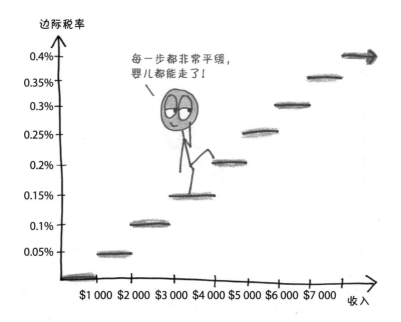

或者再继续，分成 100 万个税收等级。

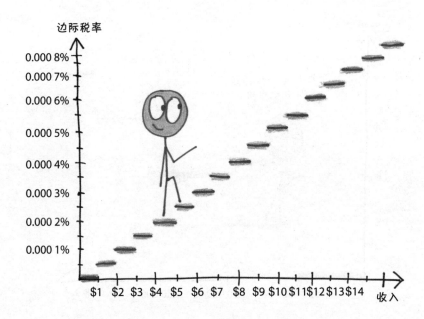

就这样细分下去，在最极端的情况下，你可以用一条直线连接两边的端点。

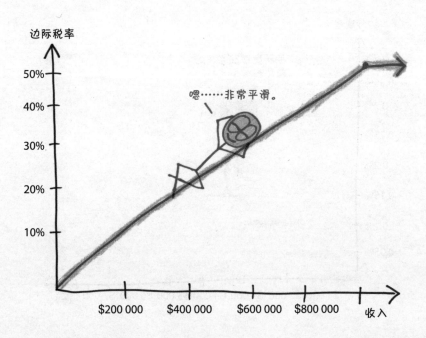

最后这张图体现的就是极端情况下的税收系统，在这个系统中，每多挣一分钱，你缴税的税率都比之前要高一些。没有所谓的"税收等级"，每一份微小收入都有其独特的税率。当处处都是变化时，在某种自相矛盾的意义上，处处都不是变化。

在这样的体系下，缴纳税款和收入的关系曲线将会是这样的：

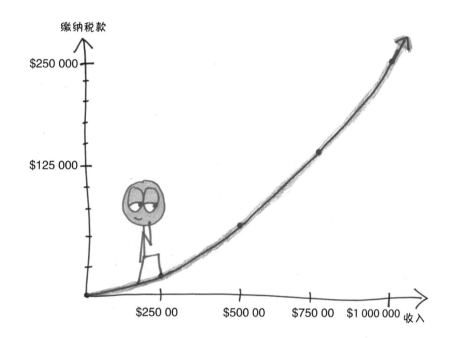

图中曲线的坡度始终在不停地增大，没有不可微点。它就像一辆德国汽车在高速公路上加速一样平稳。

纵观美国历史，你会看到类似的加速增长情况。在 20 世纪上半叶，税收从"违宪的提案"发展到"试探性试验"，再到"战时特殊支援方式"，最后成了"政府主要资金来源"。1939 年，第二次世界大战开始时，只有不到 400 万美国人缴纳所得税。到 1945 年，这一数字已超过 4 000 万。政府的税收收入也经历了类似的增长过程，从战争开始时的 22 亿美元增长到战争结束时的 251 亿美元，直到如今，各个州政府和联邦政府的税收每年高达 4 万亿美元——几乎占美国经济的四分之一。

1942 年，随着所得税的飙升，政府委托华特·迪士尼制作了一部短片来激励美国人缴税。财政部部长要求迪士尼公司为其量身打造一位新面孔的动画主角，但迪士尼公司坚持使用当时公司里最大牌的明星。因此，超过 6 000 万的美国人在电影荧幕上看到了来自迪士尼明星唐老鸭的爱国情怀和纳税热情。（"兄弟们，努力纳税，打倒轴心国！"）[8]

这部卡通片奏效了，两年后，最高边际税率达到了历史新高——94%，在其他国家甚至被推得更高。20 世纪 60 年代，英国对高收入者征收的边际税率高达 96%，《收税员》（*Taxman*）是披头士乐队最杰出的专辑《左轮手枪》（*Revolver*）[9]的开头曲目，他们用尖刻的歌词讽刺了这一现象：

> 告诉你吧，（你挣的钱）一分给你，十九分给我 [10]

猜猜关于高边际税率最荒唐的故事来自哪里？瑞典。这是由儿童读物作家阿斯特丽德·林德格伦（Astrid Lindgren）讲述的故事。1976 年，林德格伦在晚间小报《快报》上发表了一篇讽刺自己经历的文章。[11] 故事讲的是一个叫庞培里波萨的女人，住在一个叫莫尼斯马尼亚的地方。在这片土地上，很多人对为福利国家提供资金的"压迫性税收"抱怨连连，但庞培里波萨却不在此列——尽管这里的边际税率高达 83%，她还是为自己能留下 17% 而"充满喜悦"，她"在人生的道路上无忧无虑地走着"。

庞培里波萨（作家林德格伦的化身）的工作是写儿童读物。在政府看来，这让她成了一个"小企业主"，她需要承担"社会雇主费用"。然而，庞培里波萨一直没明白其中的含义，直到一位朋友指出：

> "你知道你今年的边际税率是 102% 吗？"
>
> "瞎说什么呢，"对数学不是特别熟悉的庞培里波萨说，"这个比例根本就不存在呀。"

荒唐的事情就发生在这里。庞培里波萨每赚 1 元，就欠政府 1.02 元。这就像我们之前说的"税收等级提升"的噩梦一样：收入在增加，财富却在减少。庞培里波萨的财富面临的不是让她能悬崖勒马的断崖式下跌，而是连续的、不断加速的下滑。她卖的书越多，她就会变得越穷。

　　"那些可怜的孩子，他们坐在世界的每一个角落里……今年他们对阅读的渴望也会为我增加一些收入吧？"就在她最没有防备的时候，大额税单无情地将她击垮。

在她最初挣的 15 万元中，她可以给自己留下 4.2 万元。但随着她挣得越来越多，最后留给自己的只有心碎。增加的收入不但不会增加她的存款，甚至还会带走她早年的一些存款。每增加 10 万元的税前收入，她的财富就会减少 2000 元。

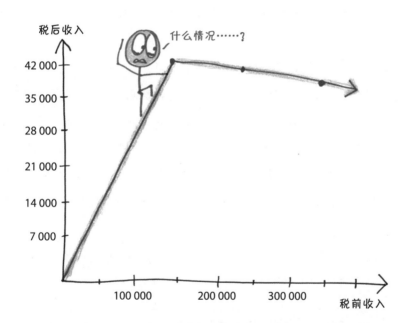

庞培里波萨算了算，最坏的情况下，假如她赚了 200 万元，她就会只剩下少得可怜的 5 000 元。简直让人难以置信。

　　她自言自语道："这个老女人……这里有个小数点，你肯定算错了，至少还会给你留下 5 万的。"于是，她重新算了一次，但结果一点儿也没有改变……她现在明白了，写书大概是一件肮脏和可耻的事吧，否则为什么会受到如此严厉的惩罚呢？

在故事的结尾，庞培里波萨的收入全部被税收侵蚀，被国家用于社会福利上。故事的最后一句是："她再也再也没有写过任何书了。"

故事中的数字直接来自林德格伦的生活，相较之下，瑞典如今仅为67%的最高税率就显得合理多了。

《莫尼斯马尼亚的庞培里波萨》在瑞典引起了轩然大波，引发了一场激烈的辩论，导致了社会民主党在40年来首次在选举中落败。[12] 而长期支持社会民主党的林德格伦还是把自己的不满放到了一边，继续投票支持该党。

回到美国，尽管围绕个人所得税的争论已经有一个世纪的历史，但仍一如既往地激烈。

我的学生们关于税收的作业几乎囊括了这场争论的方方面面。一些学生以再分配的名义上调税率，或者以促进经济增长的名义下调税率。一位聪明的"暴君"学生设计了一个累退体系，即更高的收入水平面临更低的边际税率。[13] 他认为我们需要"激励"穷人来赚钱。也许他是真心这么认为的，也许他是在讽刺共和党的政治，或者也许他只是想标新立异（他最后得了 A 的成绩）。一些学生认同激进的罗宾汉经济正义体系，并选择了接近 100% 的最高税率。甚至有人选择了高于 100% 的税率，希望把庞培里波萨的命运强加给超级富豪。还有一些学生完全跳出所得税框架，构想了一个全新的制度。

简而言之，我看到的是无处不在的创新和毫不存在的共识。我想这就是人们所谓的"美国"吧。

第23章

一个州、两个州，红色州、蓝色州

在美国，我们相信政府是民有、民治、民享的。所以，人们似乎从来没有在任何事情上达成一致，这让人感到遗憾。

即便是一个小家庭，在选择比萨配料上都很难达成共识。然而，美国这个吵吵嚷嚷、跨越了整个大陆的民主国家，却必须在更严重的问题上集体做出"是或否"的决定。是否要参战，选出这位或那位总统，是该监禁湖人队的球迷还是放任他们走在街上……我们是如何将3亿人的声音融合成单独一个国家合唱团的呢？

嗯，这需要一些技术活儿。人口普查、总计选票、制表、分配……这种量化的劳动，即使有点儿枯燥，也是至关重要的。这是因为，从本质上讲，代议制民主是一种数学行为。[1]

数学

最简单的民主制度就是"少数服从多数"。这就产生了一个单一的临界点——50%。在临界点，一票就能让你反败为胜（反之亦然）。

但事实并不会这么简单。为了选出美国总统，我们精心设计了一个名为选举人团的机制，这是一个数学和政治上的古怪现象，在这一组合中引入了几十个临界点。除了助长我们无休止地谈论"红州"和"蓝州"外，它还赋予选举以迷人的数学性质。在这一章中，我将讲述的是选举人团故事中的那些转折点：

1. 最初，它选的是人。

2. 随后，它变成了数学。

3. 接下来，它在每一个州中，都变成了一个"赢家通吃"的系统。

4. 此后，它就像一个"最受欢迎奖"的投票游戏，但也有一些有趣的惊喜。

最后，对选举人团制度的理解可以归结为一个边际分析问题。在这场所谓的"美国民主"选举中，在 3 亿人的投票中，一张选票意味着什么？

1. 像传话游戏一样的民主

1787 年的那个夏天，55 个戴假发的家伙每天在费城开会，为国家政府制定了一项新计划。今天，我们称他们制定的计划为"宪法"，它与奶酪牛排一起构成了我们民族性格的基础。

宪法中包含了一套确定"总统"（也就是"负责管理的人"）的详细制度。每四年，由选举人团任命一次总统，选举人团是"在特定的时刻，为了特定的目的，由选民选出的人"[2]。我认为这些选举人就是一次性的

CEO 遴选委员会。他们聚在一起只有一个目的——选出国家的新领导人，然后解散。

那么，选举人是从哪儿来的呢？嗯，来自各个州。每个国会议员都对应一名选举人，而在各个州的内部，他们可以用任何喜欢的方法来决定由谁来当这个选举人。

这个制度的逻辑是，当地公民通常只了解当地的政客。在信息不发达的时代，公民们怎么能仅仅通过演讲和发型，就对一个遥远而不知名的人做出判断呢？因此，在选举人团制度中，有三个步骤用于过滤人们的偏好：第一步，民众投票给当地的州议员；第二步，州议员投票选出选举人（或者用除了投票之外的选择方法），即国会议员；第三步，选举人投票决定总统。

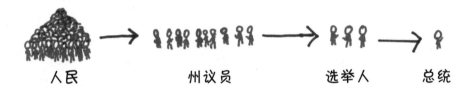

人民　　　　　　州议员　　　　　　选举人　　　总统

但是到了 1832 年，除了南卡罗来纳州以外，其他各州都将选举人的选举权交给了人民，直接让人民来决定选举人。

为什么会这样呢？

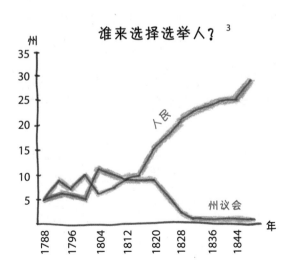

谁来选择选举人？[3]

费城 55 人曾设想过一个开明的民主国家，政治家们有独立的意志，不受那些相互竞争的"政党"所左右。然而，他们走出去后，组建了看起来非常像政党的组织。

抛开虚伪不说，这样做也有好处。至少这样人们不需要研究每一个候选人的良心，只需要熟悉政党纲领，然后投票给你喜欢的政党就可以了，不需要中间人。

因此，这个国家从选择一个具体的人变成了选择一个政党，那个被选出来的政治家变成了"选举人票"，实际上代表的是数学的意义——他所支持的政党的票数。

当然，和宪法的许多内容一样，这个制度也为奴隶制带来了好处。[4] 为什么这么说呢？回想一下，每个国会议员对应一个选举人，国会议员包括参议员（每个州两名）和众议员（根据人口比例有不同，在 1804 年，每个州的众议员人数为从 1 到 22 不等）。

选举人　＝　参议员　＋　众议员

在这个等式里，固定为两名的参议员部分为小州增加了一些力量，使罗得岛州（当时人口不足 10 万）可以和马萨诸塞州（当时人口超过 40 万）势均力敌。但真正的情节转折在众议院里展开了。在分配众议院成员时，费城 55 人就辩论过，选举人代表的人数是否应该包括奴隶。如果包括，那么拥有奴隶的南部地区将获得更多的选举人名额，否则，北部地区将从中受益。

经过折中后，他们将每 5 个奴隶登记为 3 个人，法制史上最不堪的比例诞生了：$\frac{3}{5}$。

就像从电子邮件附件下载病毒一样，选举人团将这一有利于奴隶制的妥协方案导入总统选举。以下是 1800 年的选举人数与假设不计奴隶的选举人数的对比：[5]

州	选举人数	假设不计奴隶	
弗吉尼亚州	24	−5	
北卡罗来纳州	14	−1	
马里兰州	11	−2	
南卡罗来纳州	10	−1	南部地区 −10
肯塔基州	8		
佐治亚州	6	−1	
田纳西州	5		
宾夕法尼亚州	20	+2	
马萨诸塞州	19	+2	
纽约州	19	+1	
康涅狄格州	9	+1	
新泽西州	8	+1	北部地区 +10
新罕布什尔州	7	+1	
佛蒙特州	6	+1	
罗得岛州	4		
特拉华州	3	+1	

也许 10 个摇摆未定的选举人听起来并不算多。然而，在美国建国的最初 36 年中，有 32 年是由拥有奴隶的弗吉尼亚人领导的。唯一的例外是来自马萨诸塞州的约翰·亚当斯，但他在 1800 年以微弱的差距落败，没能连任。那个差距非常小，如果能再多 10 个选举人投他，他就能赢得大选了。

2. 为什么"赢者通吃"能赢而且通吃？

在 1800 年那场艰难的选举后，托马斯·杰斐逊在就职演说中发表了一份和解性的声明。他表示两党有着共同的原则、共同的梦想。他说："我们都是联邦党人，我们都是共和党人。"

但看看今天的选举人团制度，你看到的不是一个阴阳平衡的美好国家，而是一张红蓝相间的地图。[6]加州属于民主党人，得州属于共和党人。没有"我们大家"，只有"我们"和"他们"，在玩一场赌注最高的双人棋盘游戏。

选举人团制度是如何发展成这样的呢？

这就是数学开始介入的地方。没错，我们让人民投好了票，但这些选票要如何汇总和制表？怎样的数学过程才能将原始的偏好转化为最终的选举人选择？

假设你在当今的明尼苏达州，必须把 300 万张选票浓缩成 10 个选举人。你会怎么做呢？

第一种选择：按实际选票的**比例**分配选举人。获得 60% 选票的党派可以得到 6 个选举人名额。[7]获得 20% 选票的党派得到 2 个候选人名额，以此类推。

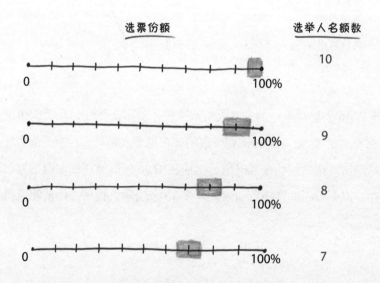

尽管合乎逻辑，但这一体系似乎没有任何吸引力。早些时候，各州尝试了一些奇怪的做法，比如田纳西州：由选民选举郡代表，由郡代表选举选举人，由选举人选举总统。但没有哪个州尝试过按比例分配。

第二种选择：按**地域**分配选举人。一个州有 10 个选举人名额，可以把整个州划分为 10 个区，每个区的获胜党派可以得到一个选举人名额。

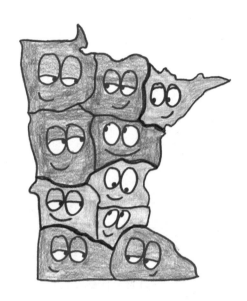

这种选举体系在 18 世纪 90 年代和 19 世纪初很常见，但现在已经不再用了。

目前仍存在的和这种选举体系很接近的一个版本是：先根据**众议院选区**选择选举人，然后，由于每个州的选举人总数都比其众议院议员数多两名，所以把最后两名选举人名额交给全州投票的获胜党。

　　如今，这个别致的选举制度只在两个州实行：内布拉斯加州和缅因州。其他地方也没有了。

　　那么其他 48 个州实行的是怎样的制度呢？他们采用一种激进的方式：**赢者通吃**。在这种方式下，全州的获胜党派将赢得所有选举人名额。

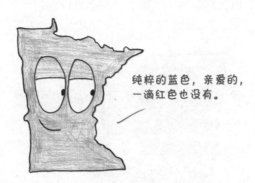

纯粹的蓝色，亲爱的，
一滴红色也没有。

　　"赢者通吃"中暗含了一个重要信息：只要获胜就可以了，而优势的大小并不重要。2000 年，乔治·W. 布什以不到 600 票的优势赢得了佛罗里达州，而在竞选连任时，他获胜的优势是 40 万票。但这对他来说，压倒性的优势并不比险胜时的优势"好"多少。赢者通吃将连续分布的百分比分解为两种离散的结果，这出乎费城 55 人的计划和料想之外。

　　那么，为什么 96% 的州都采取这种做法呢？

　　这个问题属于博弈论的范畴，即利用数学进行策略的选择。为了寻找答案，我们需要深入了解一个州级政客的想法。

　　我们从加利福尼亚州开始看。在这里，民主党控制着州议会，也倾向于获得更多的选票。假设你有两种选择：按比例分配，或者赢者通吃。

　　如果你是民主党人，选择赢者通吃会让你的政党更强大，否则就会把少数选举人票送给共和党人。所以，有什么可犹豫的呢？

　　在得克萨斯州，同样的逻辑也成立，只是两党的地位正好颠倒了。赢者通吃意味着可以将每位选举人都锁定为共和党人。那么，为什么要把宝贵的选举人票拱手相让呢？

理论上，如果所有州的选举人名额都按选票比例分配，任何一方都不会受益。如左上角的格子那样，就像决斗的双方都放下了武器。

但这不是一个稳定的平衡状态。一旦你的对手放下武器，你会马上把武器拿起来。如果每个州都这样做，那么我们很快就会进入右下角的框中状态——当然，现在 96% 的美国人都在右下角的格子里。[8]

看完接下来这段关于选举人团制度的描述，你可能会认为州界很重要，就像两人的驾驶执照上写着同一个州就意味他们之间有一种特殊的亲密关系，但州议员可不会这么做。通过选择这种赢者通吃输者一无所有的体系，他们尽力提高了自己所在党派获胜的希望，即使这意味着可能将这个州边缘化。

举个例子，下面是得克萨斯州最近 10 次总统选举的结果：

年份	赢家
2016	共和党
2012	共和党
2008	共和党
2004	共和党
2000	共和党
1996	共和党
1992	共和党
1988	共和党
1984	共和党
1980	共和党

我的角色这么单一吗？

采取赢者通吃的策略相当于在州的边界上张贴一个大标语："无论我们的选民怎么想，我们永远支持共和党！"在赢者通吃的情况下，55% 和 85% 一样好，45% 也并不比 15% 好。赢者通吃意味着选举在开始前就结束了，所以两党都没有理由为了赢得选民的支持而调整自己的政策。为什么要把资源浪费在对结果没有影响的地方呢？

而反过来，如果按比例分配选举人，选举看起来是这样的：

年份	胜者的优势票数
2016	
2012	
2008	
2004	
2000	
1996	
1992	
1988	
1984	
1980	

嗯！不到最后一刻都不知道谁会获胜！

现在，选票的一点儿小波动都会对每个党的选举人名额产生切实的影响。如果得克萨斯州希望让所有选民都真正参与到这场博弈中来，那么选举人名额就应该按投票比例进行分配，因为这样每一张得克萨斯州的选票都会提高候选人获胜的概率。为了赢得选举人名额，候选人会进行竞选活动，尽力为自己拉票。

为什么这不是一件好事呢？因为"最大化我所在州的边际选票的影响"并不是立法者的动力所在。毕竟，他们首要的身份不是得克萨斯人，不是加利福尼亚人，不是堪萨斯人，也不是佛罗里达人，更不是佛蒙特人。

他们都是民主党人。他们都是共和党人。

3. 党派潮汐

一个多世纪以来，选举人团制度始终和全国普选同时存在，在过去的 5 次选举中，我们看到了两种分歧。2000 年，民主党以 0.5% 的优势赢得了普选，而共和党以 5 票的优势赢得了选举人团。两边的边际优势都非常小。2016 年，差距扩大了：民主党以 2.1% 的优势赢得了全国普选，而共和党以 74 票的优势赢得了选举人团。

你可能会问，选举人团制度现在是不是倾向于支持共和党呢？

内特·西尔弗是当代选举人团的统计预言家，他有回答这个问题的好方法。这个方法能够帮助我们确定选举人团的优势，而且不仅适用于 2000 年和 2016 年这样的特殊情况，还适用于任何选举。

这个程序（以 2012 年为例）是这样的：

1. **把这些州从"最红"依次排到"最蓝"。** 2012 年，最红的是犹他州（共和党以 48 个百分点的优势领先），然后是怀俄明州、俄克拉何马州、爱达荷州……一直到佛蒙特州、夏威夷州，最后是华盛顿特区（民主党以 84 个百分点的优势领先）。

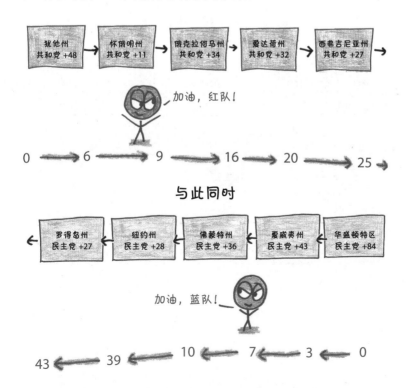

2. 找到位于序列中间的那个州，确定"临界点"的状态。正是这个州使获胜者迈过 270 票这一当选门槛。2012 年，处在中间的是科罗拉多州，民主党在科罗拉多州以 5.4 个百分点的优势获胜。

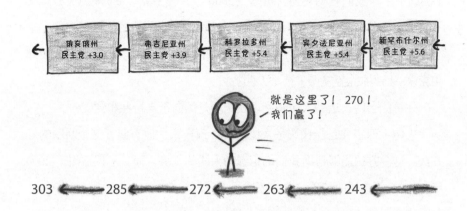

3. 逐步降低获胜者的得票比例，直到选举实际上打成平手为止。实际上，2012 年民主党在全国范围内是轻松获胜的。但在理论上，即使民主党在全国范围内的得票都减去 5.4%，只要能以一票之差赢得科罗拉多州，就能赢得全国大选。现在，让我们从每个州的总票数中减去 5.4%，来模拟一场超级势均力敌的选举。

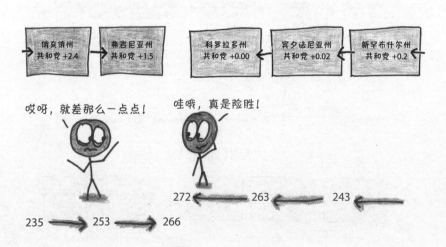

4. 从调整后的普选结果中，可以清楚地看出选举人团优势。

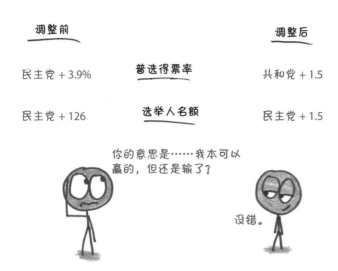

在选举人团制度中，获胜的一方有时享有它不需要的优势（例如 2008 年），有时又在对手具有优势的情况下成功反转（例如 2004 年）。然而，最令人好奇的，还是多年来选举结果是怎样上下波动的。

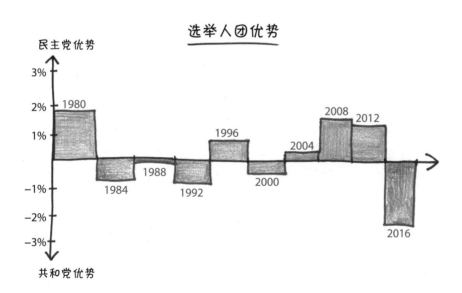

在过去的 10 次大选中，共和党和民主党各获胜 5 次。平均计算 10 次选举的结果可以发现，民主党以不足 0.1% 的微弱优势领先。西尔弗指出："每次的选举结果几乎都与上次选举中的选举人团优势没有关联，它会根

据选民中相对微妙的变化反复回弹。"[9]

从这个角度来看，2000 年和 2016 年似乎真的是偶然。或许在另一个平行宇宙中，共和党人对巴拉克·奥巴马赢得两场选举而失去普选感到愤怒，而民主党人则为自己在选举中的不败而沾沾自喜。

那么，如何评价选举人团制度呢？

鉴于它的数学复杂性，选举人团制度多少可以看作一个随机数发生器。除了某些特殊情况，它通常与普选的结果一致。在 11 月的中期选举到来之前，我们都无法预测党派优势会向哪个方向倾斜。既然如此，我们应该抛弃这个制度吗？

我首先是个数学家，这就意味着我喜欢优雅和简单——这是选举人团制度并不具备的特点，但也喜欢古怪的统计场景——这是它所具备的。

我被一项名为"全国普选票州际协定"（National Popular Vote Interstate Compact）的提案逗乐了，或者，你觉得太拗口的话，也可以称之为"阿玛尔计划"（Amar Plan）[10]。这个简单的主意是由一对法学教授兄弟提出的：无论州内的选举情况如何，各州将自己的选举人的票投给全国普选的获胜者。到目前为止，这一协定已在 10 个州和华盛顿特区被写入法律，共有 165 名选举人。如果有足够多的州加入，超过 270 名选举人的门槛，他们将获得选举团的控制权（然而，在那天来临之前还是维持现状，因为直到加入的州到达临界值，这项法律才会生效）。

宪法允许各州按照自己的意愿分配选举人。如果他们想要普选，那也是他们的权利。在选举团制度的发展史上，这将是另一个全新的历史转折点。

第 24 章

混沌的历史

你带着批判的怀疑眼光看这一章的标题，开口问道："你确定要谈历史吗？你对历史了解多少，数学家？"

看着我支支吾吾地说了一些关于海象、税法和费城的戴假发人士的历史碎片，你的眼中流露出了怜悯。

你解释着："历史学家要做的是在过去中发现因果，你简洁的公式和古怪的定量模型在这个混乱的人类世界里是没有立足之地的。"

我耸了耸肩，开始画图表，而你越发不屑。

"快点回家吧，数学家！"你说，"走吧，别让自己难堪了！"

唉，自从我在博客上画下第一个简笔画火柴人，我就不知道什么叫难堪了。所以，就让我断断续续地讲述我的故事吧。

呃，让你的数学离我的历史远点！

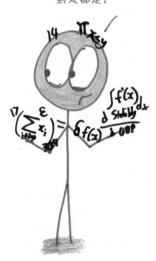

我做不到！数学洒得到处都是！

1. 四舍五入的结果

1961 年冬天，东海岸几乎同时发生了两桩意外。

第一件事发生在华盛顿特区，就在肯尼迪总统就职典礼的前夕，足足降了 20 厘米厚的大雪。[1] 成千上万焦急的南方司机大概认为这场雪是世界末日的信号，他们将汽车遗弃在了路上。灾难性的交通拥堵接踵而至。美国陆军工程兵团用了数百辆自卸卡车和火焰喷射器，才为就职游行扫清了道路。

总之就是一片混沌。

第二件事发生在肯尼迪的家乡马萨诸塞州，是一位叫爱德华·洛伦兹（Edward Lorenz）的研究人员的有趣发现。[2] 从一年前开始，他就一直在开发一种天气计算机模型：输入初始条件，计算机通过一组方程开始运行，完成后打印出结果；再用这些结果作为第二天的初始条件，重复这个过程，就能从一个单一的起点算出几个月的天气情况。

一天，洛伦兹想要重现一个早期的天气序列。他的一个技术人员重新输入了初始条件，将它们进行了小小的四舍五入处理（例如，从 0.506 127 到 0.506）。这微小的误差——比气象仪器所能探测到的误差还要小——理论上不会对结果造成什么影响。然而，在模拟天气的几周内，新序列就完全与原来的序列偏离了。一个小小的调整创造了一个全新的事件链。

总之就是一片混沌。

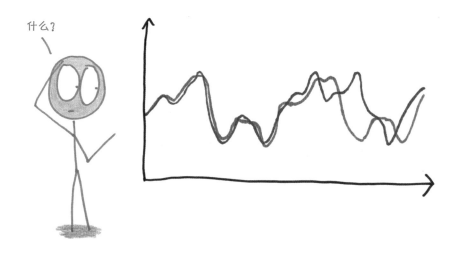

这一刻标志着一种新的实验风格的数学诞生，这是一次跨学科的离经叛道，被称为"混沌理论"（chaos theory）。这个领域的研究探索了各种具有奇怪特性的动态系统（酝酿中的风暴、湍流的流体、流动人口等）。这些系统倾向于遵循简单而严格的规律，具有确定性，没有偶然和随机的空间。然而，正是由于内部的各部分间微妙的相互依赖关系，它们才难以预测。这些系统可以把微小的变化放大成巨大的信号，把上游的涟漪放大成下游的巨浪。

洛伦兹和美国首都民众都对天气的不可预测性感到震惊，但这些事件之间的联系远不止于此。忘掉暴风雪带来的混乱吧，想想正在宣誓就职的约翰·F. 肯尼迪。

三个月前，他在美国历史上最激烈的选举之一中击败了理查德·尼克松。由于赢得了伊利诺伊州（领先 9 000 票）和得克萨斯州（领先 46 000 票）的支持，他最终以 0.17% 的微弱优势在选举人团的投票中胜出。半个世纪过去了，历史学家们仍在争论当时的投票中是否存在舞弊行为。（结论：应该不存在。但谁知道呢？）不难想象，可能在某个平行宇宙中，尼克松以微弱优势获胜了。

但我们还是很难想象接下来会发生什么。

"猪湾事件"、古巴导弹危机、肯尼迪遇刺、约翰逊登上总统宝座、民权法案、"伟大社会"计划、越南战争、水门事件、比利·乔（Billy Joel）永不过时的畅销歌曲《我们没有点燃火焰》（*We Didn't Start the Fire*）等一系列和白宫的决策息息相关的事件。1960 年 11 月 0.2% 的选票波动可能会改变世界历史的轨迹，就像四舍五入的误差导致了暴风雪。

自从注意到世界在改变，我就一直在思考如何将这些改变概念化。除非事情已经发生，否则文明的轨迹都不可知、不可预见，也不可想象。在这个系统中，一个单一的、细微的步骤就能产生巨大的、无限的后果，我们该如何理解这样的系统呢？

2. 两种钟摆

你对我说："愚蠢的数学家，你就像在华盛顿的暴风雪中抛弃汽车的司机们一样大惊小怪，杞人忧天。"

我瞪大了眼睛盯着你，嘿，我和其他人一样渴望一个可以预知的世界。

你继续说道："人类历史不是一片混沌，而是有规律可循的。无数的国家兴起又消亡；各种各样的政治体系出现又消失；歌手一夜成名，社交网络上的粉丝暴涨，但总有一天会过气的……一切的一切，以前都发生过，将来还会再发生。"

我挠头想了想，决定用钟摆的故事作为回应。

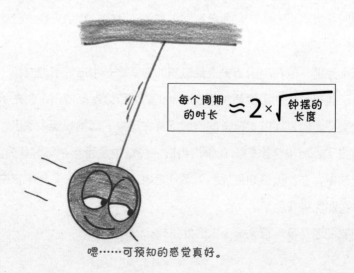

$$\text{每个周期的时长} \approx 2 \times \sqrt{\text{钟摆的长度}}$$

嗯……可预知的感觉真好。

回到 17 世纪初，当科学第一次把目光投向钟摆时，他们发现了一种比当时任何时钟都可靠的机械装置。钟摆的运动遵循一个简单的等式——测量它的长度（单位：米），取平方根后再乘以 2，就能得出每个周期的时长（单位：秒）。[3]这样，就把物理长度和时间长度关联了起来，统一了空间和时间，非常酷。

这种钟摆被数学家称为"周期摆"，周期的意思是"在一个固定的间隔后重复"，就像波浪的起伏和潮汐的涨落。

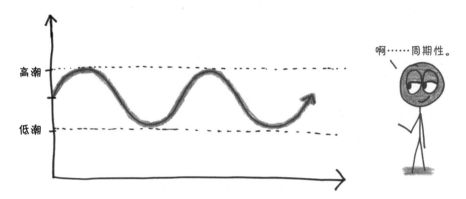

当然，钟摆也有缺点——摩擦力、空气阻力、磨损的绳子，但就像风无法撼动大山一样，这些微不足道的小插曲不会破坏它的可靠性。到了 20 世纪初，世界上最精密的摆钟一年时间的误差不超过一秒。这就是直到今天，钟摆仍然是有序宇宙的一个优秀精神象征的原因。

不过，现在出现了一个转折：双摆[4]。

双摆就是一个摆连接到另一个摆上，同样受物理定律控制，同样可以由一组方程描述，所以它的表现应该和堂兄弟单摆一样，对吧？可是，看看这混乱又不稳定的摆动吧。它向左踢腿，向右摆手，像风车一样旋转，又停下来休息，然后以完全不同的动作重来一次。

这是怎么回事呢？它不是数学意义上的"随机"系统——没有骰子，也没有大转盘，而是一个受物理规则约束、受重力控制的系统。那么，为什么它的表现如此古怪呢？为什么我们不能预测它的运动呢？

简单地说，就是它太敏感了。

如果将双摆从一个位置释放，记录其运动轨迹；再把它从一个和刚才距离一毫米的位置释放，那么就会看到它沿着完全不同的路径移动。用技术术语来说，双摆"对初始条件很敏感"。就像天气一样，最初的一点儿小扰动在最后可能会引起戏剧性的变化。如果想做出可靠的预测，就要以接近无限的精度测量它的初始状态。

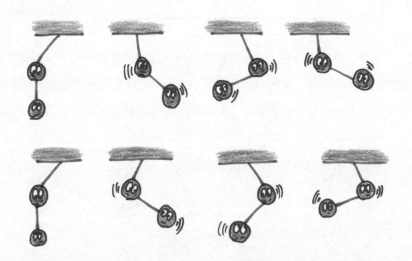

现在回到刚才的问题，历史是单摆还是双摆？

历史向左摆动，一个暴君亡国了；历史向右摆动，一场战争开始了。历史稍稍停顿了一下，在加州车库中酝酿的创业计划以其铺天盖地的符号化形象重塑了这个世界。人类文明是一个相互联系的系统，对变化非常敏感，既有短暂的稳定又有突然的疯狂，既有命中注定，也有不可预测。

在数学中，一个"非周期性"的系统可能会出现重复的现象，但没有一致性。很多人会告诉我们，不学习历史的人注定要重蹈覆辙，但情况可能比这更糟。也许，无论读了多少书，看了多少肯·伯恩斯（Ken Burns）的纪录片，我们都注定要重蹈覆辙；而且，我们还是会毫无防备，只有在事后才能意识到历史在重复。

3. 生命游戏

"来吧，数学家，"你甜言蜜语地说，"人是没有那么复杂的。"

我皱起眉头。

你说："我没有针对你的意思，但你的行为并不难预测。经济学家可以为你的财务选择建立模型，心理学家可以描述你的认知路径，社会学家可以描述你的身份感并对你选择的交友软件头像进行分析。当然，他们在物理和化学领域的科研同僚可能会对此不屑一顾，但社会科学家可以达到惊人的准确性。人类的行为是可知的，而历史又是人类行为的总和。这么来说，难道历史不是可知的吗？"

这个时候，我拿起一台电脑，向你展示生命游戏[5]。

就像许多趣事一样，生命的游戏中也包含一个棋盘。每个被称为"细胞"的正方形都可以假定为两种状态："活着的"或"死了的"。公平地说，"游戏"这个词可能有些夸张了，因为生命是按照四个自动的、不变的规则一步一步展开的：

1. 如果一个死细胞有三个活邻居，它就会复活。

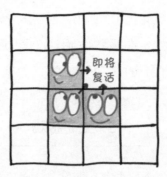

2. 否则，死细胞将进入死亡状态。

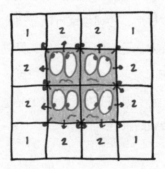

3. 如果一个活细胞有两个或三个活邻居，它就会存活下来。

4.否则，活细胞就会死亡（要么是因为孤独，要么是因为过度拥挤）。

就这么简单。只需激活一些细胞，就能开始游戏。然后，根据这些规则，一步一步地观察棋盘的变化。这就像一个雪球，只要轻轻一碰就可以滚下山去，不需要进一步的付出。

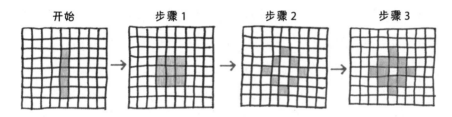

在这个世界上，获得心理学学位其实是很容易的。只要记住上面的四条规则，你就可以准确无误地预测每个细胞每时每刻的行为，成为一个很棒的心理医生。

然而，棋盘的长期未来仍不明朗。细胞们以微妙而难以预见的方式相互作用。如下图所示的模式可以让细胞无穷无尽地增长，而只要从原始棋盘中删除一个活细胞，细胞的增长就会逐渐停止。

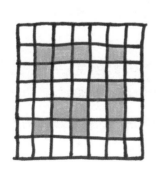

哇哦……无限的增长……

我想起了阿莫斯·特沃斯基在谈他为什么成为心理学家时说的话：

> 实际上，我们做出的重大选择是随机的。小的选择可能会更多地体现我们是怎样的人，我们进入哪个领域可能取决于我们碰巧遇到的高中老师，我们和谁结婚可能取决于谁恰好在人生的正确时刻出现。另外，小的决定是非常系统的。我成为一名心理学家可能并不能说明什么，但我是什么样的心理学家可能反映了我的深层性格。[6]

在特沃斯基来看，小的选择遵循可预测的原因，但大规模事件是一个极其复杂、相互关联的系统的产物，在这个系统中，每一个动作都和周围的环境息息相关。

我认为，人类历史也是如此。一个人的行为是可预测的，但整个人类并不是。人与人之间微妙的关系放大了一些行为，而没有任何明确的理由就消灭了其他行为。

生命的游戏和洛伦兹的天气模拟一样，都来自计算机时代，这并非偶然。从本质上讲，混沌不是那种可以在思想中控制的东西，我们的大脑太倾向于把事情理顺，太倾向于把事实四舍五入到一个方便处理的小数上。因此，我们需要比我们的大脑更大、更快的大脑来处理这一片混沌。

4. 不是树枝，而是灌木丛

"好吧，数学家，"你叹了口气，"我明白你的意思，不就是'架空历史'嘛。想想看文明是如何发展的？真的存在极其微小但改变了整个历史的变化吗？"

我耸耸肩，不置可否。

你说："你得这么说，诚然，历史的道路有时会分岔——有很多决定性的战争、关键的选举等，但是，这些并没有使历史变得混沌，只是增加了它的偶然性。历史仍然受制于逻辑和因果关系，不应该因此认为历史分析会注定失败。"

历史的转折点，1965—1970

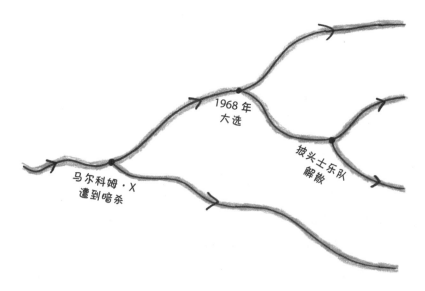

现在轮到我叹气了。你说错了，问题比你想象的更严重。

就从一颗炸弹开始说吧，或者更确切地说，两颗炸弹。1945 年，美国向日本的两个城市分别投放了一枚原子弹：广岛（8 月 6 日）和长崎（8 月 9 日）。而在架空历史中，这个时刻变得完全不同——在金·斯坦利·罗宾逊（Kim Stanley Robinson）的中篇小说《幸运的一击》（*The Lucky Strike*）[7] 中，艾诺拉·盖号轰炸机没有向广岛投下原子弹，而是在前一天的意外事故中被摧毁，这改变了核时代的进程。

然而，还是那个问题，罗宾逊只能在数万亿种可能中选择一个故事进行讲述。如果美国没有在 7 月底把日本的历史名城京都从轰炸目标名单中剔除，情况会怎样？[8] 如果小仓市在 8 月 9 日的天气是晴朗而不是阴雨绵绵，原本要投放到该市的核弹没有改道到长崎，情况会怎样？如果当时的美国总统哈里·杜鲁门在原子弹爆炸前就意识到广岛是普通居民聚集的城市，而不是严格意义上的军事城市（不知为何他坚信如此），又会怎么样呢？[9] 历史的可能性比任何故事都多。或然历史带来了一大堆不同的分支，而混沌理论告诉我们，这些分支已经被从蔓生的灌木丛中修剪掉了。

真实的历史 观念中的历史

就算是最好的架空历史小说，也永远无法反映混沌的真实本质。当每一个时刻都潜伏着关键的转折点时，就不可能有线性发展的故事了。再来看看另一个或然历史中备受讨论的问题：如果蓄奴联盟赢得了美国内战，现在的世界会是怎样的？这是一个常见的推理话题，就连非科幻小说界的英国首相温斯顿·丘吉尔也加入了讨论。[10] 因此，当 HBO 电视台宣布计划推出一部基于这个假设背景的电视剧《南部联盟》（*Confederate*）时，非裔美籍历史推理小说作家塔那西斯·科茨（Ta-Nehisi Coates）说了一番意味深长的话：

> 《南部联盟》是一个极其没有原创性的想法，特别是对所谓的前卫 HBO 而言。"如果当时获胜的是南方"可能是美国或然历史领域中最受欢迎的方向……但还有很多或然历史的话题没有讨论过，比如说：如果约翰·布朗（John Brown）当时成功了，会怎么样呢？如果海地革命已经蔓延到美洲的其他地方了，会怎么样呢？如果黑人士兵在内战开始时就应征入伍，会怎么样呢？如果印第安人当年在密西西比河上阻止了白人的进攻，会怎么样呢？[11]

或然历史往往停留在传统历史的"伟人"和"重要战役"上，而忽略了与主流文化相悖的其他可能性。可信性（我们认为令人信服）的规则并不总是反映概率（实际上可能发生）的规则。[12]

真正的混乱是一种破坏叙事的思想，一种像炸弹一样的、无政府主义的思想。

5. 我们所知道的海岸线

"好吧，数学家，"你努力维持着耐心，"你是说人类对历史理解是一种假象，历史的潮流是没有周期的海市蜃楼，我们试图推断其中的因果关系是注定要失败的。因为在像人类文明这样具有超级关联性的系统中，所有微观变化都会引发宏观影响，我们永远无法预测接下来会发生什么。"

"嗯，没错，不过我感觉自己听起来像个浑蛋。"我说。

你瞪着我。好吧，我接受。

也许人类历史正如混沌理论家所言，是一个"近非传递"（almost-intransitive）的系统。在很长一段时间内，它看起来相当稳定，然后突然发生变化。后殖民主义替代了殖民主义，自由民主替代了君权神授，企业经营的无政府资本主义制度替代了自由民主制。即使历史学家不能告诉我们下一个转折点之后会发生什么，他们至少可以描述出之前发生的变化，并阐明现阶段人类的状况。[13]

混沌理论使我们变得谦虚，它一次又一次地告诉我们，我们的所知是有限的。

1967 年，混沌数学家贝努瓦·曼德尔布罗特（Benoit Mandelbrot）发表了一篇题为《英国海岸线有多长》的爆炸性短文[14]。这个问题比你想象的要难许多，因为英国海岸线的长度实际上取决于测量的方法，尽管这听起来很奇怪。

我们先用 10 千米的尺子测量地图上的海岸线，会得到一个长度。

然后放大地图，切换为 1 千米的尺子，之前看起来笔直的线条现在却变成了锯齿状。有了这把短尺，你可以测量出这些曲曲折折的线，得到一个更长的长度。

还没结束。再换成 100 米的尺子，重复以上过程。现在，那些长尺忽略的曲线和褶皱变得明显，总长度又增加了。

我们可以继续重复这个过程。你看得越近，用的尺越短，海岸线就会变得越长——理论上，这个变化不会停止。

这好像有点儿奇怪，对于大多数问题来说，仔细观察有助于弄清楚答案。而在这里却完全颠倒了，仔细观察不能简化也不能解决问题，只会让问题越来越多。

这种趋势在科赫雪花（Koch snowflake）上发挥得淋漓尽致。科赫雪花是一种由一个个凸起组成的数学物体，虽然它只占页面的一小块，但理论上它的周长却有无限大。

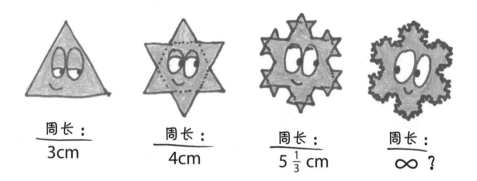

周长：
3cm

周长：
4cm

周长：
$5\frac{1}{3}$ cm

周长：
∞ ?

《来自地狱》（*From Hell*）是一部与思辨的历史有关的图像小说，讲述了1888年发生在伦敦东部白教堂区的一系列谋杀案。作者艾伦·摩尔（Alan Moore）将历史学术本质比作科赫雪花，他在后记中说："每一本新书都为历史的主题提供了更新鲜、更精细的边缘细节。然而，它的面积并不会超过最初的圆圈——1888年秋天，白教堂。"[15]

在摩尔的叙述中，历史的研究是没有止境的。[16] 我们越放大，看到的就越多。有限的时间和空间可以包含无限层次的细节，存在无穷无尽的关系链。混沌具有永恒的复杂性——不可模糊，不可解决，永无止境。

历史的混沌是像"生命游戏"那样的吗——在小范围内简单，而在大范围内不可预测？还是说，它的不可预测性更像天气——每天都有小幅的剧烈波动，但从长期来看，气候是稳定的？还是像科赫雪花——每一层都混沌，每一层都非常复杂？这些比喻在我的脑海中相互竞争，就像投射到同一个屏幕的三个 PPT 一样[17]。有时，我觉得自己正处在解决问题的边缘，但当我查看新闻时，世界又发生了变化，变成了另一种奇怪而又未知的形状。

尾注

包括：旁白、资料来源、致谢、数学上的细节和那些加在正文中会显得太古怪的笑话。

第一部分　如何像数学家一样思考？

第 1 章　终极井字棋

1. 这个游戏的起源已不可考，但它最早可能是在 20 世纪 90 年代末或 21 世纪初的《游戏》杂志上出现的（尽管杂志社的人回复我说没有听过）。2009 年，一款名为 Tic-Tac-Ku 的木制棋盘游戏获得了门萨俱乐部颁发的一个奖项。也许这款游戏同时被多人独立发现，就像舞蹈或微积分一样。

2. 2012 年，当我第一次在奥克兰特许高中向学生们展示这款游戏时，他们将它命名为"终极井字游戏"。我在 2013 年写的一篇博客文章中用了这个名字，似乎是从那以后，维基百科、一些学术论文和很多手机应用程序都用了这个游戏名。毋庸置疑的是：亲爱的学生们，是你们命名了这个游戏，这太值得骄傲了！

3. 这里要感谢迈克·桑顿（Mike Thornton），他读了本章的初稿后也提出了这个问题。迈克的编辑就像莱昂纳德·科恩的歌曲创作或海明威的散文一样——我早就知道很棒，但随着年龄的增长，我对它们的欣赏有增无减。

4. 其中的关键思想是，扁的矩形周长大得不成比例，而方的矩形面积大得不成比例。所以要选择一个细长的矩形（如 10×1）和一个方的矩形（如 3×4）。

5. 如果你希望矩形的边长全是整数，那么这个问题将非常有趣。下面是我推导出的一个公式，它可以生成无穷多个解。

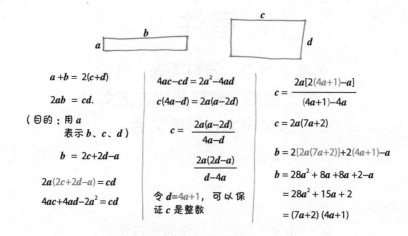

$$a + b = 2(c+d)$$
$$2ab = cd.$$

（目的：用 a 表示 b、c、d）

$$b = 2c+2d-a$$
$$2a(2c+2d-a) = cd$$
$$4ac+4ad-2a^2 = cd$$

$$4ac-cd = 2a^2-4ad$$
$$c(4a-d) = 2a(a-2d)$$
$$c = \frac{2a(a-2d)}{4a-d}$$
$$\frac{2a(2d-a)}{d-4a}$$

令 $d=4a+1$，可以保证 c 是整数

$$c = \frac{2a[2(4a+1)-a]}{(4a+1)-4a}$$
$$c = 2a(7a+2)$$
$$b = 2[2a(7a+2)]+2(4a+1)-a$$
$$b = 28a^2 + 8a + 8a + 2 - a$$
$$= 28a^2 + 15a + 2$$
$$= (7a+2)(4a+1)$$

这就解出了矩形边长：

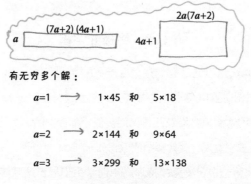

有无穷多个解：

$a=1 \longrightarrow \quad 1×45 \quad$ 和 $\quad 5×18$

$a=2 \longrightarrow \quad 2×144 \quad$ 和 $\quad 9×64$

$a=3 \longrightarrow \quad 3×299 \quad$ 和 $\quad 13×138$

可以无限类推下去！

以上的推导给出了**无穷**个解，但并不是**全部**的解，因为还有其他的 d 取值方式可以保证 c 为整数。例如，这个推导就漏掉了我最喜欢的解：$1×33$ 和 $11×6$。我的同事蒂姆·克罗斯（Tim Cross）擅长解不定方程（Diophantine equation），他向我展示了一种可以描述所有可能整数解的绝妙方法。不过，按照数学领域的"优良传统"，我打算把它作为一个"读者习题"，试试看吧。

6. 实际的策略有点儿过于复杂，无法在此描述，但你可以在可汗学院（Khan）的网站上看到具体方法。

7. 完整的故事请看：Simon Singh, *Fermat's Last Theorem* (London: Fourth Estate Limited, 1997)（中文版：《费马大定理：一个因惑了世间智者 358 年的谜》，[英] 西蒙·辛格著，薛密译，广西师范大学出版社，2013 年）。

8. 这句话出自唯一一本我为了消遣而读的词典：大卫·威尔斯（David Wells），《稀奇有趣数字的企鹅词典》（*The Penguin Dictionary of Curious and Interesting*

Numbers），伦敦：企鹅出版社（London: Penguin Books），1997 年。

第 3 章　数学家眼中的数学什么样?

1. 说实话，我更喜欢《饥饿游戏》。

2. 迈克尔·珀山（Michael Pershan）是世界上最好奇、分析能力最强的人，在我还没有想到之前，就已经组织好了"策略"的概念。感谢他对这一章的帮助。

3. 在 www.geogebra.org/m/WFbyhq9d 上有很棒的动画解释。

第 4 章　科学和数学眼中的彼此什么样?

1. 我和一位数学家结婚五年了。幸运的是，到目前为止，她似乎还记得我。

2. 详见 Matt Parker, *Things to Make and Do in the Fourth Dimension* (London: Penguin Random House, 2014)（中文版：《我们在四维空间可以做什么》，［澳］马特·帕克著，李轩译，北京联合出版公司，2020 年）。

3. 感谢马修·弗朗西斯（Matthew Francis）和安德鲁·斯泰西（Andrew Stacey）在这一知识点上的帮助。我本想说宇宙的基本结构是"双曲线"或"椭圆"，而不是"欧几里得平行线"，但他们告诉我真实的图景更不可思议，是由这些更简单的几何图形拼接而成的。

　　斯泰西说："黎曼几何在许多方面扩充了欧几里得几何的适用性，还丰富了欧几里得几何，可是也丢失了一部分内容，主要是关于描述空间中不同点之间的关系的内容。"这包括"平行"的概念。

　　弗朗西斯补充了一个有趣的历史细节："威廉·金顿·克利福德在 19 世纪提出用非欧氏几何来代替力，但他除了'这会简洁很多'之外没能说出更多的理由。如果其他人也有类似的想法，我也不会感到惊讶的。"爱因斯坦当然会与数学家密切合作。没有任何突破是孤立发现的。

4. 请见描述这个故事的图像小说：Apostolos Doxiadis et al, *Logicomix: An Epic Search for Truth* (New York: Bloomsbury, 2009)（中文版：《罗素的故事》，［希］多西亚蒂斯，［希］帕帕蒂米图奥著，傅志红译，人民邮电出版社，2011 年）。

5. 请见：James Gleick, *The Information: A History, a Theory, a Flood* (New York: Knopf Doubleday, 2011)（中文版：《信息简史》，［美］詹姆斯·格雷克著，高博译，人民邮电出版社，2013 年）。这本书很精彩，这个有趣的故事在原文第 113 页。

6. 尤金·魏格纳，《数学在自然科学中不合理的有效性》（*The Unreasonable*

Effectiveness of Mathematics in the Natural Sciences），1959 年 5 月 11 日理查德·柯朗特在纽约大学的数学科学课程（Richard Courant lecture in mathematical sciences delivered at New York University, May 11, 1959），《纯数学与应用数学交流》（*Communications on Pure and Applied Mathematics*），1960 年 13 期，1—14 页。这是一篇意义重大的文章。

第 5 章　优秀的数学家和伟大的数学家

1. 在这一章中，我的老师是大卫·克隆普（David Klumpp），他兼具了卡尔·萨根渊博的学识和温柔的性格，简直就是卡尔·萨根本人。

2. 伊斯雷尔·克莱纳（Israel Kleiner），"艾米·诺特与抽象代数的出现"（Emmy Noether and the Advent of Abstract Algebra），《抽象代数的历史》（*A History of Abstract Algebra*），波士顿：博克豪斯出版社（Boston: Birkhäuser），2007 年，91—102 页。我对这个论点进行了激烈的反驳，关键的论据是分析和几何在 19 世纪有了巨大的进步，而代数仍然处于一种更加具体和原始的状态。

3. 华金·纳瓦罗（Joaquin Navarro），《数学中的女性：从希帕蒂娅到艾米·诺特——一切都是数学的》（*Women in Maths: From Hypatia to Emmy Noether. Everything is Mathematical*），西班牙：R.B.A. 精品出版股份公司（Spain: R.B.A. Coleccionables, S.A.），2013 年。

4. 这是格蕾丝·谢弗·奎因（Grace Shover Quinn）教授说的，摘自马洛·安德森（Marlow Anderson）、维克多·卡茨（Victor Katz）和罗宾·威尔森（Robin Wilson），《谁给了你 ε？以及数学史上的其他故事》（*Who Gave You the Epsilon? And Other Tales of Mathematical History*），华盛顿哥伦比亚特区：美国数学协会（Washington, DC: Mathematical Association of America），2009 年。

5. 所有关于西尔维亚·瑟法蒂的故事都出自一篇关于她的采访报道：西沃恩·罗伯茨（Siobhan Roberts），"在数学中，'你不会被骗'"（In Mathematics, "You Cannot Be Lied To"），《量子》杂志（*Quanta Magazine*），2017 年 2 月 21 日。这位作者笔下的数学就像 R.E.M 乐队最热门的专辑一样，非常值得推荐。

6. 科林·麦克拉蒂（Colin McLarty），《上升的海洋：格罗滕迪克谈简单与普遍》（*The Rising Sea: Grothendieck on Simplicity and Generality*），2003 年 5 月 24 日。

7. 娜塔莉·沃尔奇欧芙（Natalie Wolchover），"找寻已久的证据，几乎失而复得"（A Long-Sought Proof, Found and Almost Lost），《量子》杂志，2017 年 3 月 28 日。

就算你已经被我剧透过，这个故事读起来依然很棒。

8. 法尔哈德·里亚希（Farhad Riahi，1939—2011）。

9. 科里是化名，但维亚内不是。我认为她值得那些掌声。为了故事的完整性，我添加了一些对话，但这就是我的真实经历。

10. 这一段来自吴宝珠在 2016 海德堡奖得主论坛（HLF）的新闻发布会上的发言。非常感谢优秀的韦德·格林（Wylder Green）和 HLF 团队让我有机会到场参加这个新闻发布会。

第二部分　设计：必须遵循的几何学

1. 正五边形的内角是 108°。如果你试着在同一个顶点处拼接 3 个角，就会发现还剩下 36°，这样没有足够的空间放置第四个角。可以平铺成平面的规则多边形只有等边三角形（内角 60°）、正方形（内角 90°）和六边形（内角 120°），因为需要能整除 360° 的角。

2. 当然，几何也是有一些灵活性的。文中，我使用的是欧几里得关于平行的假设；你可以再另外自创一个假设，但一旦你这么做了，其他所有的规则都会为遵循逻辑上的必要性而改变。

为什么要把这个重要的警告放在容易被忽略的尾注里呢？好吧，我想任何一个挑剔到质疑我们是否在欧几里得空间的人，都会阅读尾注的。

第 6 章　三角形建造的城市

1. 这一章的主要资料源于 Mario Salvadori, *Why Buildings Stand Up* (New York: W. W. Norton, 1980)（中文版：《建筑生与灭：建筑物如何站起来》，[美] 马里奥·萨瓦多里著，顾天明、吴省斯译，天津大学出版社，2007 年）。如果没有这本书，这一章的内容就没有坚实的理论和背景知识基础。此外，我还要感谢思想和运动导师威尔·王（Will Wong）对这一章的帮助。

2. 关于埃及拉绳人的故事，来自：基蒂·弗格森（Kitty Ferguson），《毕达哥拉斯：

他的生命和理性世界的遗产》（*Pythagoras: His Lives and the Legacy of a Rational Universe*），伦敦：标志出版社（London: Icon Books），2010 年。

3. 这种几何体是被截断的金字塔，侧面为梯形。很多人都没听过这个词。

我为自己的不知名而忧伤。

4. 维基百科列出了金字塔内部的三个通道（下降的、上升的、水平的）和三个墓室（法老的墓室、王后的墓室、大画廊）的尺寸。这些空间的体积总计为 1 340 立方米，在整个建筑物 260 万立方米的总体积中约占 0.05%。我把这个数字四舍五入到 0.1%，然后（再次感谢维基百科）乘以帝国大厦的体积（280 万立方米），得到帝国大厦体积的 0.1% 为 2 800 立方米。用这个体积除以单层的面积（大约是 7 400 平方米），最后得到的高度是 38 厘米，大约 15 英寸，我又将这个高度取为 2 英尺。不过，就在我完成这份书稿时，考古学家又发现了一个隐藏的墓室！但我的四舍五入正好能弥补一些误差。

5. 这里的论点是从萨瓦多里的《建筑生与灭》中偷来的，当然没有照搬原文。

6. 除了泰德·莫斯比（Ted Mosby）。他是美剧《老爸老妈浪漫史》（*How I Met Your Mother*）的主角，职业是建筑师。

7. 依然是从萨瓦多里那儿引入的概念。正如威尔·王所言，传统的描述会更侧重于"工"字形横截面所产生的理想特性（分散应力、减小扭矩等）。

8. 我对桁架的了解来自人类伟大的创造——维基百科。更多信息请查看维基百科"Truss"和"Truss Bridge"词条的介绍。

第 7 章　怎样才是合理的纸张尺寸？

1. 感谢卡洛琳·吉尔洛（Caroline Gillow）和詹姆斯·巴特勒（James Butler），二位宽广的胸怀让大西洋也相形见绌，感谢他们在这一章中的帮助和鼓励，感谢他们让我"搬到英国"的经历变得如此美妙。

2. 就在亚当创造名词"反整数"的同一天，我向一位名叫哈里的 11 岁学生打招呼说："你好，algebraists（代数学家）！"他的回答是："为什么不叫我们 alge-zebras（袋鼠学家）呢？"我说得没错吧，当老师太有趣了。

3. 另一个超棒的地方是 A1 纸的面积是精确的 1 平方米，每小一个尺寸，纸的面积正好缩减一半。因此，理论上 8 张 A4 纸可以精确地拼成 1 平方米（当然实际上也没那么精确……毕竟长宽比是无理数）。

第 8 章　立方体背后的寓言

1. 在写这一章时，我的同事理查德·布里奇斯（Richard Bridges）告诉我，他读过一篇很棒的相关文章。我从那篇 80 年前的文章中摘录了部分内容：J. B. S. 霍尔丹（J. B. S.Haldane），《尺寸要合适》（*On Being the Right Size*），1926 年 3 月。

2. 此处忽略了高度，因为在烤布朗尼的时候，我们不能把烤盘装满。

3. 这是我从基蒂·弗格森的《毕达哥拉斯》一书中读到的故事。就像所有精彩的寓言故事一样，它很可能是杜撰的。

4. 感谢约翰·考恩（John Cowan）对这一章进行了事实核查，并以最友好、温和的方式补充道："事实上，罗德岛的巨像就像自由女神像一样，是中空的。外部由铜板拼接而成，内部有铁架加以支撑。因此，当高度增加至 n 倍时，成本只增加至 n^2 倍。"当然，对可怜的卡瑞斯来说，还是太多了。

5. 我上大学时，在劳里·桑托斯（Laurie Santos）的心理学课程"性、进化和人性"中学到了这一点。当然，当时我已经知道世界上不存在巨人，但桑托斯教授对原因的解释（现在我看来可能是参考了霍尔丹的观点）启发我写了这一章。

6. 请给你们的参议员打电话，敦促他们在为时已晚前为有关道恩·强森的基础建设大力投资。

7. 空气阻力的数学基础与另一个简短的寓言相关："为什么大帆船需要更巨大的帆。"当你将船的尺寸翻倍时，帆的面积（2D）会翻四倍，但船的重量（3D）会翻八倍，单位重量受风的推力按相应比例减少了。因此，一艘船增长至两倍时，需要大约三倍高的帆。

8. 约翰·考恩补充说："蚂蚁还有个特点是不会流血，因为它们太小了，所以整个身体都是'表面'，不需要体液将氧气输送到内部。对于表面比重大的生物而言，扩散作用就已经足够了。"

9. 这个小插曲的灵感来自一位绰号叫"粉笔脸"（The Chalkface）的数学老师。

10. 这里有一些不适合放在正文中的例子。

（1）为什么大型的热气球更划算？因为所需的帆布取决于表面积（2D），而气球得到的升力取决于氦气的体积（3D）。

（2）为什么火鸡比鸡需要的烹饪时间更长？因为热量的吸收速度随表面积
（2D）的增加而增加，但所需的热量随体积（3D）的增加而增加。

（3）为什么干的小麦百分之百安全，而小麦粉末却暗藏爆炸危险？因为可燃物
被引燃后是从表面开始燃烧的，而微小的粉末的表面积比完整的麦秆大得
多，在迅速燃尽后的短时间内产生巨大能量，引起爆炸。

11. 我第一次了解奥伯斯佯谬（Olber's paradox）悖论是在彼得·范·多库姆
（Pieter van Dokkum）的天文学课程"星系与宇宙学"中。

12. 这是我最后一次提到约翰·考恩的补充："如果在我们和恒星之间存在黑暗的
天体（行星、尘埃等）呢？难道不会挡住一些恒星，从而消除这个悖论吗？答
案是不会，因为随着时间的推移，在黑暗天体背后的恒星会将它们加热到与恒
星相同的温度，最终还是会消除所有的黑暗。"

13. 埃德加·爱伦·坡，《我发现了——一首散文诗》（*Eureka: A Prose Poem*），纽约：
G. P. 普特南出版公司（New York: G. P. Putnam），1848 年。

第 9 章　骰子的游戏

1. 本章中的史实有三个资料来源，在这里大致按引用量从多到少列出来：

（1）Deborah J. Bennett, *Randomness* (Cambridge, MA: Harvard University Press,
1998)（中文版：《随机性》，[美] 黛博拉·J. 本内特著，严子谦、严磊译，
吉林人民出版社，2001 年）。

（2）"滚动的骨头：骰子的历史"（Rollin' Bones: The History of Dice），Neatorama
博客，2014 年 8 月 18 日。再版于《不会沉水的约翰叔叔浴室读物》
（*Uncle John's Unsinkable Bathroom Reader*）一书。http://www.neatorama.com/
2014/08/18/Rollin-Bones-The-History-of-Dice/.

（3）马丁·加德纳（Martin Gardner），"骰子"（Dice），《数学魔法秀》（*Mathematical
Magic Show*），华盛顿，哥伦比亚特区：美国数学协会，1989 年，251—262 页。

2. 扭棱锲形体有两个表兄弟，它们的每个面都是等边三角形，但都不是公平的骰
子。三侧锥三角柱（triaugmented triangular prism），劳伦斯·拉克姆（Laurence
Rackham）为我指出；双四角锥反角柱（gyroelongated square），蒂姆·克罗斯
和彼得·奥利斯（Peter Ollis）为我指出。如果你更喜欢四边形，还有伪鸢形
二十四面体（pseudo-deltoidal icositetrahedron），亚历山大·穆尼兹（Alexandre
Muniz）向我展示过。

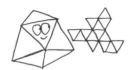

三侧锥三角柱　　　　双四角锥反角柱　　　　伪鸢形二十四面体

3. 说句公道话，还是有一些例子证明它们的流行性的。古印度人投掷的就是由黏土制成的三边柱骰子，与他们同时代的印第安人也用过象牙雕刻的三边柱骰子。

4. 这也许解释了为什么我见过的所有现代长骰子要么很小，要么是扭曲的，以便让长的那一面保持相等，更好地翻滚起来。骰子实验室（Dice Lab）的研究为本章的写作提供了灵感，并提供了一些很好的例子。

5. 关于这条论证的更多信息，请见：佩西·戴康尼斯（Persi Diaconis）和约瑟夫·B. 凯勒（Joseph B. Keller），"公平骰子"（Fair Dice），《美国数学月刊》（*American Mathematical Monthly*），1989 年 4 月，第 96 卷第 4 期，337—339 页，http://statweb.stanford.edu/~cgates/PERSI/papers/fairdice.pdf。

6. 尽管如此，还是有一些古代文明采取了类似的做法。古因纽特人投掷椅子形状的象牙骰子，他们只数六面中的三面。托赫诺奥哈姆人（Tohono O'odham）投掷野牛的骨头，只数四面中的两面。

7. 关于那些作弊中巧妙而邪恶的细节，参见：约翰·斯卡尼（John Scarne），《斯卡尼的骰子游戏（第 8 版）》（*Scarne on Dice*, 8th ed.），加利福尼亚查特斯沃斯：威尔希尔出版公司（Chatsworth, CA: Wilshire Book Company），1992 年。

8. 音乐剧《红男绿女》（*Guys and Dolls*）中的黑帮老大朱尔也使用了一种类似的含蓄而优雅的方法。他的幸运骰子是空白的，上面没有任何点数。但是别担心，朱尔记得所有点数应该在的位置。

9. 嗯……一般情况下确实不容易。但一个真正的专家会发现不对劲，因为从某些角度来看，这些面的安排和正常的骰子不一样。所以，骗子们会快速移动和替换他们的作弊骰子，以免被看出其中猫腻。

10. 正如无所不知的拉尔夫·莫里森（Ralph Morrison）告诉我的那样，骰子实验室出售的是一个漂亮的 120 面骰子。更多信息请见：西沃恩·罗伯茨，"你从来不知道自己需要的骰子"（The Dice You Never Knew You Needed），元素专栏（Elements），《纽约客》（*New Yorker*），2016 年 4 月 26 日，https://www.newyorker.com/tech/elements/the-dice-you-never-knew-you-needed。

第 10 章　口述：死星的历史

1. 实际上，我从这部作品中得到了很多启发：莱德·温德姆（Ryder Windham）、克里斯·赖夫（Chris Reiff）和克里斯·特列维斯（Chris Trevas），《死星之主的操作手册》（*Death Star Owner's Technical Manual*），伦敦：海恩斯出版社（London: Haynes），2013 年。我写这一章的部分原因是想博尼尔·谢泼德（Neil Shepherd）一笑，但请你们别告诉他。

2. 如果你喜欢这类故事，我推荐你看看：特伦特·摩尔（Trent Moore），"《星球大战》搞笑'公开信'中的死星建筑师保卫排气口"（Death Star Architect Defends Exhaust Ports in Hilarious *Star Wars* "Open Letter"），《科幻线报》（*SyFy Wire*），2014 年 2 月 14 日，http://www.syfy.com/syfywire/death-star-architect-defends-exhaust-ports-hilarious-star-wars-open-letter%E2%80%99。

3. 在这里我要感谢格里高尔·纳扎里安（Gregor Nazarian），他帮我完善了这一章，让我的心情像约翰·威廉姆斯的音乐一样畅快。（我在这里提到他是因为他建议我用代亚诺加作例子，而不是因为他的脸像代亚诺加）

4. 这些石头和冰的数据出自美国国家航天中心的梅根·休厄尔（Megan Whewell），引述自：乔纳森·奥卡拉汉（Jonathan O'Callaghan），"天体能变成球形的最小尺寸"（What Is the Minimum Size a Celestial Body Can Become a Sphere），《空间答案》（*Space Answers*），2012 年 10 月 20 日，https://www.spaceanswers.com/deep-space/what-is-the-minimum-size-a-celestial-body-can-become-a-sphere/。不过银河帝国钢铁的数据是我瞎说的。

5. 我查到的数据从 120 千米到 150 千米不等。

6. 我找了又找，想找到一个更现实的数字，但所有来源的数据似乎是一致的。《星球大战》的粉丝们一直在争论"如果两颗死星都爆炸了，一共会有多少人死亡"的问题。温德姆等给出的数据是大约 120 万人和 40 万个机器人，维基百科给出的数据是 170 万人和 40 万个机器人。为了让我的观点更站得住脚，我用了能找到的最大值。

7. 我不确定是否已经成功地将这个故事没有违和感地塞进《星球大战外传：侠盗一号》的后续中。毫无疑问，某些顽固而令人钦佩的纯粹主义者会对此处的想象力感到不安。另外，我还用 2010 年西弗吉尼亚州的人口普查数据和这些"遥远的星系"中的角色进行了比对，因此，对死星的建筑理念指手画脚或许不是我最对不起《星球大战》正史的地方。

第三部分　概率：描述可能性的数学

第 11 章　排队买彩票时遇到的 10 种人

1. 扎克·奥特（Zac Auter），"半数美国人都买州彩票"（About Half of Americans Play State Lotteries），《盖洛普新闻》（*Gallup News*），2016 年 7 月 22 日，http://news.gallup.com/poll/193874/half-americans-play-state-lotteries.aspx。 尽管如此，彩票仍是一种"累退税"，因为当穷人和富人花同样多的钱买彩票时，穷人花的钱占收入的比例更大。

2. 佩奇·迪弗洛（Paige DiFiore），《15 个最爱买乐透彩票的州》（*15 States Where People Spend the Most on Lotto Tickets*），Credit.com，2017 年 7 月 13 日，http://blog.credit.com/2017/07/15-states-where-people-spend-the-most-on-lotto-tickets-176857/。虽然排名每年都会波动，但自我 1987 年出生以来，马萨诸塞州一直处于或接近榜首。

3. 这些赔率是从 MassLottery.com 上找到的，http://www.masslottery.com/games/instant/1-dollar/10k-bonus-cash-142-2017.html。

4. 试试看，奖励 1 万个玉米圆饼，奖励 1 万次碰拳，奖励 1 万只小狗，是不是都很诱人？

5. 其中近一半的中奖者得到的奖金只够支付 1 美元的彩票费，所以用"没有赔钱"这个词可能比"中奖"更合适。

6. 查尔斯·T. 克洛特费尔特（Charles T. Clotfelter）和菲利普·J. 库克（Philip J. Cook），"州彩票的经济"（On the Economics of State Lotteries），《经济展望期刊》（*Journal of Economic Perspectives*），1990 年秋季第 4 期，105—119 页，http://www.walkerd.people.cofc.edu/360/AcademicArticles/ClotfelterCookLottery.pdf。

7. 肯特·格罗特（Kent Grote）和维克多·马西森（Victor Mathewson），《彩票经济：一项文献调查》（*The Economics of Lotteries: A Survey of the Literature*），圣十字学院经济系研究系列论文（College of the Holy Cross, Department of Economics Faculty Research Series），2011 年 8 月，No. 11-09，http://college.holycross.edu/RePEc/hcx/Grote-Matheson_LiteratureReview.pdf. 此外，非常感谢维克多·马西森

抽时间阅读本章。

8. 亚历克斯·贝洛斯（Alex Bellos），"从数学上看，现在是玩彩票的最佳时机"（There's Never Been a Better Day to Play the Lottery, Mathematically Speaking），《卫报》（Guardian），2016 年 1 月 9 日，https://www.theguardian.com/science/2016/jan/09/national-lottery-lotto-drawing-odds-of-winning-maths。

9. 维克多·马西森和肯特·格罗特，《在彩票中寻找公平的赌注》（In Search of a Fair Bet in the Lottery），圣十字学院经济系研究论文，2004 年第 105 篇，http://crossworks.holycross.edu/econ_working_papers/105/。

10. 例如，1990 年，斯蒂芬·克林塞维奇（Stefan Klincewicz）领导的一个财团买下了 80% 的爱尔兰国家彩票，他的团队最终和其他中奖者分享了头奖，但由于丰厚的小额奖金，他们还是实现了盈利。克林塞维奇告诉记者，他之所以不买英国彩票，是因为它没有那些较小的奖金。资料来源：瑞贝卡·福勒（Rebecca Fowler），"如何在彩票上大赚一笔"（How to Make a Killing on the Lottery），《独立报》（Independent），1996 年 1 月 4 日，http://www.independent.co.uk/news/how-to-make-a-killing-on-the-lottery-1322272.html。

11. 我第一次看到这个故事是在一本近期最好的数学科普书里：Jordan Ellenberg, How Not to Be Wrong (New York: Penguin Books, 2014)（中文版：《魔鬼数学：大数据时代，数学思维的力量》，[美] 乔丹·艾伦伯格著，胡小锐译，中信出版社，2015 年）。然后，我顺着这个故事追溯到了三个有趣的旧新闻：（1）"集团投资 500 万美元对冲彩票赌注"（Group Invests $5 Million to Hedge Bets in Lottery），《纽约时报》（New York Times），1992 年 2 月 25 日；（2）"该集团在弗吉尼亚州的彩票支付被推迟"（Group's Lottery Payout is Postponed in Virginia），《纽约时报》，1992 年 3 月 7 日，http://www.nytimes.com/1992/03/07/us/group-s-lottery-payout-is-postponed-in-virginia.html。（3）约翰·F. 哈里斯（John F. Harris），"澳大利亚人在弗吉尼亚州彩票中逢凶化吉"（Australians Luck Out in Va. Lottery），《华盛顿邮报》（Washington Post），1992 年 3 月 10 日，https://www.washingtonpost.com/archive/politics/1992/03/10/australians-luck-out-in-va-lottery/cbbfbd0c-0c7d-4faa-bf55-95bd6590dc70/?utm_term=.9d8bd00915e8。

12. 安妮·L. 墨菲（Anne L. Murphy），《17 世纪 90 年代的彩票：投资还是赌博？》（Lotteries in the 1690s: Investment or Gamble?），莱斯特大学（University of Leicester, dissertation research）论文研究，http://uhra.herts.ac.uk/bitstream/

handle/2299/6283/905632.pdf?sequence=1。我喜欢 17 世纪英国彩票的名字，比如"诚实的提议"和"光荣的事业"，它们还可能叫作"是的，我们知道我们可以骗你，但我们保证不会"。

13. 如果你是那种博览群书、不需要看尾注的人，那么你肯定已经知道我引用的是哪本书了，但我还是要说出来：Daniel Kahneman, *Thinking Fast and Slow* (New York: Farrar, Straus and Giroux, 2011)(中文版：《思考，快与慢》，[美]丹尼尔·卡尼曼著，胡晓姣、李爱民、何梦莹译，中信出版社，2012 年)。

14. 丹尼尔·卡尼曼和阿莫斯·特维斯基（Amos Tversky），"预期理论：风险下的决策分析"（Prospect Theory: An Analysis of Decision Under Risk），《计量经济学杂志》（*Econometrica*），1979 年，第 47 卷第 2 期，263 页，http://www.princeton.edu/~kahneman/docs/Publications/prospect_theory.pdf。

15. 来自查尔斯·T. 克洛特费尔特和菲利普·J. 库克。

16. 德雷克·汤普森（Derek Thompson），"彩票：700 亿美元的耻辱"（Lotteries: America's $70 Billion Shame），《大西洋月刊》（*Atlantic*），2015 年 5 月 11 日，https://www.theatlantic.com/business/archive/2015/05/lotteries-americas-70-billion-shame/392870/. 也见于：莫纳·沙拉比（Mona Chalabi），《州彩票占全州收入的百分比是多少？》（*What Percentage of State Lottery Money Goes to the State*），FiveThirtyEight 网站,2014 年 11 月 10 日，https://fivethirtyeight.com/features/what-percentage-of-state-lottery-money-goes-to-the-state/。

17. 早在 18 世纪 90 年代，法国革命者就认为彩票是君主制国家的剥削行为。但在掌权后，他们也没能果断地废除它。原因很简单：政府需要钱。除了彩票之外，你还有什么办法能把一个惧怕税收的公民变成尽职尽责的纳税人？资料来源：杰拉德·维尔曼（Gerald Willmann），《彩票的历史》（*The History of Lotteries*），斯坦福大学经济系，1999 年 8 月 3 日，http://willmann.com/~gerald/history.pdf。

18. 来自查尔斯·T. 克洛特费尔特和菲利普·J. 库克。

19. 维尔曼，《彩票的历史》。

20. 每花 1 美元，在宾果游戏中平均赢得 0.74 美元，赛马平均赢得 0.81 美元，老虎机平均赢得 0.89 美元，而州彩票平均赢得 0.50 美元。资料来源：克洛特费尔特和库克。

21. 来自杰拉德·维尔曼。

22. 格罗特和马西森，《彩票经济》。

23. "彩票"（The Lottery），约翰·奥利弗上周今夜秀（Last Week Tonight with John Oliver），HBO 电视台，2014 年 11 月 9 日。

24. 为什么中年人更热衷于买中奖金额高的彩票？个人猜测，也许是因为中年是做梦想家的最佳时期。年轻人会想象其他的致富之路，老年人已经没有了对财富的热切期盼。而中年人，既成熟——能够意识到没有什么神奇的金融变革即将到来，但又年轻——仍然渴望改变自己的人生。

25. 关于这个话题，最新的完整版讨论请看：布列·兰（Bourree Lam），"彩票中奖者会怎样？"（What Becomes of Lottery Winners?），《大西洋月刊》，2016 年 1 月 12 日，https://www.theatlantic.com/business/archive/2016/01/lottery-winners-research/423543/。

26. 其中一个案例请见：米尔顿·弗瑞德曼（Milton Friedman）和 L.J. 萨维奇（L. J. Savage），"涉及风险选择的效用分析"（The Utility Analysis of Choices Involving Risk），《政治经济学杂志》（*Journal of Political Economy*），1948 年 8 月，第 56 卷第 4 期，279—304 页，http://www2.econ.iastate.edu/classes/econ642/babcock/friedman%20and%20savage.pdf。

27. 格罗特和马西森，《彩票经济》。

28. 书中的例子改编自克洛特费尔特和库克的文章。

第 12 章　用硬币抛出的孩子

1. 看看这个从 2010 年 4 月开始经常发生的典型场景：

　　基萨（好奇地睁大眼）：内质网里到底发生了什么？

　　我：不知道，这是一个无法解开的谜，超出了人类的想象。

　　蒂姆（一板一眼地）：课本上说，蛋白质在内质网中折叠。

　　我：很明显，蒂姆，我的意思是除此之外。

2. 关于这部分的知识，有一篇比我的书更复杂，但可读性仍然很强的文章：拉兹比·可汗（Razib Khan），《为什么兄弟姐妹的差异各不相同》（*Why Siblings Differ Differently*），基因表达栏目，探索频道，2011 年 2 月 3 日，http://blogs.discovermagazine.com/gnxp/2011/02/why-siblings-differ-differently/#.Wk7hKGinHOi。

3. "熵"的概念也建立在同样的逻辑基础上——熵是宇宙混乱程度的度量。

以一堆砖块为例，能让一堆砖块组成一个建筑的方式是很少的，但组成一堆乱石却有许多无趣的、不成章法的方式。随着时间的推移，随机的变化会不断累积，几乎所有的变化都会使原本的安排变得更像一堆"乱石"，而几乎没有任何变化会使其变得更有条理、更像一个"建筑"。因此，时间偏爱混乱胜过理性。

同样，能让食用染料颗粒在水杯一侧聚集的方式也很少，就像所有硬币都抛出了正面朝上的结果那么罕见。但是，让这些粒子或多或少地分散在液体的各个部位的方法却有很多，每一次这样的分散就像是抛出了硬币正面和背面的不同组合。这就是随机过程以不稳定但不可阻挡的方式导致了更大的熵，搅乱了宇宙成分的原因。宇宙偏爱无序，这种偏爱的核心就是无数种组合。

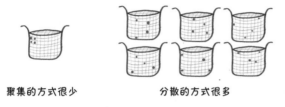

聚集的方式很少　　　　　分散的方式很多

4. 这个概率大约是 96%，所以每 25 个读者中就有一个人会认为我的预言是错误的。话虽如此，如果真的有 25 个读者抛了 46 个硬币，那么这本数学书的读者将比我想象的还要硬核。

5. 这里的图表引用自他的作品，详见：https://thegeneticgenealogist.com/wp-content/uploads/2016/06/Shared-cM-Project-Version-2-UPDATED-1.pdf。

x 轴的坐标称为"厘摩"（centimorgans），这是科学中最令人困惑的单位（至少对我来说）。"厘摩"是染色体的一小段，在任何一代中，它都有 1% 的概率被染色体互换打断。你和亲近的亲戚会共享很多厘摩，而和远亲共享的厘摩很少。因此，"共享的厘摩"是一种基因相似度的度量。

到目前为止，一切顺利。但是，因为在整个基因组中发生互换的概率是不同的，所以 1 厘摩并不是一个恒定的长度。在交叉比较常见的地方，1 厘摩比较短；在交叉比较少见的地方，1 厘摩很长。最重要的是，不同的 DNA 测序公司将人类的染色体分成了不同数量的厘摩。而且，100 厘摩也并不等于 1 摩。

更令人困惑的是，当我把这个图中的厘摩换算成百分比时，我发现这个分布的中心不是在 50% 左右，而是在 75%。这是为什么呢？我的妻子解释道：因为商用的 DNA 试剂盒不能区分实验对象是只有一条染色体还是有两条相同的染色体，这两种可能性都可以算作"匹配"。根据抛硬币的逻辑，一对兄弟姐妹中有 50% 的 DNA 是单匹配的，25% 是双匹配的，25% 则是完全不匹配的。因此，单匹配或双匹配的可能性加起来有 75%，所以，分布图的中心在 75%。

6. 我找到的数据是 1.6，且女性比男性高。不管怎样，我用 3 倍来计算都严重低估了可能的基因组数，因为（理论上）交换可以发生在 DNA 序列的任何点上，这增加了无数的可能性。更详细的分析请见罗恩·米罗（Ron Milo）和罗伯·菲利普斯（Rob Phillips），"重组的比率是多少？"（What Is the Rate of Recombination?），《数字细胞生物学》（Cell Biology by the Numbers），http://book.bionumbers.org/what-is-the-rate-of-recombination/。

第 13 章　概率在不同职业中的角色

1. 《思考，快与慢》，丹尼尔·卡尼曼著，胡晓姣、李爱民、何梦莹译，中信出版社，2012 年。

2. 想了解更多关于这个结果的信息，请查看自那以后在社交媒体上发布的 99.997% 的内容。

3. Michael Lewis, *Liar's Poker: Rising Through the Wreckage on Wall Street* (New York: W. W. Norton, 1989)（中文版：《说谎者的扑克牌：华尔街的投资游戏》，[美] 迈克尔·刘易斯著，孙忠译，中信出版社，2018 年）。

4. Nate Silver, *The Signal and the Noise: Why So Many Predictions Fail—but Some Don't* (New York: Penguin Books, 2012), 135–137.（中文版：《信号与噪声》，[美] 纳特·西尔弗著，胡晓姣、张新、朱辰辰译，中信出版社，2013 年）。

第 14 章　千奇百怪的保险

1. 在这一章中，我得到了我曾经教过的 10 年级学生陈世舟（音译）的极大帮助。这一章最初草稿的标题更大胆，但引语部分的主题不够明确；世舟帮我删减了很多。"那些例子古怪、有趣，但并不是保险的全貌。"她一针见血地说道。

2. 艾美特·J. 沃恩（Emmett J. Vaughan），《风险管理》（*Risk Management*），霍博肯，新泽西：约翰威立国际出版公司（Hoboken, NJ: John Wiley & Sons），1996 年，第 5 页。

3. 穆罕默德·萨迪克·纳兹米·阿夫沙尔（Mohammad Sadegh Nazmi Afshar），"古代伊朗的保险"（Insurance in Ancient Iran），《波斯旅游杂志》季刊 4（*Gardeshgary,*

Quarterly Magazine 4），2002 年春季第 12 期，14—16 页，https://web.archive.org/web/20080404093756/；http://www.iran-law.com/article.php3?id_article=61。

4. 《彩票保险》（*Lottery Insurance*），This Is Money 网站，1999 年 7 月 17 日，http://www.thisismoney.co.uk/money/mortgageshome/article-1580017/Lottery-insurance.html。

5. 世舟在这一点上说得很好：在像这样的利基保险市场中，由于竞争更少，利润会比在像牙医保险或家庭保险这样的大市场中更高。

6. 世舟提醒了我：“如果是小企业主，这么做没问题。但如果是大公司，这样就是违法的。会计部门可以把100 万美元归入‘保险’项，但不能把5美元归入‘彩票’项。”

7. 劳拉·哈丁（Laura Harding）和朱利安·奈特（Julian Knight），“万一怀了双胞胎，也有一条可依靠的舒适毯子”（A Comfort Blanket to Cling to in Case You're Carrying Twins），《独立报》，2008 年 4 月 12 日，http://www.independent.co.uk/money/insurance/a-comfort-blanket-to-cling-to-in-case-youre-carrying-twins-808328.html。本章引用的郭大卫的那句话也来自这篇文章。

8. 类似的分析可见：《保险：向数学不好的人征的税？》（*Insurance: A Tax on People Who Are Bad at Math?*），Mr. Money Mustache 博客，2011 年 6 月 2 日，https://www.mrmoneymustache.com/2011/06/02/insurance-a-tax-on-people-who-are-bad-at-math/。正如作者所言：“各种类型的保险——车险、房险、珠宝险、健康险、人身安全险，等等——是营销、恐惧和怀疑操纵的疯狂领域。”

9. 详情请见 http://www.ufo2001.com。我引用的文献为：维基·哈多克（Vicki Haddock），“不用担心外星人威胁”（Don't Sweat Alien Threat），《旧金山观察家报》（*San Francisco Examiner*），1998 年 10 月 18 日，http://www.sfgate.com/news/article/Don-t-sweat-alien-threat-3063424.php。

10. 特蕾莎·亨特（Teresa Hunter），“你真的需要外星人绑架保险吗？”（Do You Really Need Alien Insurance?），《每日电讯报》（*Telegraph*），2000 年 6 月 28 日，http://www.telegraph.co.uk/finance/4456101/Do-you-really-need-alien-insurance.html。

11. 这些标准是我自己的发明。世舟把她一门本科课程的笔记借给了我，其中“适合投保的特征”和我的略有不同：

（1）“潜在的损失非常大，人们愿意用保费换取保险。”

（2）“损失及其经济价值是明确界定的，不受投保人控制。”

（3）“投保人损失的可能性是相对独立的。”

12. Insurevents（http://www.insurevents.com/prize.htm）和 National Hole-in-One（http://holeinoneinsurance.co.uk）这两家公司都提供了这样的保险。

13. 斯科特·迈耶罗维茨（Scott Mayerowitz），《红袜队获胜，沙发免费》（*After Sox Win, Sofas Are Free*），美国广播公司新闻频道，2007 年 10 月 29 日，http://abcnews.go.com/Business/PersonalFinance/story?id=3771803&page=1。

14. 具体的保险方案请见：http://www.wedsure.com。

15. 艾米·索恩（Amy Sohn），"你取消了婚礼，现在后果来了"（You've Canceled the Wedding, Now the Aftermath），《纽约时报》，2016 年 5 月 19 日，https://www.nytimes.com/2016/05/22/fashion/weddings /canceled-weddings-what-to-do.html。

16. 这也有助于扩大你的业务，你还可以做风险顾问。"专业的风险知识也是公司购买保险的原因之一，"世舟告诉我，"拍电影的时候，总会有保险检查员来确保演员的安全。没有他们，电影中会有比我们今天看到的更多疯狂的、毫无意义的爆炸场面。"

17. 奥卢费米·阿亚科亚（Olufemi Ayankoya），《数学与保险业的相关性》（*The Relevance of Mathematics in Insurance Industry*），2015 年 2 月发表。

18. （美国）全国大学生体育协会网站：《身价降低白皮书：保护未来收益的保险计划》（*Loss-of- Value White Paper: Insurance Programs to Protect Future Earnings*），http://www.ncaa.org/about/resources/insurance/loss-value-white-paper。

19. 安迪·斯代普斯（Andy Staples），《人力保险："身价降低"保险的原理以及流行原因》（*Man Coverage: How Loss-of-Value Policies Work and Why They're Becoming More Common*），SportsIllustrated.com，2016 年 1 月 18 日，https://www.si.com/college-football/2016/01/18/why-loss-value-insurance-policies-becoming-more-common。

20. 如雷贯耳吧？来源：威尔·布林森（Will Brinson），"2017 职业橄榄球大联盟选秀：杰克·布特加盟野马队，传闻获 50 万美元保险"（2017 NFL Draft: Jake Butt Goes to Broncos, Reportedly Gets $500K Insurance Payday），CBS 体育频道，2017 年 4 月 29 日，https://www.cbssports.com/nfl/news/2017-nfl-draft-jake-butt-goes-to-broncos-reportedly-gets-500k-insurance-payday/。

21. 关于健康保险的书实在太多了，我推荐 Vox 新闻的记者萨拉·克里夫（Sarah Kliff）的作品：https://www.vox.com/authors/sarah-kliff。世舟推荐电台节目 "This American Life" 中的两期，"More Is Less"（第 391 期）和 "Someone Else's

Money"（第 392 期），http://hw3.thisamericanlife.org/archive/favorites/topical。

第 15 章　如何用一枚骰子击溃全球经济？

1. 毫无疑问，这一章最重要的来源是：David Orrell and Paul Wilmott, *The Money Formula: Dodgy Finance, Pseudo Science, and How Mathematicians Took Over the Markets* (Hoboken, NJ: John Wiley & Sons, 2017)（中文版：《金融方程式：数量金融的应用与未来》，[英]保罗·威尔莫特、[加]戴维·欧瑞尔著，北京大商所期货与期权研究中心有限公司译，机械工业出版社，2018 年）。

2. 好吧，其实我的估测更像是"编造随机概率"，但华尔街采用了两种更为严肃的估测方法。一是以历史数据为依据；二是观察类似债券的市场价格并以此推断违约概率。后一种方法会产生令人毛骨悚然的依赖关系和反馈循环：你不是在自己做判断，而是在呼应市场。

3. Michael Lewis, *The Big Short: Inside the Doomsday Machine* (New York: W. W. Norton, 2010)（中文版：《大空头》，[美]迈克尔·刘易斯著，何正云译，中信出版社，2015 年）。如果你更愿意听书，那可以收听电台节目"This American Life"的第 355 期，"The Giant Pool of Money"（2008 年 5 月 9 日）。这一期节目在播客"Planet Money"上也能找到。

4. 2017 年 6 月 4 日，我在比利时的马格利特博物馆看到了这些素描。如果你在布鲁塞尔，又想了解一下超现实主义，推荐你去那儿看看。

5. 这些都是标准的财务术语，由杰西卡·杰弗斯（Jessica Jeffers）指导，我非常感谢她在这一章中的帮助。当我说要选杰西卡当美联储主席时，我发誓我的严肃程度达到了 67%。

6. 本章，尤其是本话题中另一个重要的资料来源是：菲利克斯·萨尔蒙（Felix Salmon），"灾难处方：如何杀死华尔街"（Recipe for Disaster: The Formula That Killed Wall Street），《连线》（*Wired*），2009 年 2 月 23 日，https://www.wired.com/2009/02/wp-quant/。

7. 也代表"完全（complete）该死的（damn）愚蠢（stupidity）"。

8. 本章的另一个重要资料来源：金融危机调查委员会的基思·亨尼斯（Keith Hennessey），道格拉斯·霍尔茨埃金（Douglas Holtz-Eakin）和比尔·托马斯（Bill Thomas），《异议声明》（*Dissenting Statement*），2011 年 1 月发表，https://fcic-static.law .stanford.edu/cdn_media/fcic-reports/fcic_final_report_hennessey_holtz-

eakin_thomas_dissent.pdf。

9. James Surowiecki, *The Wisdom of Crowds: Why the Many Are Smarter than the Few and How Collective Wisdom Shapes Business, Economies, Societies, and Nations* (New York: Anchor Books, 2004)（中文版：《群体的智慧：如何做出最聪明的决策》，[美] 詹姆斯·索罗维基著，王宝泉译，中信出版社，2010 年）。

10. 《金融方程式：数量金融的应用与未来》，保罗·威尔莫特、戴维·欧瑞尔著，北京大商所期货与期权研究中心有限公司译。

第四部分　统计学：诚实说谎的艺术

1. 《思考，快与慢》，丹尼尔·卡尼曼著，胡晓姣、李爱民、何梦莹译。

第 16 章　为什么不要相信统计数据

1. 感谢理查德·布里奇斯对本章的帮助，也感谢他让我相信柏拉图主义者、实用主义者、老师和智者的身份可以在一个人身上共存。

2. 所有数据来自维基百科。亲爱的读者，我愿给你可靠的数据。

3. Loyd Grossman 家的番茄酱，他们也有固体的咖喱酱。

4. 我的学生们提出，先求距离的平方，再求平均值，然后开方的做法既奇怪又麻烦。为什么不直接求距离的平均值呢？你可以试试，这样的结果被称为"平均绝对离差"，作用与标准差基本相同，但缺乏一些理论性质。而方差则可以相加和相乘，便于建立统计模型。

5. 好了，系好安全带！是时候展现真正的技术了。首先，画一个散点图，比如身高与体重的关系图，每个点都表示一个人的身高和体重。

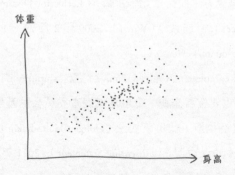

求出总体的平均身高和平均体重。

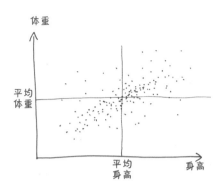

接下来，在图上选一个点（也就是一个人的数据）作为例子，这个人的身高和平均身高差多少？他的体重和平均体重差多少？如果"高于平均水平"，算作正数，如果"低于平均水平"，算作负数。

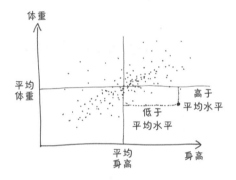

然后——这是关键的一步——将这两个值相乘。

如果这个人的身高和体重都高于平均水平，得到的结果将为正数，如果都低于平均值也是一样（因为负负得正）。但是如果它们一个高于平均值，另一个低于平均值，那么将得到一个负的结果（因为负数和正数的乘积为负）。

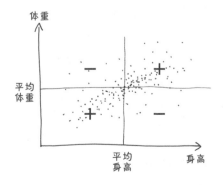

对图上的每个点都如法炮制，然后再求所有结果的平均值，最后得到的就是所谓的"协方差"（方差的近亲）。

马上就完成了！最后一步就是用这个数字进行除法，最终结果是在 −1 和 1 之间的一个数。

（用这个数除以什么呢？想一想方差的缺点：如果人们的体重和身高都很分散，那么"与平均值的差值"通常是一个很大的数字。然而，无论变量之间的关系如何，对于多变的变量，协方差较大，而对于稳定的变量，协方差较小。该怎么解决这个问题呢？就用协方差除以方差。）

好啦，现在到了简单的部分：解释这些值。

如果得到的是正值（如 0.8），表示在一个变量上高于平均值（如身高）的人通常在另一个变量上也高于平均值（如体重）；如果得到的是负值（如 −0.8），则表示情况相反，高的人更轻，而矮的人更重；如果得到的值接近于 0，表明体重和身高之间根本没有任何有意义的关系。

第 17 章　最后一位打击率 0.400 的传奇球员

1. 引自《国家棒球名人堂》（*National Baseball Hall of Fame*）中的《亨利·查德威克》："他说，棒球运动中的每一个动作都像飞翔的海鸥一样快。"（http:// baseballhall.org/hof/chadwick-henry）但我的朋友本·米勒（Ben Miller）提出了一个疑问：是非洲的海鸥还是欧洲的海鸥？

2. 这一纪录属于西印度群岛的击球手布莱恩·劳拉（Brian Lara），他在 2004 年对阵英格兰的比赛中一次都没有出局，正好得了 400 分。

3. 引自 Moneyball: The Art of Winning an Unfair Game, New York: W. W. Norton, 2003 （中文版：《魔球：如何赢得不公平竞争的艺术》，[美]迈克尔·刘易斯著，小草译，江西人民出版社，2018 年）毫无疑问，这本书给了这一章巨大的帮助，如果你觉得关于棒球统计数据的故事还过得去（更别说有趣了），那么你会喜欢这本书的。

4. 以一个赛季 38 场比赛的英超为例。每场比赛 90 分钟，加上 10 分钟的补时时间，总共是 3800 分钟。每分钟要有 12 个数据点（每 5 秒 1 次），才能得到 45 600 个数据点，虽然比棒球赛季 48 000 个数据点还少，但已经足够接近了。

5. 欧内斯特·海明威的《老人与海》1952 年 9 月 1 日发表于《生活》杂志。标题上方写着："让编辑们非常自豪的是，《生活》杂志首次完整地刊登了一位伟大的美国作家的一本伟大的新书。"

6. 布兰奇·里奇 1954 年 8 月 2 日在《生活》杂志上发表了这篇文章，副标题是"比赛中的智慧揭示了一个从数据上反驳了人们珍视的神话、证明了决定输赢的真正因素的公式"。

7. E. 米克利希（E. Miklich），《19 世纪棒球规则演变》（*Evolution of 19th Century Baseball Rules*），19cBaseball.com，http://www.19cbaseball.com/rules.html。

8. 人们花了很长时间才决定了能够保送的坏球个数，最初是 3 个，然后是 9 个，然后是 8 个，然后是 6 个，然后是 7 个，然后是 5 个，直到 1889 年，这个数字才最终确定为 4 个。

9. 即使到那时，专栏作者们也没有完全接受它们。听听体育记者弗朗西斯·里希特（Francis Richter）是怎么说的：

> 这些（保送的）数据没有特别的价值或重要性……棒球上的垒只由投手负责，击球手无法控制，所以没法反映他的个人表现，除非它能够以一种模糊的方式表明他有能力"控制"投手。

资料来源：比尔·詹姆斯（Bill James），《比尔·詹姆斯的新版棒球摘要》（*The New Bill James Historical Baseball Abstract*），纽约：自由出版社（New York: Free Press，2001），第 104 页。

10. 例如，2017 年棒球联盟的领军人物是乔伊·沃托（Joey Votto），他在 707 次打数中有 134 次是保送，比例为 19%。

11. 2017 年，阿尔喀德斯·埃斯科瓦尔（Alcides Escobar）在 629 次打数有 15 次是保送，比例为 2.4%。蒂姆·安德森（Tim Anderson）比他还夸张，在 606 次打数只有 13 次保送，占 2.1%。

12. 作为一名数学老师，我一直很讨厌这个烂数据，每当有人将两个分母不同的分数相加时，我都会气得吐血。我一直希望他们能创造一个新的统计数字，比如"每次击打获得的垒数"——类似 SLG，只是把保送和一垒安打等同计算。但在写这一章时，我意识到了自己的愚蠢：虽然这个新统计数据在概念上更清晰，但实际上预测能力会更差。在 2017 年的数据中，它与球队得分的相关性为 0.873，比 OBP 还要糟。

13. 艾伦·施瓦兹（Alan Schwarz），"平均打击率之外"（Looking Beyond Batting Average），《纽约时报》，2004 年 8 月 1 日，http://www.nytimes.com/2004/08/01/

sports/keeping-score-looking-beyond-batting-average.html。

14. 比如："'我想带伟大的迪马吉奥（DiMaggio，与美国传奇棒球运动员乔·迪马吉奥同名）去钓鱼，'老人说，'听说他父亲是个渔夫。'"

15. 斯科特·格雷（Scott Gray），《比尔·詹姆斯：改变棒球的局外人》（*The Mind of Bill James: How a Complete Outsider Changed Baseball*），纽约：三河出版社（New York: Three Rivers Press），2006 年。这本书中有一些比尔·詹姆斯的名言任君选择，包括："总会有人（的数据）在曲线的前面，也总会有人（的数据）落在曲线的后面。但是知识推动了曲线。"还有："当你在讨论中加入确凿的事实时，它会对讨论产生深远的影响。"

16. 然而，直到 20 世纪 70 年代，美国职业棒球联盟的官方统计数据都是根据球队的平均打击率而不是得分来计算进攻次数的。"其实很明显，"詹姆斯打趣道，"进攻的目的不是制造高的打击率。"

17. 美国棒球研究协会迈克尔·豪波特（Michael Haupert），《1874 年以来职业棒球大联盟年薪》（*MLB's Annual Salary Leaders Since 1874*），线外（*Outside the Lines*）栏目，2012 年秋季，http://sabr.org/research/mlbs-annual-salary-leaders-1874-2012。因为没有考虑通货膨胀，图上数据和实际情况出入较大，例如，1951 年乔·迪马吉奥的 9 万美元年薪，按 2017 年的美元计算应该更接近 80 万美元。不过即便如此，自由代理的影响还是不容置疑的。

18. 皮特·帕尔默（Pete Palmer），《2006 ESPN 棒球百科全书》（*The 2006 ESPN Baseball Encyclopedia*），纽约：斯特灵出版社（New York: Sterling），2006 年，第 5 页。

19. 美国棒球研究协会比尔·诺林（Bill Nowlin），"泰德·威廉姆斯成为最后一个 0.400 打击率棒球运动员的那天"（The Day Ted Williams Became the Last .400 Hitter in Baseball），《美国国球》（*The National Pastime*），2013 年，https://sabr.org/research/day-ted-williams-became-last-400-hitter-baseball。

20. 本·米勒（一位烹饪界的奇才，不可救药的芝加哥白袜队球迷）指出，威廉姆斯的成功远远超过了这个数字。1941 年，他"拥有 0.553 的 OBP，这是 60 多年来单赛季的纪录……此外，泰德·威廉姆斯职业生涯的 OBP 为 0.482，是有史以来最高的。哦，还有，泰德·威廉姆斯职业生涯的平均打击率为 0.344，是史上第六高的。而下一个在 1940 年后打击率这么高的球员，已经是排名第 17 的托尼·格温（Tony Gwynn）了。不管从哪个角度来看，威廉姆斯都是最棒的"。

21. 比尔·彭宁顿（Bill Pennington），"泰德·威廉姆斯的 0.406 打击率：不止数字"（Ted Williams's .406 Is More Than a Number），《纽约时报》，2011 年 9 月 17 日，http://www.nytimes.com/2011/09/18/sports/baseball/ted-williamss-406-average-is-more-than-a-number.html。

第 18 章　兵临城下：科学殿堂的危机

1. 2011 年，一篇被广泛引用的论文证明了标准统计方法的危险性，论证过程中标准统计方法得出了这样一个荒谬的结论：听披头士乐队的歌曲《当我 64 岁时》（When I'm Sixty Four）会让学生更年轻——不是指他们感觉到自己更年轻，而是事实上让他们变得更年轻——至少统计数据是这样说的。这篇论文写得毫无章法，又让人拍案叫绝，值得一读：约瑟夫·西蒙斯（Joseph Simmons），列夫·D. 纳尔逊（Leif D. Nelson）和尤里·西蒙逊（Uri Simonsohn），"伪积极心理学：数据收集和分析中隐藏的灵活性使任何重要的东西都能呈现"（False-Positive Psychology: Undisclosed Flexibility in Data Collection and Analysis Allows Presenting Anything as Significant），《心理科学期刊》（Psychological Science），http://journals.sagepub.com/doi/abs/10.1177/0956797611417632。而在科学新闻方面，我推荐：丹尼尔·恩贝（Daniel Engber），"达里尔·贝姆证明超能力真实存在：科学崩溃"（Daryl Bem Proved ESP Is Real: Which Means Science Is Broken），《石板》，2017 年 5 月 17 日，https://slate.com/health-and-science/2017/06/daryl-bem-proved-esp-is-real-showed-science-is-broken.html。我还要感谢克里斯汀娜·奥尔森（Kristina Olson）（一日为师，终身为师），西敏·瓦兹尔（Simine Vazir）（她在截稿前 17 秒给出了反馈），以及桑杰·斯利瓦斯塔瓦（Sanjay Srivastava）（我在本章末尾引用了他的话）在这一章的帮助和鼓励。

2. p 值是在实验假设为真时，至少达到这个极端结果的概率。

   或者，再说得详细一些：

   （1）假设我们只是误把偶然当成了必然，巧克力并不能让人更快乐。

   （2）设想一下我们的实验可能得到的所有结果的分布。这些结果中大多数都在中间，不太显眼，不太可能欺骗我们。但少数几个偶然的结果看起来好像巧克力能提升幸福感。

   （3）在这个分布图中为我们的实际结果找到一个百分位排名。

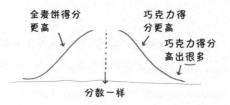

全麦饼得分
更高

巧克力得
分更高

巧克力得分
高出很多

分数一样

低分（例如 0.03 分，或第 97 百分位）意味着这是显著的偶然事件，只有 3% 的错误结果如此令人惊讶和具有欺骗性，而这 3% 的极端情况表明——或许这根本不是侥幸，说不定我们追求的巧克力的效果真实存在。

关键是，这些证据是间接的。那 3% 不是偶然事件发生的概率。而是假设结果是假的，你会侥幸得到这么有说服力的结果的概率。

3. 杰拉德·E. 达拉勒（Gerard E. Dallal），《为什么 P=0.05？》（*Why P=0.05?*），2012 年 5 月 22 日，http://www.jerrydallal.com/lhsp/p05.htm。

4. 克里斯汀娜·奥尔森等，"孩子们对幸运者和不幸者以及他们的社会群体的偏见评价"（Children's Biased Evaluations of Lucky Versus Unlucky People and Their Social Groups），《心理科学期刊》，2006 年第 10 期，845—846 页，http://journals.sagepub.com/doi/abs/10.1111/j.1467-9280.2006.01792.x#articleCitationDownloadContainer。

5. 克里斯蒂娜·奥尔森等，"跨越发展和文化的幸运判断"（Judgments of the Lucky Across Development and Culture），《人格与社会心理学》（*Journal of Personality and Social Psychology*），2008 年第 94 卷第 5 期，757—776 页。

6. 本·奥尔林，《得到与未得到：孩子们会给幸运的人更多吗？》（*Haves and Have Nots: Do Children Give More to the Lucky Than the Unlucky?*），耶鲁大学心理学毕业论文，2009 年。指导教师：克里斯汀娜·奥尔森，这篇论文的所有优点都应归功于她，所有缺点都与她无关。

7. 我的假设是 8 岁的孩子会对发生过的事情比较敏感，就会把玩具给不幸失去玩具的同学，但当他们经历过某些小小的坏运气（被分配到和不喜欢的同学玩游戏）时，他们就不会这么做了。而 5 岁的孩子遇到类似的事情时则不会那么敏感。本实验的 p 值为 0.15。

然而，当向受试者问的是"喜欢"而不是"给予"时，我的数据和克里斯汀娜的结果完全一致，受试者更喜欢幸运的孩子（p = 0.029）。

8. 强烈推荐：http://www.tylervigen.com/。

9. 莱斯利·约翰（Leslie John）、乔治·勒温施泰因（George Loewenstein）和德雷

真·普雷莱茨（Drazen Prelec），"用说实话的动机来衡量可疑研究实践的普遍程度"（Measuring the Prevalence of Questionable Research Practices with Incentives for Truth Telling），《心理科学期刊》，2012 年第 23 卷第 5 期，524—532 页，http://citeseerx.ist.psu.edu/viewdoc/download?doi=10.1.1.727.5139&rep=rep1&type=pdf。

10. 这个比较有点儿不公平，因为即使是一个 p 值操控者也不至于回到过去，在 p 值最小的时候"停止"研究。事实上，在每个受试者完成实验后检查数据的想法也是可疑的。

    为了测试结果更贴近实际，我切回到电子表格，模拟了另外 50 个受试者。这一次，我从 30 个受试者（每组 10 个）开始，然后根据需要添加更多的受试者，每次添加 15 个（每组 5 个），最多添加 90 个。有了这种额外的自由度之后，76%（令人震惊的数字）的试验的 p 值都可以低于 0.05。其中一次试验的 p 值低到了 0.000 01，这是十万里挑一的荒谬事件。

11. 第一次听到这个方法时，我觉得它太蠢了。就好像："我们的过山车是为 4 英尺及以上身高的人设计的，但既然孩子们都穿着风衣、骑在小伙伴的肩膀上，假装大人偷偷溜进去，那我们就把准入门槛提高到 5 英尺吧。"但后来我看了一篇相关的文章：丹尼尔·J. 本杰明等（Daniel J. Benjamin et al.），《重新定义统计学意义》（Redefine Statistical Significance），PsyArXiv 网站，2017 年 7 月 22 日，https://psyarxiv.com/mky9j/。我被说服了。从 0.05 下降到 0.005 似乎更符合直观的贝叶斯阈值，并且只需要适度增加样本量，就可以减少假阳性结果。

    此外，还要注意的是，贝叶斯派比我在这一章中描述的更为敏锐和复杂。关于"什么应该先验"的问题，可以通过对各种实验进行大量分析，并做出总体趋势图来回避。然而，桑杰·斯里瓦斯塔瓦告诉我，投靠贝叶斯主义并不能从根源上解决实验复制危机——尽管从某种意义上来说，这可能是个好主意。

12. 开放科学协作组织（Open Science Collaboration），"对心理学再现性的估算"（Estimating the Reproducibility of Psychological Science），《科学》，2015 年第 6251 卷第 349 期，http://science.sciencemag.org/content/349/6251/aac4716。

第 19 章　记分牌争夺战

1. 杰伊·马修斯，《不止在讲台前传授知识，詹姆·埃斯卡兰特永远地改变了美国学校》（Jaime Escalante Didn't Just Stand and Deliver. He Changed U.S. Schools Forever），《华盛顿邮报》，2010 年 4 月 4 日，http://www.washingtonpost.com/wp-

dyn/content/article/2010/04/02/AR2010040201518.html。

2. "邮件点名"（Mail Call），《新闻周刊》，2003 年 6 月 15 日，http://www.newsweek.com/mail-call-137691。

3. 杰伊·马修斯，"排名背后：我们如何列出榜单"（Behind the Rankings: How We Build the List），《新闻周刊》，2009 年 6 月 7 日，http://www.newsweek.com/behind-rankings-how-we-build-list-80725。

4. Tim Harford, *Messy: How to Be Creative and Resilient in a Tidy-Minded World* (London: Little, Brown, 2016),171–173.（中文版：《混乱：如何成为失控时代的掌控者》，［英］蒂姆·哈福德著，侯奕茜译，中信出版社，2018 年。）

5. 这是真事。Cathy O'Neil, *Weapons of Math Destruction: How Big Data Increases Inequality* (New York: Broadway Books, 2016),135–140.（中文版：《算法霸权：数学杀伤性武器的威胁与不公》，［美］凯茜·奥尼尔著，马青玲译，中信出版社，2018 年）。

6. 杰伊·马修斯，"挑战指数：为美国高中排名的原因"（The Challenge Index: Why We Rank America's High Schools），《华盛顿邮报》，2008 年 5 月 18 日，http://www.washingtonpost.com/wp-dyn/content/article/2008/05/15/AR2008051502741.html。

7. 我从 7 岁起就一直在看橄榄球比赛，但从来没有理解过传球者评分。我想是时候试一试了。

我花了几分钟才展开这个公式，但展开后，我发现它并不那么复杂。首先，分配分数（每码 1 分，每完成一次传球得 20 分，每次触地得 80 分，每次被拦截减 100 分）。然后，计算每次传球尝试的分数。最后，再进行一个毫无意义的加法或乘法。用公式表达如下：

$$\text{传球者评分} = \frac{\text{码数}+20\times\text{完成次数}+80\times\text{触地得分次数}-100\times\text{被拦截次数}}{\text{传球尝试次数}}\times\frac{25}{6}+\frac{25}{12}$$

分解到这里就好……不过这个公式可能会得到负分数（如果拦截次数过多），也可能得到不可企及的最大值（然而实际上已经有 60 多位四分卫在比赛中达到了最大值 $158\frac{1}{3}$）。要解决这个问题，就需要为每一部分数据设置上限，因此在正文中的公式使用起来更容易一些。

为什么传球者评分让人如此困惑呢？与大多数可怕的公式一样，有两个原因：（1）它本就令人困惑，是四个变量取加权平均值的奇怪结果，同时每个变量的上限是任意的；（2）更重要的是，大多数数据来源都以不必要的反直觉、不透明的方式呈现出来。如果你想知道我的意思，可以看看维基百科。

8. 杰伊·马修斯，《排名背后：我们如何列出榜单》。

9. 美国国家研究委员会，J.P. 格勒布等（J. P. Gollub et al.），"AP 和 IB 的使用、误用和意外后果"（Uses, Misuses, and Unintended Consequences of AP and IB），《学习和理解：改善美国高中数学科学预修学习》（Learning and Understanding: Improving Advanced Study of Mathematics and Science in U.S. High Schools），华盛顿，哥伦比亚特区：国家科学院出版社（Washington, DC: National Academy Press），2002 年，187 页，https://www.nap.edu/read/10129/chapter/12#187。

10. 史蒂夫·法尔卡斯（Steve Farkas）和安·杜菲特（Ann Duffett），《大学预修课程中的成长烦恼：摆在面前的是艰难权衡吗？》（Growing Pains in the Advanced Placement Program: Do Tough Trade-Offs Lie Ahead?），托马斯·B. 福德姆研究所（Thomas B. Fordham Institute），2009 年，http://www.edexcellencemedia.net/publications/2009/200904_growingpainsintheadvanced placementprogram/AP_Report.pdf. 根据这项调查，全国超过五分之一的 AP 教师认为，挑战指数对他们学校的 AP 课程有"一定影响"。在郊区和城市，这个数字接近三分之一。与此同时，只有 17% 的人认为这是个"好主意"。

11. 瓦莱丽·施特劳斯，"对杰伊的'挑战指数'发起挑战"（Challenging Jay's Challenge Index），《华盛顿邮报》，2010 年 2 月 1 日，http://voices.washingtonpost.com/answer-sheet/high-school/challenged-by-jays-challenge-i.html。2006 年，挑战指数将佛罗里达州盖恩斯维尔（Gainesville, Florida）的东区高中列为美国排名第 6 的学校。但在该高中近 600 名非裔美国学生中，只有 13% 的学生的阅读达到了相应的年级水平。排名第 21 和第 38 的学校也表现出类似的不协调。批评人士认为，这是一个信号，表明有很多没有做好准备的学生被强行塞进大学水平的课程，以吸引《新闻周刊》的眼球。资料来源：迈克尔·瓦恩利普（Michael Winerip），"'最佳高中'排行榜上的怪异数学"（Odd Math for 'Best High Schools' List），《纽约时报》，2006 年 5 月 17 日，http://www.nytimes.com/2006/05/17/education/17education.html。

12. 约翰·提尔内（John Tierney），"为何高中排名无意义且有害"（Why High-School Rankings Are Meaningless—and Harmful），《大西洋月刊》，2013 年 5 月 28 日，https://www.theatlantic.com/national/archive/2013/05/why-high-school-rankings-

are-meaningless-and-harmful/276122/。

13. 杰伊·马修斯，"排名背后：我们如何列出榜单"。

14. 杰伊·马修斯，"我搞错了，不过一位聪明的教育学家像往常一样救了我"（I Goofed. But as Usual，a Smart Educator Saved Me），《华盛顿邮报》，2017 年 6 月 25 日，https://www.washingtonpost.com/local/education/i-goofed-but-as-usual-a-smart-educator-saved-me/2017/06/25/7c6a05d6-582e-11e7-a204-ad706461fa4f_story.html。

15. 迈克尔·瓦恩利普，"'最佳高中'排行榜上的怪异数学"。

16. 杰伊·马修斯，"美国最具挑战性的高中：一个持续发展 30 年的计划"（America's Most Challenging High Schools: A 30-Year Project That Keeps Growing），《华盛顿邮报》，2017 年 5 月 3 日，https://www.washingtonpost.com/local/education/jays-americas-most-challenging-high-schools-main-column/2017/05/03/eebf0288-2617-11e7-a1b3-faff0034e2de_story.html。

17. 并不是所有学者都同意这个观点，2010 年《AP：预修课程的关键考试》（AP: A Critical Examination of the Advanced Placement Program）中提出，研究人员已经达成共识，AP 考试的热潮已经开始衰退。编者菲利普·萨德勒（Philip Sadler）说："AP 课程并不能凭空为那些准备不足的学生带来优势，那些学生可能更适合学习一门不是以获得大学学分为目的的课程。"资料来源：丽贝卡·R.赫什（Rebecca R. Hersher），"AP 考试的疑问性发展"（The Problematic Growth of AP Testing），《哈佛大学报》（Harvard Gazette），2010 年 9 月 3 日，https://news.harvard.edu/gazette/story/2010/09/philip-sadler/。

18. 杰伊·马修斯，"美国最具挑战性的高中：一个持续发展 30 年的计划"。

19. 杰伊·马修斯，"挑战指数：为美国高中排名的原因"。

20. 我给马修斯一个小小的建议：与其计算"参加考试次数"，不如计算"至少得到 2 分的考试次数"。根据我的经验（以及马修斯喜欢引用的那份得州的研究），2 分意味着一定的智力水平，是进步的信号。但我不太相信一个得 1 分的考生能在这门课中学到什么，这样设置最低分的门槛后，将让完全没有准备好的孩子打消参加考试的想法。

第 20 章　碎纸机的故事

1. 中文版：杜森译，北京联合出版公司，2019 年。

2. 我根据 Goodreads 网站的数据中对"伟大"进行了评估。在 Goodreads 上，读者给出的评分从 1 星到 5 星不等。首先，我计算了每本书获得的星星总数。福克纳的作品从 1 500 颗星（《塔门》）到 50 万颗星（《喧哗与骚动》）不等。然后我取星星颗数的对数，把这个指标分解成线性的，并算出副词与"伟大"的相关系数为 −0.825。我对海明威和斯坦贝克的作品也进行了相同的分析，得出的系数分别为 −0.325 和 −0.433：的确有区别，但它们的区别在图表上很难分辨。副词数据来自布拉特，这个方法也是在布拉特方法的基础上设计的（他没有用星星的数量来评分，用的是数字等级，但结果和我的几乎相同）。

3. 让 - 巴蒂斯特·米歇尔等，"通过数百万本数字化书籍对文化进行的定量分析"，《科学》，2011 年第 6014 卷第 331 期，176—182 页，http://science.sciencemag.org/content/early/2010/12/15/science.1199644。他们写道：

> 语料库是不可能由人阅读的。就算你只读 2000 年这一年的语料，以每分钟 200 字的合理速度，不吃不睡不休息，也需要读 80 年的时间。整个字母的序列比人类基因组长 1 000 倍，如果把它写在一条直线上，这条直线的长度是地球和月亮往返距离的 10 倍。

4. 派特丽夏·科恩（Patricia Cohen），"五千亿词，崭新的文化之窗"（In 500 Billion Words, New Window on Culture），《纽约时报》，2010 年 12 月 16 日，http://www.nytimes.com/2010/12/17/books/17words.html。

5. 米歇尔和艾登写道（我加上了强调语气）：

> 通过阅读精心挑选的作品集，学者们能够推断出人类思维的趋势，但是这种方法很少能够**精确测量**潜在的思维。

6. 弗吉尼亚·伍尔芙，《一间自己的房间》，1929 年。

7. 你可以在网上试试：https://applymagicsauce.com/。

8. 请见 http://mathwithbaddrawings.com/。

9. 摩西·科佩尔（Moshe Koppel）、什洛莫·阿加蒙（Shlomo Argamon）和阿纳特·蕾切尔·西莫尼（Anat Rachel Shimoni），"按作者性别对文本自动进行分类"，《文学与计算机语言学》（*Literary and Linguistic Computing*），2001 年第 17 卷第4期，401—412 页，http://u.cs.biu.ac.il/~koppel/papers/male-female-llc-final.pdf。

10. 什洛莫·阿加蒙等，"正式书面文本中的性别、体裁和写作风格"，《文本》（*Text*），2003 年第 23 卷第 3 期，321—346 页，https://www.degruyter.com/view/

j/text.1.2003.23.issue-3/text.2003.014/text.2003.014.xml。

11. 布拉特，《纳博科夫最喜欢的词》，原书 37 页。

12. 贾斯汀·特努透（Justin Tenuto），《利用机器学习来预测性别》（*Using Machine Learning to Predict Gender*），CrowdFlower 网站，2015 年 11 月 6 日，https://www.crowdflower.com/using-machine-learning-to-predict-gender/。

13. 布拉特，《纳博科夫最喜欢的词》，原书 36 页。

14. 凯茜·奥尼尔，《算法可能对女性非常粗暴》（*Algorithms Can Be Pretty Crude Toward Women*），彭博社（Bloomberg），https://www.bloomberg.com/view/articles/2017-03-24/algorithms-can-be-pretty-crude-toward-women。

15. 在《一间自己的房间》中，伍尔芙写道：

> 男人写作的力度、步伐和节奏都和女人的太不一样了，她无法从他身上提取出任何实质性的东西……也许她发现的第一件事，就是落笔时，没有一个常见的句子可用。

> 虽然她喜欢那种男性化的风格（简洁干净，有表现力但不造作），她补充说："但她笔下的句子还是不适合女性使用。"

> 夏洛蒂·勃朗特虽然有散文方面的天赋，却被手中笔拙的武器绊了一跤……简·奥斯汀看着这个现状，笑了笑，设计出了一套非常自然、优美、适合自己使用的句子，再也没有更换过。因此，虽然她的写作天赋不如夏洛蒂·勃朗特，但她表达得却更多。

16. 弗雷德里克·莫斯塔勒和戴维·华莱士，《作者身份问题中的推理》（*Inference in an Authorship Problem*），《美国统计协会杂志》（*Journal of the American Statistical Association*），1963 年第 58 卷第 302 期，275—309 页。

17. 我说的就是字面意思，布拉特写道：

> 他们把每一篇文章都复印下来剪开，把每个单词拆开后（手动）按字母顺序排列。莫斯塔勒和华莱士一度写道："在这个过程中，一次深呼吸就能引发一场纸屑风暴，带来一个永远的敌人。"

我差点把这一章命名为"纸屑风暴和永远的敌人"。

18. 斯坦福文学实验室，莎拉·艾莉森（Sarah Allison）等，《定量形式主义：一项实验》（*Quantitative Formalism: An Experiment*），2011 年 1 月 15 日，https://litlab.stanford.edu/LiteraryLabPamphlet1.pdf。我非常喜欢这篇论文。事实上，我推荐我读过的斯坦福文学实验室的每一篇文章，它们就像皮克斯的经典动画片——从不会踩到雷区。

第五部分 转折点：一步的力量

1. 托马斯·爱迪生曾经说过："我已经构建了 3 000 种与电灯有关的理论，每一种都合情合理，而且看上去显然是正确的。然而，只有其中的两种理论被实验证明是正确的。"显然，"理论"和"设计尝试"不是一回事，没有人知道他在成功之前尝试过多少次。资料来源："神话终结者：爱迪生的 10 000 次尝试"（Myth Buster: Edison's 10 000 Attempts），《爱迪生》（Edisonian），2012 年秋季，http://edison.rutgers.edu/newsletter9.html#4。

2. 如果你同时进行多个交易，这个规则也是可以改变的。比如 10 万支铅笔的售价为 50 438.71 美元，那就相当于每支铅笔的售价为 0.504 387 1 美元。那些每天进行大量交易的金融机构，交易的金额常常有很多位小数。

第 21 章 最后一粒钻石粉末

1. 实际上，他并不是将此作为问题而提出的，他说的是：

没什么东西比水更有用；能用它交换的货物却非常有限；很少的东西就可以换到水。相反，钻石没有什么用处，但可以用它换来大量的货品。

来源：亚当·斯密，《国富论》，原书第一部，第四章，第 13 段，可以在电子图书馆看到原文：http://www.econlib.org/library/Smith/smWN.html。

2. 这一章的重要参考资料：安格那·桑德莫（Agnar Sandmo），《经济进化：经济思想史》（Economics Evolving: A History of Economic Thought），新泽西普林斯顿：普林斯顿大学出版社（Princeton, NJ: Princeton University Press），2011 年。

3. 坎贝尔·麦康奈尔（Campbell McConnell）、斯坦利·布鲁（Stanley Brue）和肖恩·福林（Sean Flynn），《经济学：原理、问题和政策（第 19 版）》（Economics: Principles, Problems, and Policies, 19th ed），纽约：麦格劳－希尔·埃尔文出版社（New York: McGraw-Hill Irwin），2011 年。"土地的生产力"的例子来自 7.1 节"收益递减定律"。

4. 正如迈克·桑顿所指出的——非常感谢他在这一章中的帮助——这个类比忽略了一些细节。条件不同的土地可以种植各种适合不同条件的作物，农民可以采取措施（如轮作）来改善土壤质量。

5. 威廉姆·斯坦利·杰文斯（William Stanley Jevons），"政治经济学中一般数学理论简述"（Brief Account of a General Mathematical Theory of Political Economy），《英国皇家统计学会》期刊（*Journal of the Royal Statistical Society*），伦敦第 29 期，1866 年 6 月，282—287 页，https://socialsciences.mcmaster.ca/econ/ugcm/3ll3/jevons/mathem.txt。

6. 屡出金句的杰文斯，这一章写下来，我成了他的粉丝。

7. 为了复习和更新这一知识点，我参考了华沙大学经济学助理教授迈克尔·布热津斯基（Michal Brzezinski）的课件，http://coin.wne.uw.edu.pl/mbrzezinski/teaching/HEeng/Slides/marginalism.pdf。

8. 引自约拉姆·鲍曼的视频 "Mankiw's Ten Principles of Economics, Translated"，我在大学里第一次看到这个视频时，笑得停不下来，http://standupeconomist.com/.

9. 桑德莫，《经济进化：经济思想史》，原书第 96 页。

10. 桑德莫，《经济进化：经济思想史》，原书第 194 页。

11. 引用自维基百科，嘘，别告诉其他人。

12. 杰文斯的做法也体现了这一趋势。他预测英国的煤炭资源将很快耗尽，并认为商业周期的起落与太阳黑子引起的低温有关。好吧，这两种观点他都错了，但我们知道这要归咎于他自己开创的方法。

瓦尔拉斯则恰恰相反，他有点儿反经验主义。在他看来，必须首先过滤现实中杂乱的细节，才能得到纯粹的量化概念。其次，必须对这些抽象的数学概念进行操作和推理。最后——几乎是事后才想到的——回顾一下实际的应用性。瓦尔拉斯写道："回归现实不应该发生在科学完成之前。"对于瓦尔拉斯来说，"科学"发生在远离现实的地方。

如果你遇到一位至今仍持这种观点的经济学家，请遵循以下简单的步骤：（1）举起双臂；（2）开始咆哮；（3）如果经济学家继续接近你，就打他耳光。记住，这些经济学家和我们害怕他们一样害怕我们。

13. 这个观点直接来自桑德莫。

第 22 章　纳税等级的学问

1. 我真不是在逗你。比利时最伟大的两位名人都是虚构的：赫尔克里·波洛（阿加莎·克里斯蒂系列侦探小说的主角）和丁丁（《丁丁历险记》的主人公）。个人观点，我认为这对比利时来说是件好事，历史名人不过是麻烦而已。

2. 关于美国税收历史的资料来源：W. 艾略特·布朗利（W. Elliot Brownlee），《美国联邦税收史（第 3 版）》(*Federal Taxation in America: A History*, 3rd ed.)，剑桥：剑桥大学出版社（Cambridge: Cambridge University Press），2016 年。

3. 800 美元的起征点与全国平均家庭收入 900 美元相当接近。因为政府是蒙着眼睛扔出那支射中起征点的飞镖的，非常令人印象深刻了。我还要指出的是，税收并没有真正的 0% 等级，只是所有人都享有 800 美元的免纳税额罢了，数学面前人人平等。

4. 布朗利，《美国联邦税收史（第 3 版）》，第 92 页。

5. 布朗利，《美国联邦税收史（第 3 版）》，第 90 页。

6. 数据来自维基百科"1918 年税收法案"（Revenue Act of 1918）页面。

7. J. J. 设计的系统需要微积分才能完成，可见他的水平已经超过了一般的微积分预科学生。他的系统（不同于我展示的那个简单系统）包含了几个离散的税率跃迁，因此顶层税收等级是不断变化的，公式中还包含一个自然对数。作为一名教师，为了让学生更好地掌握知识点，常常要进行简化；而对于 J. J. 来说，情况似乎正好相反。

8. 《新精神》(*The New Spirit*)，迪士尼电影公司，1942 年。观看原版：https://www.youtube.com/watch?v=eMU-KGKK6q8。

9. 没错，《左轮手枪》就是最好的一张专辑，《橡胶灵魂》(*Rubber Soul*)的粉丝们，不服来辩。

10. 这相当于 95% 的边际税率，所以乔治·哈里森（George Harrison，披头士乐队成员之一）还是稍微低估了自己的税收负担。

11. 阿斯特丽德·林德格伦，《莫尼斯马尼亚的庞培里波萨》，《快报》，1976 年 3 月 3 日，2009 年英文译文链接：https://lenbilen.com/2012/01/24/pomperipossa-in-monismania/。

12. 《有影响力的公共舆论》(*Influencing Public Opinion*)，阿斯特丽德·林德格伦个人网站 AstridLindgren.se，http://www.astridlindgren.se/en/person/influencing-public-opinion。

13. 当然，这就是为社会保障和医疗保险提供资金的实际工资税的运作方式。你为你的第一个 12 万美元支付 15%，而高于这个水平的收入部分就什么都不用付了。

第 23 章 一个州、两个州，红色州、蓝色州

1. 写完这句令人愉悦的话后，我遇到了它邪恶的孪生兄弟——我非常喜欢的作家豪尔赫·路易斯·博尔赫斯也曾讥讽民主是"对统计数据的滥用"。

2.《联邦党人文集》第 68 篇，亚历山大·汉密尔顿著。当我提到这些深受爱戴的美国人物时，我要感谢杰夫·科思里格（Geoff Koslig）对这一章的帮助，他是一个天生的爱国者，他的大脑中有爱国歌曲作为背景音乐；以及杰里米·库恩（Jeremy Kun）和陈智（音译）的大力帮助。

3. 我的这条论证线和我所拥有宪法知识的 93% 一样，来自阿希尔·里德·阿玛尔（Akhil Reed Amar），尤其是他的这本书：《美国宪法传》（America's Constitution: A Biography），纽约：兰登书屋（New York: Random House），2005 年，148—152 页。图中的数据来自（没有悬念地又是）维基百科。

4. 这一观点来自阿玛尔《美国宪法传》的第 155—159 页和第 342—347 页。他进一步指出，选举人团制度不但给奴隶州带来了优势（这一点毋庸置疑），而且在一定程度上这就是制度设计的目的。这一立场招致了一些批评，包括加里·L. 格雷格二世（Gary L. Gregg II）慷慨激昂的反驳："不！选举人团制度与奴隶制无关！"资料来源：《法律与自由》（Law and Liberty），2017 年 1 月 3 日，http://www.libertylawsite.org/2017/01/03/no-the-electoral-college-was-not-about-slavery/。

　　我的拙见：认为奴隶制是形成选举人团制度的唯一原因，那就太傻了，但我没见过有人这么说。在第 155 页，阿玛尔写的是："三个主要因素——信息壁垒、联邦制和奴隶制度——注定了 1787 年的总统直接选举的失败。"即使在我这个外行看来，认为奴隶制与选举人团制度的形成无关，那也是大错特错。1787 年 7 月 19 日，詹姆斯·麦迪逊提出了这个问题：

　　　　有一个问题……是人们的直接选择。北方各州比南方各州拥有更多的选举权（人口更多）；后者可能无法对选举争论的黑人问题产生影响。而替换选举人消除了这个困难……

7月25日，麦迪逊再次提出了这个观点——尽管这一次，他支持的是直接选举，他说，作为一个代表美国各州的人，他愿意做出牺牲。欲知详情，请阅读"关于联邦大会辩论的说明"，http://avalon .law.yale.edu/subject_menus/debcont.asp。更多的证据表明，选举人团制度为奴隶制带来的优势是刻意的，而不是一个漏洞：在1833年安德鲁·杰克逊的第一次就职演说中，这位南方人提议用直接选举取代选举人团制度，但前提是保留当前不规范的选票权重。资料来源：阿玛尔，《美国宪法传》，第347页。

5. 我从维基百科上获取了人口普查数据，然后按照各州自由人口的比例重新分配了众议院的代表人数。

6. 科思里格告诉我，"民主党＝蓝色，共和党＝红色"的配色方案曾经是反过来的。它转变于20世纪90年代，并在2000年最终确定。如果想了解更多细节，你可以阅读史密森尼学会的一篇有趣的文章：朱迪·恩达（Jodi Enda），《当蓝色代表共和党人，红色代表民主党人》（ *When Republicans Were Blue and Democrats Were Red* ），Smithsonian.com，2012年10月31日，https://www.smithsonianmag.com/history/when-republicans-were-blue-and-democrats。

7. 这也不像听起来那么简单。以2016年的选举为例，民主党得票率为46.44%，四舍五入后为50%（得到5个选举名额），共和党得票率为44.92%，四舍五入后为40%（得到4个选举名额）。合计只有9个。最后一个选举人名额给谁呢？你可以把它给自由党，但他们的得票率为3.84%，远低于10%，把最后一位选举人交给最接近获胜的政党可能更符合逻辑，因此，在这次选举中，共和党因为只差了0.08%而落败。

8. 正如科思里格所指出的，对于那些在总统选举中倾向于一个政党而在州政府中倾向于另一个政党的州，这种动态是不同的。近年来，一些这样的州考虑采用内布拉斯加州和缅因州的选举人分配方式，作为州政府执政党从竞争对手手中夺取部分选举人的一种方式。

有一个很好的方法来回答这个问题：内特·西尔弗（Nate Silver），《选举人团制度会让民主党再次遭殃吗？》（ *Will the Electoral College Doom the Democrats Again?* ），FiveThirtyEight网站，2016年11月14日，https://fivethirtyeight.com/features/will-the-electoral-college-doom-the-democrats-again/。

9. "有一次例外。"西尔弗指出：

那是在20世纪上半叶，当时共和党人一直拥有选举人团的优势，因为民主党人在南方赢得了巨大的优势，浪费了大量的选票……现在的问题是，民主党人是否正在重新进入类似于"南方稳蓝"时代的局面，除非他们的选票集中在城市沿海各州……

西尔弗的猜测似乎是"不"。但时间会证明的。

10. 这个计划是由阿希尔·里德·阿玛尔教授（他的课是我在大学里上过最棒的宪法法律课）和他的兄弟维克拉姆·阿玛尔（Vikram Amar）教授提出的。

第 24 章　混沌的历史

1. 来自维基百科，当然。我还要感谢大卫·克隆普（David Klumpp）和华勒·冈纳森（Valur Gunnarsson）让我醍醐灌顶的反馈。

2. 这件逸事和接下来的图表，以及本章中大部分的数学故事都来自这本书：James Gleick, Chaos: Making a New Science (New York: Viking Press, 1987)（中文版：《混沌学：一门新学科》，[美]詹姆斯·格莱克著，张彦、宋永华、贾雷、陈健译，社会科学文献出版社，1991 年）。这个故事在原书的第 17—18 页。

3. 好吧，17 世纪还没有"米"这个单位，这个式子是用现代语言描述的，而且只适用于较小角度的摆动。不过，令人吃惊的是，钟摆的周期长度与角度无关：一个幅度大、速度快的振荡与一个幅度小、速度慢的振荡所需时间差不多。

4. 在这个网站可以看到很棒的模拟双摆，https://www.myphysicslab.com/pendulum/double-pendulum-en.html。说真的，如果你一直在浏览尾注，寻求一些未知的灵感，那么这里可能就有答案。

5. 西沃恩·罗伯茨，《天才游戏：约翰·霍顿·康威的奇思》（*Genius at Play: The Curious Mind of John Horton Conway*），纽约：布鲁姆斯伯里出版社（New York: Bloomsbury），2015 年。在书中第 XIV 页至第 XV 页，罗伯茨引用音乐家布莱恩·伊诺（Brian Eno）在"生命游戏"中的话："整个系统都很透明，根本不应该有任何惊喜，但事实上却是惊喜连连：圆点图案进化的复杂性和'组织性'完全无法预测。"在第 160 页，她引用了哲学家丹尼尔·丹尼特（Daniel Dennett）的话："我认为生活应该是每个人工具箱里的一个思考工具。"

6. 阿莫斯·特沃斯基这段话来自：Michael Lewis, *The Undoing Project: A Friendship That Changed Our Minds* (New York: W. W. Norton, 2016), 101.（中文版：《思维的发现：关于决策与判断的科学》，[美]迈克尔·刘易斯著，钟莉婷译，中信出版社，2018 年）。

7. 《幸运的一击》出版于 1984 年，我读的版本收录于：哈利·特特尔多夫（Harry Turtledove），《20 世纪最佳架空历史小说》（*The Best Alternate History Stories of the 20th Century*），纽约：兰登书屋，2002 年。

　　此外，我不禁要在这里推荐我最喜欢的历史小说：奥森·斯科特·卡德（Orson Scott Card），《历史记录：哥伦布的救赎》（*Pastwatch: The Redemption of Christopher Columbus*），纽约：托尔出版公司（New York: Tor Books），1996 年。

8. 大井真理子（Mariko Oi），《从原子弹下拯救京都的人》（*The Man Who Saved Kyoto from the Atomic Bomb*），BBC 新闻，2015 年 8 月 9 日，http://www.bbc. com/news/world-asia-33755182。

9. 很难想象杜鲁门不明白这一点，但他似乎确实不明白。详情请听"Radiolab"电台精彩的一集——《核武器》（*Nukes*）（2017 年 4 月 7 日），http://www.radiolab. org/story/nukes。

10. 在 1931 年的文章《如果罗伯特·李没有赢得葛底斯堡战役》中，丘吉尔假装自己是生活在另一个时间轴上的历史学家，而且南方联盟取得了胜利，然后他写了一个"架空"小说，想象我们的时间轴上的生活是什么样。我觉得他的结论愚蠢又天真，但话说回来，我从未从纳粹手中拯救过人类，所以也没必要听我的。https://www.winstonchurchill.org/publications/finest-hour-extras/qif-lee-had-not-won-the-battle-of-gettysburgq/。

11. 塔那西斯·科茨，"败局命定再现"（The Lost Cause Rides Again），《大西洋月刊》，2017 年 8 月 4 日，https://www.theatlantic.com/entertainment/archive/2017/08/no-confederate/535512/。

12. 这个话题的部分灵感来自迈克尔·刘易斯的《思维的发现：关于决策与判断的科学》，原书第 299—305 页。

13. 混沌理论的一个重要观点是，许多高度复杂的系统遵循简单的基本规则。也许——在这里，我就是在胡思乱想——有一种方法可以找到历史（某些方面）的一些决定性规则。我们或许可以通过开发玩具模型来捕捉历史的敏感性和随机性，就像爱德华·洛伦兹对天气的模拟那样。

14. 贝努瓦·曼德尔布罗特，"英国海岸线有多长：统计学的自相似性和分维"（How Long Is the Coast of Britain? Statistical Self-Similarity and Fractional Dimension），《科学》，1967 年第 156 卷第 3775 期，636—638 页。

15. 艾伦·摩尔和艾迪·坎贝尔，《来自地狱》（*From Hell*），玛丽埃塔，佐治亚：

顶层出版社（Marietta, GA: Top Shelf Productions），1999 年，附录 Ⅱ，第 23 页。

16. 在厄休拉·勒古恩（Ursula Le Guin）的短篇科幻小说《平民之人》（*A Man of the People*）中，主人公试图了解一个名为海因（Hain）的文明漫长的历史：

> 他现在知道了，历史学家并不研究历史，也没有人的头脑能涵盖海因的历史：300 万年……有无数的国王，帝国，发明，数十亿的人生活在数以百万计的国家，有君主制、民主制、寡头制……整个历史都是一片混乱，理不清的年代，万神殿里数不清的万神，战争与和平时期的交替反反复复无穷尽也，人们在不停地发现和忘记，反复经历恐怖和胜利，感受重复不断的新鲜感。为什么非要试图描述一条河在任何时刻的流动呢？这一时刻，下一时刻，然后再下一个，再下一个，无穷无尽的下一个？你已经筋疲力尽，只想说：有一条大河流经这片土地，我们把它命名为历史。

> 天知道我有多喜欢这篇小说。来源：厄休拉·勒古恩，《四种宽恕之道》（*Four Ways to Forgiveness*），纽约：哈珀 - 柯林斯出版集团（New York: Harper-Collins），1995 年，第 124—125 页。

17. 这个好画面是从华勒·冈纳森（Valur Gunnarsson）那里偷来的。此外，在谈到相互竞争的历史比喻时，我还要再引用博尔赫斯的话："普适的世界史可能是由好几个比喻构成的不同语调的历史。"

致谢

本书中的元素有点儿像我身体里的原子：只是在名义上暂时"属于我"。它们已经在世间流传了多年，其中有太多来源已不可考。因此，我唯有向为这本书提供生长环境的整个生态系统都郑重地致谢。

对于这本书的风格，我要感谢为《耶鲁记录》（*The Yale Record*）杂志工作的所有机智、善良的小伙伴，特别要感谢大卫·克隆普和大卫·利特（David Litt），以及迈克尔·戈贝尔（Michael Gerber）和迈克·桑顿。

对于这本书的观点，我要感谢我在爱德华国王学校杰出的同事们，尤其感谢汤姆、埃德、詹姆斯、卡兹、理查德、奈阿……总之每一个人。"老师"是一个幽默中不乏好奇心，既挑剔又包容，还有点儿小古怪的族群，我很自豪地称他们为我的同类。

关于我写这本书的使命感，感谢我的学生和老师们以不计其数（$\aleph_1$）的方式塑造了我对数学和对世界的认知。

对于书中的错误（尤其是任何遗漏的致谢），我在这儿先提前道个歉。

对于这本书的问世，我要感谢好多人，他们慷慨地给了我太多宝贵的反馈和建议（见尾注）。还有查克·迪塞尔（Chank Diesel），感谢她优雅地把我的手稿变成了电子版书稿；迈克·奥利沃（Mike Olivo），感谢他让我了解了伍基人；保罗·凯普尔（Paul Kepple），感谢他把这么多糟糕的画组装成一个美丽的整体；伊丽莎白·约翰逊（Elizabeth Johnson），她是我和连字符之间的和平使者，还要感谢她知道"Daaaaaamn"里有多少个 a；感谢贝琪·赫尔塞博斯（Betsy Hulsebosch）、卡拉·桑顿（Kara Thornton）和Black Dog & Leventhal 出版社的其他成员；感谢达杜·德韦斯卡迪克（Dado Derviskadic）和史蒂夫·特洛哈（Steve Troha），他们是最早预见这本书会出版的人，比我早了好多年，并且帮助我实现了这一目标；还有贝琪·高（Becky Koh），感谢她出色的编辑工作——这份工作几乎集合了执行制片和育儿中的最棘手元素。

感谢我爱的家人们：吉姆、詹娜、卡罗琳、拉克、法里德、贾斯汀、黛安、卡尔、我的快乐三角索拉雅、我的马铃薯巫师斯坎德、佩吉、保罗、卡娅，以及奥尔林、霍根和威廉姆斯家族的所有成员。带着对奥尔登、罗斯、波琳——当然还有唐娜——的美好回忆。

最后：谢谢我的妻子泰伦，你选择了数学行业，很高兴我能陪你。虽然我很爱和你斗嘴，但我更爱你。